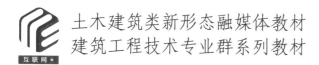
土木建筑类新形态融媒体教材
建筑工程技术专业群系列教材

建筑施工组织与管理

主　编　钟　焘　彭　红　孙志岗

副主编　王广军　曾　虹　吕依然

参　编　于铠沅　杨先华

主　审　郑周练

科学出版社

北　京

内 容 简 介

本书共分 4 个工作领域和 7 个工作任务，系统地阐述建筑施工组织与管理的理论、方法和实例。书中结合岗位（执业）资格考试要求，引入最新的标准规范、行业主流软件应用、装配式建筑施工管理等相关内容，并融入课程思政，编入部分工程实例，力求价值引领及教学内容与行业需求接轨。取材紧密对接典型岗位工作过程，便于"教、学、做"一体化教学模式的实现。

本书可作为高职高专土建类专业及与土建类相关专业的教学用书，也可作为职工的岗前培训教材和成人高校函授、自学教材，还可作为工程项目经理、工程技术人员和管理人员学习施工管理知识、进行施工组织管理工作的参考书。

图书在版编目（CIP）数据

建筑施工组织与管理 / 钟焘，彭红，孙志岗主编. -- 北京：科学出版社，2024. 12. --（土木建筑类新形态融媒体教材）（建筑工程技术专业群系列教材）. -- ISBN 978-7-03-080679-6

Ⅰ. TU7

中国国家版本馆 CIP 数据核字第 2024JD2024 号

责任编辑：张振华 / 责任校对：马英菊
责任印制：吕春珉 / 封面设计：东方人华平面设计部

科 学 出 版 社 出版
北京东黄城根北街 16 号
邮政编码：100717
http://www.sciencep.com

三河市骏杰印刷有限公司印刷
科学出版社发行 各地新华书店经销
*

2024 年 12 月第 一 版 开本：787×1092 1/16
2024 年 12 月第一次印刷 印张：17 3/4
字数：410 000

定价：68.00 元

（如有印装质量问题，我社负责调换）
销售部电话 010-62136230 编辑部电话 010-62135120-2005

前　言

教育是国之大计、党之大计。教育、科技、人才是全面建设社会主义现代化国家的基础性、战略性支撑。党的二十大报告指出："加快建设国家战略人才力量，努力培养造就更多大师、战略科学家、一流科技领军人才和创新团队、青年科技人才、卓越工程师、大国工匠、高技能人才。"为了更好地贯彻落实二十大报告精神，编者根据二十大报告和《职业院校教材管理办法》《高等学校课程思政建设指导纲要》《"十四五"职业教育规划教材建设实施方案》等相关文件精神，结合自身多年的教学和实践成果，编写了本书。在编写本书的过程中，编者紧紧围绕"培养什么人、怎样培养人、为谁培养人"这一教育的根本问题，以落实立德树人为根本任务，以学生综合职业能力培养为中心，以培养卓越工程师、大国工匠、高技能人才为目标。

与同类图书相比，本书的体例更加合理和统一、概念阐述更加严谨和科学、内容重点更加突出、文字表达更加简明易懂、工程案例和思政元素更加丰富、配套资源更加完善。具体而言，本书的特色主要表现在以下几个方面。

1. 校企"双元"联合开发，编写理念新颖

本书是在行业专家、企业专家和课程开发专家的指导下，由校企"双元"联合开发的系列新形态融媒体教材之一。编者均来自教学或企业一线，具有多年的教学、大赛或实践经验。在编写本书的过程中，编者紧扣《高等职业学校建筑工程技术专业教学标准》培养目标，遵循教育教学规律和技术技能人才培养规律，将产业发展的新技术、新工艺、新规范、新设备、新材料融入教材；紧扣建筑工程技术专业的培养目标，将职业资格考试和技能大赛所提出的能力要求及技能大赛过程中所体现的规范、高效等理念贯穿其中，符合当前企业建筑施工管理岗位对人才综合素质的要求。

2. 体现以人为本，强调实践能力培养

本书切实从职业院校学生的实际出发，摒弃了以往建筑施工组织与管理教材中过多的理论描述，在知识讲解上"削枝强干"，力求理论联系实际，从实用、专业的角度剖析各个知识点，以浅显易懂的语言和丰富的图示来进行说明，注重对学生应用能力和实践能力的培养。

本书以练代讲，练中学，学中悟，学生跟随工作任务完成理论学习和任务实施就可以掌握相关知识、技能及素养。这种教学方式不仅可以大幅度提高学生的学习效率，还可以很好地激发学生的学习兴趣和创新思维。

3. 对接实际工作岗位及产业转型升级，突出"工学结合"

本书采用工作领域模块化、工作任务项目化、理实一体化的编写理念，以真实生产项目、典型工作任务、案例等为载体，以建筑施工管理岗位知识、能力、素养要求为核心，严格按照施工过程和建筑施工管理岗位职责要求，构建知识、能力与素养结构体系，并根据该体系设计教学模块和教学工作任务，满足模块化、理实一体化等多种教学模式的需要。

本书对接产业转型升级需要，强调"工学结合"，使教学工作任务与施工项目一致，教学过程与工作过程一致，课程考核评价与行业要求相对应；同时，融合装配式、建筑信息模型（building information model，BIM）技术施工管理、智慧工地应用等新业态、新岗位需求，用新观点、新思维审视和阐述传统建筑施工组织与管理，以适应建筑工业化、数字化、绿色化等技术进步的需要，及时更新"四新技术"，为学生的职业生涯奠定良好的基础。

4. 对接职业资格证书及最新标准规范，体现"书证融通""岗课赛证融通"

"建筑施工组织与管理"是研究在市场经济条件下，工程施工阶段统筹规划和实施管理客观规律的一门综合性课程，它需要运用建设法规、组织、技术、经济、合同、信息管理及计算机等方面的专业知识，实践性强。

本书注重对接国家及行业最新的标准规范、职业技能标准及技能大赛要求，融入岗位（执业）资格考试内容和注册建造师、注册监理工程师等与本课程相关的考试大纲、历年真题等，为学生专业发展、参加相关考试奠定坚实基础。

5. 融入思政元素，落实立德树人根本任务

为落实立德树人根本任务，充分发挥教材承载的思政教育功能，本书深入挖掘提炼"建筑施工组织与管理"课程所蕴含的思政要素，将家国情怀、文化自信、道路自信、安全意识、质量意识、法治意识、规则意识、职业素养、工匠精神、精益化生产管理理念、绿色发展理念的培养与教材的内容相结合，潜移默化地提升学生的思想政治素养，使学生形成吃苦耐劳、追求卓越、心系社会的优秀品质。

6. 配套立体化资源，便于信息化教学实施

为了方便教师教学和学生自主学习，本书配有免费的立体化教学资源包（下载地址：www.abook.cn），包括多媒体课件、思政案例、微课视频等，可联系 zhiqingshui@qq.com。

本书由钟焘（重庆建筑工程职业学院）、彭红（重庆建筑工程职业学院）、孙志岗（中海建筑有限公司）担任主编，王广军（潍坊工程职业学院）、曾虹（重庆建筑工程职业学院）、吕依然（重庆建筑工程职业学院）担任副主编，于铠沅（广联达科技股份有限公司）、杨先华［筑智建科技（重庆）有限公司］参与编写，郑周练教授（重庆建筑工程职业学院）担任主审。

在编写本书的过程中，编者得到了刘晓辉（广联达科技股份有限公司）、魏然（广联达科技股份有限公司）、程曦［筑智建科技（重庆）有限公司］、杨经纬（重庆中建海龙两江建筑科技有限公司）、程秀利（杭州西铭软件工作室）等同行的大力支持，在此表示衷心的感谢。此外，编者参阅了国内同行大量的规范、专业文献和资料，恕未在书中一一注明，在此向相关作者表示诚挚的谢意。

由于编者水平有限，书中疏漏与不当之处在所难免，敬请广大读者批评指正。

目　　录

工作领域 B　进 度 计 划

工作任务 3　流水施工原理及应用　55

工作领域 C　施工组织设计

工作任务 6　单位工程施工组织设计　　　　　　　　　　201

工作领域 D　装配式建筑施工

工作任务 7　装配式建筑施工组织　　　　　　　　　　　　　　　　　　　　233

工作领域

施 工 准 备

【内容导读】

现代的建筑施工是一项十分复杂的生产活动，它不但需要耗用大量的材料、使用许多机具设备、组织安排各种工人进行生产劳动，而且需要处理各种复杂的技术问题、协调各种协作配合关系，可以说涉及面广、情况复杂、千头万绪。如果事先缺乏统筹安排和准备，则势必会形成某种混乱的局面，使工程施工无法正常进行。通过学习本工作领域，能够对基本建设程序有全局性理解，并为开展施工准备工作打下坚实的基础。

【学习目标】

通过本工作领域的学习，要达成以下学习目标。

知识目标	能力目标	职业素养目标
1．了解建设项目的组成、建筑产品及其生产的特点。 2．掌握我国现行的基本建设的程序和施工组织设计的分类。 3．掌握施工技术资料的准备、施工现场的准备、施工资源的准备等各项准备工作计划的编制及实施要点	1．能够根据施工组织设计的编制原则编制施工组织设计。 2．能针对不同工程编制施工准备工作计划及组织施工准备工作	1．树立正确的人生观、价值观，坚定技能报国的信念。 2．培养职业认同感、责任感，自觉践行行业规范。 3．牢固树立安全第一、质量至上的理念

对接 1+X 建筑工程施工工艺实施与管理职业技能等级（初级、中级、高级）证书的知识要求和技能要求

工作任务

施工组织认知

任务导读

本工作任务着重介绍建设项目的概念和组成，基本建设的程序，建筑产品及其生产的特点，以及施工组织设计的分类和编制原则。

任务目标

1. 了解建设项目的组成、建筑产品及其生产的特点。
2. 掌握我国现行的基本建设的程序和施工组织设计的分类。
3. 能够根据施工组织设计的编制原则编制施工组织设计。

工程 案例

项目经理部在某地区承接到 120 千米的直埋光缆线路工程，工程分为 3 个中继段，工期为 10 月 10 日～11 月 30 日，线路沿线为平原和丘陵地形，沿途需跨越多条河流及公路，工程为"交钥匙"工程。施工单位可以为此工程提供足够的施工资源。项目经理部未到现场，只是根据以往在该地区施工的经验编制了施工组织设计。所编写的施工组织设计包括工程概况、施工方案、工程管理目标及控制计划、车辆及施工机具配备计划。

（1）施工方案的主要内容

本工程由 3 个施工队同时开工，分别完成 3 个中继段的施工任务。在开工前，各施工队应认真做好进货检验工作。在施工过程中，各施工队均采用人工开挖、人工放缆、人工回填的施工方法；各施工队应认真按照施工规范的要求进行施工，作业人员应做好自检、互检工作，保证工程质量；对于工程需要变更的地段，各施工队应及时与现场监理单位联系，确定变更方案；对于需要进行保护的地段，施工队应按照规范要求进行保护；当每个中继段光缆全部敷设完成后，应及时埋设标石，以防止光缆被损坏。在工程验收阶段，项目经理部应及时编制竣工资料，做好建设单位剩余材料的结算工作，积极配合建设单位的竣工验收。

（2）工程管理目标及控制计划的主要内容

1）工程质量管理力争实现一次性交验合格率达到 98%。为了达到此目标，要求各施工队在施工过程中按照设计及规范要求施工；执行"三检"制度、"三阶段"管理、"三全"管理；按照 PDCA［plan（计划）、do（实施）、check（检查）、action（行动）］循环的管理模式进行管理。

2）工程进度管理要求各施工队按计划进度施工。在施工过程中，对进度实行动态管理，发现问题及时采取措施。

3）工程安全管理要求无人员伤亡事故发生。在施工过程中，各施工队应严格按照安全操作规程施工，安全检查员应按照 PDCA 循环的方法进行工作，要在各工地不断巡回检查。

在施工过程中，由于施工队不熟悉地形，多项工作组织较为混乱；部分工作因材料质量问题而发生返工现象；个别时段施工队因人员过剩而出现窝工现象。工程最终于 12 月 20 日完工。

讨论：

1）此施工组织设计的结构是否完整？如果不完整，则还缺少哪些内容？

2）此工程施工方案还缺少哪些内容？已有的内容存在哪些问题？

随着社会经济的蓬勃发展和建筑技术的持续革新，现代建筑工程正逐步向规模化和高技术化演进。现代建筑产品的施工生产已转变为一项涉及众多人员、多个工种、多个专业领域、多种机械设备，具备高技术含量及现代化特征的系统工程，具有综合性和复杂性。为了提升工程质量、缩短施工周期、降低工程成本，并确保施工过程的安全与文明，施工企业必须采取科学的管理方法，对施工全过程进行统筹规划和精心组织。

在建筑工程项目的施工全过程中，实施高效、系统的组织管理不仅是确保工程顺利完成、快速交付、成本节约和安全施工的关键，还是提升施工企业经济效益、保障社会和环境效益的根本途径。这同样是建筑施工组织与管理领域需要解决的核心问题。通过一系列专业管理措施，施工企业能够有效应对建筑工程项目施工过程中的复杂性和挑战，确保项目的成功实施，同时为企业和社会创造更大的价值。

 1.1 建设项目与基本建设

1.1.1 建设项目的概念和组成

1. 建设项目的概念

建设项目是指具有独立计划和总体设计文件，并能按总体设计要求组织施工，工程完工后可以形成独立的生产能力或使用功能的工程项目。建设项目由一个或几个单项工程组成，经济上实行统一核算，行政上实行统一管理。一般以一个企业单位、事业单位或独立工程作为一个建设项目。例如，工业建设中的一座工厂、一座矿山，民用建设中的一个住宅区、一所学校、一座酒店等均为一个建设项目。

微课：基本建设及项目组成

2. 建设项目的组成

建设项目的规模和复杂程度各不相同。在一般情况下，一个建设项目按复杂程度从大到小可划分为若干单项工程、单位工程、分部工程和分项工程等。某学校建设项目组成如图 1-1 所示。

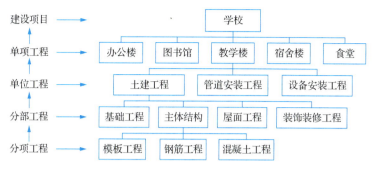

图 1-1　某学校建设项目组成

项目与施工项目

　　项目是由一组有起止时间的、相互协调的受控活动所组成的特定过程，该过程旨在实现符合规定要求的目标，包括时间、成本和资源目标。

　　施工项目是施工企业为实现自身的经济效益和社会效益，在一定的约束条件下进行的，从建设工程施工承包投标开始直至保修期满的全过程中完成的施工任务。施工承包企业是施工项目的管理主体。

　　（1）单项工程

　　单项工程是指具有独立的设计文件，能独立组织施工，竣工后可以独立发挥生产能力和经济效益的工程，又被称为工程项目。一个建设项目可以由一个或几个单项工程组成。例如，一所学校中的教学楼、实验楼和办公楼等都是单项工程。

　　（2）单位工程

　　单位工程是指具有单独设计图纸，可以独立施工，但竣工后一般不能独立发挥生产能力和经济效益的工程。一个单项工程通常由若干单位工程组成。例如，一个工厂车间通常由土建工程、管道安装工程、设备安装工程和电气安装工程等单位工程组成。

　　（3）分部工程

　　分部工程一般是指按单位工程的部位、构件性质、工种或设备种类等划分的工程。例如，一幢房屋的土建单位工程，按部位可以划分为基础工程、主体工程、屋面工程和装饰装修工程等，按工种可以划分为土石方工程、砌筑工程、钢筋混凝土工程、防水工程和抹灰工程等。

　　（4）分项工程

　　分项工程一般是指按分部工程的施工方法、使用材料、结构构件规格等划分的，通过简单的施工过程就能完成的工程。例如，钢筋混凝土工程，可以划分为模板工程、钢筋工程、混凝土工程 3 个分项工程。

1.1.2　基本建设的含义、分类与程序

　　1. 基本建设的含义

　　基本建设是指以固定资产扩大再生产为目的而进行的各种新建、扩建、改建、迁建、

恢复（重建）工程及与之相关的各项建设工作。

2. 基本建设的分类

从全社会角度来看，基本建设是由多个建设项目组成的。基本建设项目一般是指在一个总体设计或初步设计范围内，由一个或几个有内在联系的单位工程组成，在经济上实行统一核算，在行政上有独立组织形式、实行统一管理的建设单位。凡属于总体进行建设的主体工程和附属配套工程、供水供电工程等的，均应作为一个工程建设项目，不能将其按地区或施工承包单位划分为若干工程建设项目。此外，也不能将不属于一个总体设计范围内的工程按各种方式归算为一个工程建设项目。

基本建设可以按不同标准分类，具体内容如下。

（1）按建设性质分类

按建设性质，基本建设可分为新建项目、扩建项目、改建项目、迁建项目和恢复（重建）项目。

1）新建项目：根据国民经济和社会发展的近远期规划，按照规定的程序立项，从无到有的建设项目。现有企业、事业和行政单位一般没有新建项目，只有当新增加的固定资产价值达到原有全部固定资产价值（原值）的 3 倍以上时，才算新建项目。

2）扩建项目：企业为扩大生产能力或新增效益而增建的生产车间或工程项目，以及事业和行政单位增建的业务用房等。

3）改建项目：为了提高生产效率，通过改变产品方向、提高产品质量及综合利用原材料等对原有固定资产或工艺流程进行技术改造的工程项目。

4）迁建项目：现有企业、事业单位为改变生产布局、考虑自身的发展前景或出于环境保护等其他特殊要求，搬迁到其他地点进行建设的项目。

5）恢复（重建）项目：原固定资产因自然灾害或人为灾害等原因已全部或部分报废，又在原地投资重新建设的项目。

一个基本建设项目只能有一种性质，在项目按总体设计全部建成之前，其建设性质是始终不变的。

（2）按投资作用分类

按投资作用，基本建设可分为生产性建设项目和非生产性建设项目。

1）生产性建设项目：直接用于物质生产或直接为物质生产服务的建设项目，包括工业建设、农业建设、基础设施建设、商业建设等。

2）非生产性建设项目：用于满足人民物质、文化、福利需要的建设和非物质生产部门的建设，包括办公用房、居住建筑、公共建筑、其他建设等。

（3）按上级批准的建设总规模或投资额分类

按上级批准的建设总规模或投资额，基本建设可分为大型、中型、小型，其具体划分标准各行业不尽相同。在一般情况下，生产单一产品的企业按产品的设计生产能力划分；生产多种产品的企业按主要产品的设计生产能力划分；难以按设计生产能力划分的，按投资额划分。

现行的有关规定如下：按投资额划分的基本建设项目，属于工业生产性项目中的能源、交通、原材料部门的工程项目，投资额达到 5000 万元以上的为大中型项目；其他部门和非工业建设项目投资额达到 3000 万元以上的为大中型建设项目。

（4）按经济效益、社会效益和市场需求分类

根据经济效益、社会效益和市场需求，基本建设可分为竞争性项目、基础性项目和公益性项目。

1）竞争性项目：投资效益比较高、竞争性比较强的一般建设项目。

2）基础性项目：具有自然垄断性、建设周期长、投资额大而收益低的基础设施项目，需要政府重点扶持的一部分基础工业项目，以及可以增强国力、符合经济规模的支柱产业项目。

3）公益性项目：主要包括科技、文教、卫生、体育和环保等设施项目，公、检、法等政权机关办公设施项目，政府机关、社会团体办公设施项目，国防建设项目，等等。

3. 基本建设的程序

基本建设的程序是指在基本建设项目从策划、选择、评估、决策、设计、施工、竣工验收到投入生产或交付使用的整个建设过程中，各项工作必须遵循的先后顺序，是拟建工程在整个建设过程中必须遵循的客观规律。

微课：基本建设程序

按照我国现行规定，一般大中型工程项目的基本建设程序可划分为 8 个阶段，如图 1-2 所示，还可以进一步概括为三大阶段，即项目决策阶段、项目准备阶段和项目实施阶段。

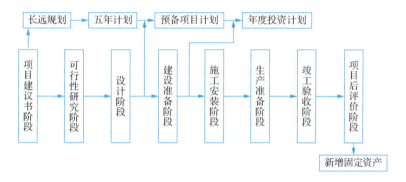

图 1-2　大中型工程项目的基本建设程序

（1）项目建议书阶段

项目建议书是对拟建工程的一个总体轮廓设想，它根据国家国民经济和社会发展长期规划、行业规划、地区规划及国家产业政策，经过调查研究、市场预测及技术分析，着重从宏观上对项目建设的必要性做出分析，并初步分析项目建设的可行性。对于工艺技术复杂、涉及面广、协调量大的大中型项目，还要编制可行性研究报告，作为项目建议书的主要附件之一。

（2）可行性研究阶段

项目建议书经批准后，即可进行可行性研究工作。

建设项目可行性研究报告的内容可概括为三大部分：首先是市场研究，包括拟建工程的市场调查和预测研究，这是项目可行性研究的前提和基础，主要解决项目的必要性问题；其次是技术研究，即技术方案和建设条件研究，主要解决项目在技术上的可行性问题；最后是效益研究，即经济效益的分析和评价，这是项目可行性研究的核心部分，主要解决项目在经济上的合理性问题。

只有可行性研究报告经批准，建设项目才算正式立项。经批准的可行性研究报告是初步设计的依据，不得随意修改和变更。凡是可行性研究报告未通过的项目，不得进行下一步工作。

（3）设计阶段

设计是对拟建工程的实施在技术和经济上所进行的全面而详尽的安排。它是基本建设计划的具体化，也是组织施工的依据。

1）初步设计。初步设计是根据批准的可行性研究报告或设计任务书编制初步设计文件的过程。初步设计文件由设计说明书（包括设计总说明和各专业的设计说明）、设计图、主要设备及材料表和工程概算书4部分组成。

2）技术设计。技术设计是在初步设计的基础上，进一步解决建筑、结构、工艺流程、设备选型及数量确定等各种技术问题，并修改总概算的过程。在这一过程中，要明确平面、立面、剖面的主要尺寸，做出主要的建筑构造，选定主要构配件和设备，并解决各专业之间的矛盾。技术设计是进行施工图设计的基础，也是设备订货和施工准备的依据。

3）施工图设计。施工图设计是建筑设计的最后阶段。施工图设计的内容主要包括：确定全部工程尺寸和用料；绘制建筑结构、设备等的全部施工图；编制工程说明书、结构计算书及施工图预算书等。

按我国现行规定，对于重要的、大型的、复杂的工程项目要进行三段设计：初步设计、技术设计和施工图设计。对于不太复杂的中小型工程项目可按两段设计进行：初步设计和施工图设计。有的工程项目技术较复杂，可把初步设计的内容适当加深。

（4）建设准备阶段

建设准备工作在可行性研究报告被批准后进行。做好建设项目的准备工作，对于提高工程质量、降低工程成本、加快施工进度有着重要的保障作用。建设准备的主要内容如下。

1）征地、拆迁和场地平整。

2）完成施工用水、电、路等的畅通工作。

3）完成设备组织、材料订货工作。

4）准备必要的施工图。

5）组织施工招标，择优选定施工单位。

（5）施工安装阶段

工程项目经批准开工建设，即进入施工安装阶段。项目新开工时间是指工程建设项目设计文件中规定的任何一项永久性工程第一次正式破土开槽开始施工的日期。建筑施工是指具有一定生产经验和劳动技能的劳动者，通过必要的施工机具，按一定要求对各种建筑材料（包括成品或半成品）有目的地进行搬运、加工、成型和安装，生产出质量合格的建筑产品的整个活动过程，是将计划和施工图变为实物的过程。

（6）生产准备阶段

对于生产性工程建设项目而言，生产准备是项目投产前由建设单位进行的一项重要工作。它是衔接建设和生产的桥梁，是项目建设转入生产经营的必要条件。

（7）竣工验收阶段

建设项目竣工验收是指以项目批准的设计任务书和设计文件，以及国家或部门颁发的施工验收规范和质量检验标准为依据，按照一定的程序和手续，在项目建成并试生产合格后，对工程项目的总体进行检验、认证、综合评价、鉴定的活动。

工程项目竣工验收、交付使用，应达到下列标准。

1）生产性项目和辅助公用设施已按设计要求建成，能满足相关要求。

2）主要工艺设备已安装配套，经联动负荷试车合格，形成生产能力，能够生产出设计文件规定的产品。

3）职工宿舍和其他必要的生产福利设施能满足投产初期的需要。

4）生产准备工作能满足投产初期的需要。

5）环保设施、劳动安全卫生设施、消防设施已按设计要求与主体工程同时建成使用。

建筑工程质量检验

建筑工程质量检验是指在施工单位自行检查合格的基础上，由工程质量验收责任方组织，工程建设相关单位参加，对检验批、分项、分部、单位工程及其隐蔽工程的质量进行抽样检验，对技术文件进行审核，并根据设计文件和相关标准以书面形式对工程质量是否合格做出确认。

（8）项目后评价阶段

项目后评价是指在项目建成投产并形成设计生产能力后，通过对项目前期工作、项目实施、项目运营情况的综合研究，衡量和分析项目的实际情况与预测（计划）情况的差距，评估有关项目预测和判断是否正确，并分析其原因。通过总结项目完成过程中的经验教训，为今后改进项目的决策、准备、管理、监督等工作创造条件，同时提出切实可行的对策、措施，以提高项目的投资效益。

1.2　建筑产品及其生产的特点

1.2.1　建筑产品的特点

建筑产品的使用功能、平面和空间组合、结构和构造等的特殊性，以及建筑材料的品种繁多和材料物理性能的特殊性，决定了建筑产品的特点。

1．固定性

一般的建筑产品由自然地面以下的基础和自然地面以上的主体两部分组成（地下建筑全部在自然地面以下）。基础承受主体的全部荷载（包括基础的自重），并传给地基，同时将主体固定在地基上。建筑产品都是在选定的地点上建造和使用的，与选定地点的土地不可分割，从建造开始直至拆除均不能移动。因此，建筑产品的建造和使用地点在空间上是固定的。

2．多样性

建筑产品不但要满足各种使用功能的要求，而且要体现出地区的民族风格、物质文明和精神文明，同时受到地区的自然条件诸因素的限制。建筑产品在规模、结构、构造、形式、基础和装饰等方面变化纷繁，因此建筑产品类型多样。

3．体形庞大性

无论是复杂的建筑产品还是简单的建筑产品，为了满足使用功能的需要，并结合建筑材料的物理力学性能，都需要大量的物质资源。这使建筑产品占据广阔的平面与空间，从而形成庞大的体形。

4．高值性

能够发挥投资效用的任一项建筑产品的生产都会耗用大量的材料、人力、机械及其他资源，不但实物体形庞大，而且造价高昂，动辄花费数百万元、数千万元、数亿元人民币，特大的工程项目的造价可达数十亿元、数百亿元人民币。建筑产品的高值性使其工程造价涉及各方面的重大经济利益，同时也会对宏观经济产生重大影响。就住宅来说，根据国际经验，每套社会住宅房价为工资收入者一年平均总收入的 6～10 倍，或相当于家庭 3～6 年的总收入。因为住宅是人们生活的必需品，所以建筑领域是政府经常介入的领域。

5．综合性

建筑产品不但涉及土建工程的建筑功能、结构构造、装饰做法等多方面、多专业的技术问题，而且综合了工艺设备、采暖通风、供水供电、通信网络等各类设施。因此，建筑产品是一个错综复杂的有机整体。

1.2.2 建筑产品生产的特点

1．流动性

建筑产品的固定性和体形庞大性决定了建筑产品生产的流动性。建筑产品生产的流动性有两层含义。第一层含义：建筑产品在固定地点建造，生产者和生产设备要随着建筑物建造地点的变更而流动，相应材料、附属生产加工企业、生产和生活设施也经常迁移，这会导致建筑生产费用的增加。第二层含义：建筑产品固定在土地上并与土地相连，在生产过程中，产品固定不动，人、材料、机械设备围绕着建筑产品移动，要从一个施工段移到另一个施工段，从房屋的一个部位移到另一个部位。

2. 单件性

建筑产品的多样性决定了建筑产品生产的单件性。每个建筑产品都是按照建设单位的要求进行设计与施工的，都有相应的功能、规模和结构特点，因此工程内容和实物形态都具有个别性、差异性。此外，工程所处的地区、地段的不同进一步增强了建筑产品的差异性。同一类型工程或标准设计，在不同的地区、季节及现场条件下，施工准备工作、施工工艺和施工方法不尽相同。因此，建筑产品只能单件生产，而不能按通用定型的施工方案重复生产。

3. 整体性

建筑产品生产的过程：首先，由勘察单位进行勘测；其次，由设计单位进行设计；再次，由建设单位进行施工准备；又次，由施工单位进行施工；最后，经过竣工验收交付使用。因此，施工单位在生产过程中，要与业主、金融机构、设计单位、监理单位、材料供应部门、分包单位等配合协作。这体现了建筑产品生产的整体性。

4. 外部环境影响性

建筑产品体积庞大，不具备在室内生产的条件，一般要求露天作业，故其生产会受到风、霜、雨、雪、温度等气候条件的影响；建筑产品的固定性决定了其生产过程会受到工程地质、水文条件、地理条件和地域资源的影响。这些外部因素对工程进度、工程质量、建造成本等都有很大影响。

5. 连续性

建筑产品不能像有些工业产品那样可以被分解为若干部分同时生产，而必须在同一固定场地上按严格程序连续生产，上一道工序没有完成，下一道工序就不能进行。一个建设工程项目从立项到投产使用要经历一个不可间断的、完整的周期性生产过程，这就要求在生产过程中将各阶段、各环节、各项工作有条不紊地组织起来，在时间上不间断，在空间上不脱节；同时生产过程中的各项工作必须合理组织、统筹安排，遵守施工程序，按照合理的施工顺序科学地组织施工。

6. 周期性

建筑产品的体形庞大性决定了建筑产品生产的周期性。建筑产品生产周期少则 1～2 年，多则 3～6 年，甚至在 10 年以上。因此，建筑项目必须长期大量占用和消耗人力、物力、财力，只有到整个生产周期完结才能得到产品。

施工项目管理组织的概念和主要形式

▌1.3.1　施工项目管理组织的概念

施工项目管理组织是指为实施施工项目管理而建立的组织机构，以及该机构为实现施工项目目标所进行的各项组织工作的总称。

作为组织机构，施工项目管理组织是根据项目管理目标进行科学设计而建立的组织实体——项目经理部。该机构是由有一定的领导体制、部门设置、层次划分、职责分工、规章制度、信息管理系统等构成的有机整体，承担项目实施的管理任务和目标实现的全面责任。项目经理部由项目经理领导，接受企业组织职能部门的指导、监督、检查、服务和考核，并对项目资源进行合理使用和动态管理。一个以合理、有效的组织机构为框架所形成的权力系统、责任系统、利益系统、信息系统，是实施施工项目管理及实现最终目标的组织保障。在组织工作中，施工项目管理组织是以法定形式形成的权力系统，通过所具有的组织力、影响力，在施工项目管理中进行集中统一指挥、合理配置生产要素、协调内外部及人员之间关系、发挥各项业务职能的能动作用、确保信息畅通、推进施工项目目标的优化实现等。只有将施工项目管理组织及其所进行的管理活动有机结合起来，才能充分发挥施工项目管理的职能。

微课：施工项目管理组织的概念、内容和机构设置

微课：施工项目经理部设置

微课：施工项目经理部主要管理人员职责（上）

1.3.2 施工项目管理组织的主要形式

施工项目管理组织形式是指在施工项目管理组织中，用于处理管理层次、管理跨度、部门设置和上下级关系的组织结构类型，主要有直线式项目管理组织、职能式项目管理组织和矩阵式项目管理组织3种形式。

微课：施工项目经理部主要管理人员职责（下）

1. 直线式项目管理组织

独立的中小型工程项目通常采用直线式项目管理组织。这种组织结构形式与项目结构分解图有较好的对应性。直线式项目管理组织结构如图1-3所示。

微课：施工项目管理组织主要形式

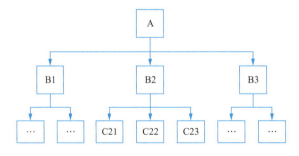

图1-3　直线式项目管理组织结构

（1）直线式项目管理组织的优点

1）保证单头领导，每个组织单元仅向一个上级负责，上级对下级直接行使管理和监督的权力，即直线职权，一般不能越级下达指令。项目工作任务、责任、权力明确，指令唯一，这样可以减少扯皮和纠纷，协调方便，信息流通速度快。

2）项目经理有指令权，决策迅速，能直接控制资源，向业主负责。

3）组织结构形式与项目结构分解图式基本一致。这使得目标分解和责任落实比较容易，不会遗漏项目工作，组织障碍较小，协调费用低。

4）项目任务分配明确，责权利关系清晰明了。

（2）直线式项目管理组织的缺点

1）当项目比较大并由很多的子项组成时，每个子项对应一个完整独立的组织机构，导致资源不能得到合理使用。

2）项目经理责任较大，一切决策信息都集中于项目经理处，这就要求其能力强、知识全面、经验丰富，否则决策容易出错。

3）不能保证项目组织成员之间信息流通的速度和质量，可能会导致合作障碍和困难。

4）如果直线式组织专业化分工太细，则会形成多级分包，进而造成组织层次的增加。

2. 职能式项目管理组织

职能式项目管理组织通常适用于工程项目很大但子项不多的情况。职能式项目管理组织结构如图 1-4 所示，在该结构中，每个职能部门可根据其管理职能对其直接和非直接的下属职能部门下达工作指令。因此，每个职能部门都可能接收到其直接和非直接的上级职能部门下达的工作指令，有时会形成多个矛盾的指令源。

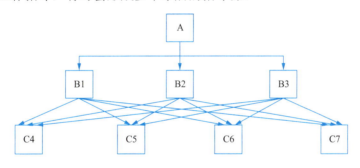

图 1-4　职能式项目管理组织结构

（1）职能式项目管理组织的优点

1）项目团队中各成员无后顾之忧。由于各项目成员来自各职能部门，在项目工作期间所属关系没有发生变化，项目成员不会为将来项目结束后的去向担忧，因而能客观地为项目考虑。

2）各职能部门可以平衡本部门工作任务与项目工作任务，当项目团队中的某一成员因故不能参加时，其所在的职能部门可以重新安排人员予以补充。

3）当项目全部由某一职能部门负责时，项目的人员管理与使用变得更为简单，使之具有更大的灵活性。

4）项目团队的成员有同一部门的专业人员做技术支撑，有利于项目的专业技术问题的解决。

5）有利于公司项目发展与管理的连续性。以各职能部门为基础，项目管理不会因项目团队成员的流失而受到影响。

（2）职能式项目管理组织的缺点

1）项目管理没有权威性。由于项目团队成员分散于各职能部门，受职能部门与项目团队的双重领导，而相对于职能部门来说，项目团队的约束显得更为无力。同时工作中常出现交叉和矛盾的工作指令关系，有时会严重影响项目管理机制的运行和项目目标的实现。

2）项目团队中的成员不易产生事业感与成就感。项目团队中的成员普遍会将项目的工作视为额外工作，对项目的工作不容易激发更多的热情。这会对项目的质量与进度产生较大的影响。

3）对于参与多个项目的职能部门，特别是具体到个人来说，不容易安排好在各项目之间投入精力的比例。

4）不利于不同职能部门的团队成员之间的交流。

5）项目的发展空间容易受到限制。

3. 矩阵式项目管理组织

当进行一个特大型项目的实施，而这个项目可分为许多自成体系、能独立实施的子项时，可以将各子项看作独立的项目，相当于进行多项目的实施，此时采用矩阵式项目管理组织较为有利。矩阵式项目管理组织结构如图1-5所示。

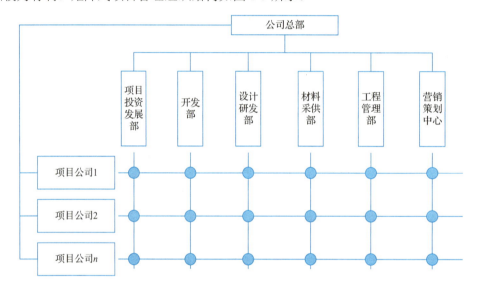

图1-5　矩阵式项目管理组织结构

矩阵式项目管理组织是结合职能原则和项目原则建立的项目管理组织形式，既能发挥职能部门的纵向优势，又能发挥项目组织的横向优势。多个项目组织的横向系统与职能部门的纵向系统形成了矩阵结构。这种形式有利于项目经理在各职能部门的支持下，有效地将参与本项目组织的人员在横向上组织在一起，以实现项目目标的协同工作。项目经理有权对这些人员进行管理和使用，在必要时可对其进行调换或辞退。矩阵中的成员接受原单位负责人和项目经理的双重领导，可根据需要为一个或多个项目服务，并可在项目之间调配，充分发挥专业人员的作用。因此，在项目管理中提倡采用矩阵式项目管理组织。

矩阵式项目管理组织主要适用于大型、复杂并需要多部门、多技术、多工种配合施工，不同施工阶段对不同人员有不同的数量和搭配需求的施工项目；或是企业同时承担多个施工项目，各项目对专业技术人才和管理人员都有需求的情形。在这种形式下，职能部门可根据需要和可能将有关人员派到一个或多个项目中工作，充分利用有限的人才对多个项目进行管理。

（1）矩阵式项目管理组织的优点

1）兼有按部门控制和按对象控制两个方面的优点，将职能原则和项目原则融为一体，实现企业长期例行性管理和项目一次性管理的一致。

2）通过对人员的及时调配，能实现以尽可能少的人力高效管理多个项目的目标，有利于充分利用和培养人才。

3）项目组织具有弹性和应变能力，方便调整与解体。

（2）矩阵式项目管理组织的缺点

1）矩阵式项目管理组织的结合部多，组织内部的人际关系、业务关系、沟通渠道等都较复杂，容易造成信息量膨胀，引起信息流不畅或失真，需要依靠有力的组织措施和规章制度规范管理。

2）项目组织成员接受原单位负责人和项目经理的双重领导，当领导之间发生矛盾、意见不一致时，当事人将无所适从，从而影响工作。在双重领导下，若组织成员过于受控于职能部门，则将削弱其在项目上的凝聚力，影响项目组织作用的发挥。

3）在项目施工高峰期，服务于多个项目的人员可能因应接不暇而顾此失彼。

1.4　施工组织设计

1.4.1　施工组织设计的概念

施工组织设计是规划和指导拟建工程从工程投标、承包合同签订、施工准备到竣工验收全过程的综合性技术经济文件，是对拟建工程在人力和物力、时间和空间、技术和组织等方面所做的全面合理的安排，是沟通工程设计和施工之间的桥梁。作为指导拟建工程项目的全局性文件，施工组织设计既要体现拟建工程的设计和使用要求，又要符合建筑施工的客观规律，应尽量适应施工过程的复杂性和具体施工项目的特殊性，通过科学、经济、合理的规划安排，使工程项目施工能够连续、均衡、协调地进行，满足工程项目对工期、质量、投资方面的各项要求。

微课：施工组织设计的概念和任务

1.4.2　施工组织设计的作用

施工组织设计是用以指导施工组织与管理、施工准备与实施、施工控制与协调、资源配置与使用等全面性的技术经济文件，是对施工活动的全过程进行科学管理的重要手段。它的作用具体表现在以下 8 个方面。

微课：施工组织设计的作用

1）施工组织设计是施工准备工作的必要组成部分，同时是做好施工准备工作的依据和保证。

2）施工组织设计是根据工程各种具体条件拟订的施工方案、施工顺序、劳动组织和技术组织措施等，是指导开展紧凑、有序施工活动的技术依据。

3）施工组织设计提出的各项资源需用量计划，可直接为组织材料、机具、设备、劳动力需用量的供应和使用提供数据。

4）通过编制施工组织设计，可以合理利用和安排为施工服务的各项临时设施，同时可以合理地部署施工现场，确保文明施工、安全施工。

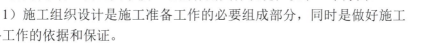

5）通过编制施工组织设计，可以将工程的设计与施工、技术与经济、施工全局性规律与局部性规律、土建施工与设备安装、各部门之间与各专业之间有机结合，统一协调。

6）通过编制施工组织设计，可以分析施工中的风险和矛盾，及时研究解决问题的对策、措施，从而提高施工的预见性，减少盲目性。

7）施工组织设计是统筹安排施工企业生产的投入与产出过程的关键和依据。工程产品的生产和其他工业产品的生产一样，都是按要求投入生产要素，通过一定的生产过程，而后生产出成品，中间转换的过程离不开管理。施工企业也是如此，从承接工程任务开始直至竣工验收、交付使用的全部施工过程的计划、组织和控制的基础就是科学的施工组织设计。

8）施工组织设计可以指导投标与工程承包合同签订，并可作为投标书的内容和合同文件的一部分。

1.4.3 施工组织设计的分类

施工组织设计是一个总的概念，工程项目的类别、规模、范围不同，其施工组织设计编制的深度和广度也有所不同。本小节将施工组织设计按编制阶段和编制对象进行分类，具体内容如下。

微课：施工组织设计的分类

1. 按编制阶段分类

按编制阶段，施工组织设计可分为两类，一类是投标前编制的施工组织设计（简称标前设计），另一类是签订工程承包合同后编制的施工组织设计（简称标后设计）。两类施工组织设计的特点如表 1-1 所示。

表 1-1　两类施工组织设计的特点

种类	服务范围	编制时间	编织者	主要特征	追求主要目标
标前设计	投标与签约	投标书编制前	经营管理层	规划性	中标和经济效益
标后设计	施工准备至验收	签约后开工前	项目管理层	作业性	施工效率和效益

2. 按编制对象分类

按编制对象，施工组织设计可分为施工组织总设计、单位工程施工组织设计及分部（分项）工程施工组织设计。三者是同一工程不同广度、深度和作用的 3 个层次。

（1）施工组织总设计

施工组织总设计是以整个建设项目或民用建筑群为对象编制的，用以指导整个工程项目施工全过程的各项施工活动的全局性、控制性文件，是对整个建设项目的全面规划，涉及范围较广，内容比较概括。施工组织总设计一般在初步设计或扩大初步设计被批准之后，由总承包企业的总工程师负责，会同建设、设计和分包单位的工程师共同编制。

施工组织总设计用于确定建设总工期、各单位工程开展的顺序及工期、主要工程的施工方案、各种物资的供需计划、全工地性暂设工程及准备工作、施工现场的布置等，同时是施工单位编制年度施工计划和单位工程施工组织设计的依据。

（2）单位工程施工组织设计

单位工程施工组织设计是以单位工程（一个建筑物或构筑物，一个交工系统）为编制对象，用以指导其施工全过程的各项施工活动的局部性、指导性文件。它是施工单位年度施工计划和施工组织总设计的具体化，用以直接指导单位工程的施工活动，是施工单位编制作业计划和制订季、月、旬施工计划的依据。单位工程施工组织设计一般在施工图设计完成后，在拟建工程开工之前，由工程项目的技术负责人负责编制。根据工程规模、技术复杂程度不同，单位工程施工组织设计编制内容的深度和广度也有所不同。对于简单的单位工程，其施工组织设计一般只编制施工方案并附以施工进度表和施工平面布置图，即"一案、一表、一图"。

（3）分部（分项）工程施工组织设计

分部（分项）工程施工组织设计也叫分部（分项）工程施工作业设计。它是以分部（分项）工程为编制对象，用以具体实施其分部（分项）工程施工全过程的各项施工活动的技术、经济和组织的实施性文件。对于工程规模大、技术复杂、施工难度大，采用新工艺、新技术施工的建（构）筑物，在编制单位工程施工组织设计之后，常须对某些重要的缺乏经验的分部（分项）工程深入编制具体施工组织设计，如深基础工程、大型结构安装工程、高层钢筋混凝土主体结构工程、无黏结预应力混凝土工程、定向爆破工程、冬雨期施工工程、地下防水工程等。分部（分项）工程施工组织设计一般在单位工程施工组织设计确定了施工方案后，由施工队组织技术人员负责编制，其内容具体、详细，可操作性强，是直接指导分部（分项）工程施工的依据。

▌1.4.4　施工组织设计的编制原则

在编制施工组织设计时，宜遵循以下原则。

1）认真贯彻国家工程建设的法律、法规、规程、方针和政策。

2）严格执行工程建设程序，坚持合理的施工程序、施工顺序和施工工艺。

3）采用现代建筑管理原理、流水施工方法和网络计划技术，组织有节奏、均衡和连续的施工。

4）优先选用先进的施工技术，科学制订施工方案；认真编制各项实施计划，严格控制工程质量、工程进度、工程成本，确保施工安全。

5）充分利用施工机械和设备，提高施工机械化和自动化程度，改善劳动条件，提高生产率。

6）扩大预制装配范围，提高建筑工业化程度；科学安排冬期和雨期施工，保证全年施工的均衡性和连续性。

7）坚持"安全第一，预防为主"的原则，确保安全生产和文明施工；认真做好生态环境和历史文物保护，严防建筑震动、噪声、粉尘和垃圾污染。

8）合理布置施工平面图，尽量减少临时工程和施工用地，降低工程成本；尽量利用正式工程、原有或就近已有设施，做到暂设工程与既有设施相结合、与正式工程相结合；同时，要注意因地制宜、就地取材，尽量减少消耗，降低生产成本。

9）优化现场物资储存量，合理确定物资储存方式，尽量减少库存量和物资损耗。

10）建立施工全过程减碳标准化管理流程，开展"碳数据采集标准化技术""施工过程碳足迹管理""垃圾精细化分类管理"等各项减碳措施，从"减、降、低、固、控"5个方面降低项目施工碳排放量，实现绿色施工。

▌1.4.5　施工组织设计的编制依据

施工组织设计必须在工程项目开工前进行编制，严禁边施工边编制或施工完毕再编制。

施工组织设计的编制依据如下。

1）与工程建设有关的法律、法规和文件。

2）国家现行有关标准和技术经济指标。

3）工程所在地区行政主管部门的批准文件，以及建设单位对施工的要求。

4）工程施工合同或招投标文件。

5）工程设计文件，包括工程设计施工图及其标准图、设计变更、图纸会审记录、设计交底等。

6）工程施工范围内的现场条件，工程地质及水文地质、气象等自然条件。

7）与工程有关的资源供应情况。

8）施工企业的生产能力、机具设备状况、技术水平等。

9）类似工程施工经验，以及新技术、新工艺应用成果。

1.4.6 施工组织设计的编制内容

不同类型施工组织设计的编制内容不同，但一个完整的施工组织设计一般应包括以下基本内容。

微课：施工组织设计的基本内容

1）建设项目的工程概况。

2）施工部署及施工方案。

3）施工进度计划。

4）施工准备工作计划。

5）施工资源需用量计划。

6）施工平面图（即施工现场平面布置图）设计。

7）各项技术组织措施（技术、质量、安全、成本、工期、文明施工、环保等）。

8）主要技术经济指标（项目施工工期、劳动生产率、项目施工质量、项目施工成本、项目施工安全、机械化程度、预制化程度、暂设工程等）。

1.4.7 施工组织设计的编制和审批规定

施工组织设计的编制和审批应符合下列规定。

1）施工组织设计应由项目负责人主持编制，可根据需要分阶段编制和审批。

2）施工组织总设计应由总承包单位技术负责人审批；单位工程施工组织设计应由施工单位技术负责人或技术负责人授权的技术人员审批；施工方案应由项目技术负责人审批；重点、难点分部（分项）工程和专项工程施工方案应由施工单位技术部门组织相关专家评审，由施工单位技术负责人批准。

3）由专业承包单位施工的分部（分项）工程或专项工程的施工方案，应由专业承包单位技术负责人或技术负责人授权的技术人员审批；有总承包单位时，应由总承包单位项目负责人核准备案。

拓展阅读：《建筑施工组织设计规范》（GB T 50502—2009）术语

4）规模较大的分部（分项）工程和专项工程的施工方案应按单位工程施工组织设计的要求进行编制和审批。

直 击 工 考

一、单项选择题

1. 下列工程中，属于分部工程的是（　　）。
   A．土方开挖工程　　　　　　　　　B．电梯工程
   C．玻璃幕墙工程　　　　　　　　　D．模板工程

2. 具有独立的设计文件，可以独立施工，建成后能够独立发挥生产能力和经济效益的工程被称为（　　）。
   A．建设项目　　　　　　　　　　　B．单项工程
   C．单位工程　　　　　　　　　　　D．分部工程

3. 建筑产品地点的固定性和类型的多样性决定了建筑产品生产的（　　）。
   A．流动性　　　　　　　　　　　　B．地区性
   C．单件性　　　　　　　　　　　　D．综合复杂性

4. 某一建设项目的决策以该项目的（　　）被批准为标准。
   A．设计任务书　　　　　　　　　　B．项目建议书
   C．可行性研究报告　　　　　　　　D．初步设计

5. 建设工程项目施工组织设计的编制时间及编制者分别是（　　）。
   A．设计阶段；设计方　　　　　　　B．招标前；组织委托的项目管理单位
   C．投标前；经营管理层　　　　　　D．开工前；经营管理层

6. 建筑产品生产的主要特点包括单件性、整体性和（　　）。
   A．批量性　　　　　　　　　　　　B．重复性
   C．明确性　　　　　　　　　　　　D．流动性

二、多项选择题

1. 我国基本建设程序可概括为三大阶段，包括（　　）。
   A．可行性研究阶段　　　　　　　　B．设计阶段
   C．项目决策阶段　　　　　　　　　D．项目准备阶段
   E．项目实施阶段

2. 属于分项工程的有（　　）。
   A．模板工程　　　　　　　　　　　B．主体结构工程
   C．钢筋工程　　　　　　　　　　　D．混凝土工程
   E．砖砌体工程

3. 建筑产品体形庞大的特点决定了建筑产品生产的（　　）。
   A．流动性　　　　　　　　　　　　B．周期性
   C．地区性　　　　　　　　　　　　D．露天作业多
   E．高空作业多

三、填空题

1. 施工组织设计按编制对象可分为_____、_____和_____。

2. 施工组织设计按编制阶段可分为_____、_____。

3. 我国基本建设程序的阶段有_____、_____、_____、_____、_____、_____、_____、_____。

4. 建设项目可以划分为_____、_____、_____、_____。

5. 建筑产品具有_____、_____、_____、_____、_____的特点。

四、判断题

1. 建设项目的管理主体是建设单位。　　　　　　　　　（　　）

2. 施工组织设计是施工规划，而非施工方案。　　　　　（　　）

3. 施工组织设计应尽可能减少暂设工程。　　　　　　　（　　）

4. 固定资产投资项目包括基本建设项目和技术改造项目。（　　）

5. 可行性研究是项目决策的核心。　　　　　　　　　　（　　）

五、简答题

简述某学校一幢教学楼工程的基本建设程序。

工作任务

施工准备工作

▌任务导读

本工作任务主要介绍施工准备工作的内容和要求，具体内容包括施工准备工作概述、施工资料的调查、施工技术资料的准备、施工现场的准备、施工资源的准备和季节性施工的准备。

▌任务目标

1. 熟悉施工准备工作的内容。
2. 掌握施工技术资料的准备、施工现场的准备、施工资源的准备等各项准备工作计划的编制及实施要点。
3. 能针对不同工程编制施工准备工作计划及组织施工准备工作。

工程 案例

某建筑公司承建的某经济技术开发区一钢结构厂房于 2023 年 4 月开工。进入 11 月后，该地区气候逐渐转冷，但由于各项准备工作未及时完成，直到 12 月，工地生活区内的取暖问题仍未得到解决。在此期间，工人在宿舍内用铁桶燃烧木柴取暖，然而工地未加以关注或检查。某天晚上，一宿舍发生集体一氧化碳中毒事件，直到第二天才有人发现，事发时宿舍内已有 3 人死亡。

讨论：

1）事故发生的主要原因是什么？

2）冬期施工的准备工作有哪些？

现代社会经济飞速发展，基础设施大力建设，建筑施工技术水平不断提高，施工过程已成为一项集技术、管理、科技于一体的十分复杂的生产活动，不仅涉及各领域（规划、总图、建筑、结构、工艺、给排水、暖通、电气等）统筹协调设计，各施工组织机构及人员（项目经理、总工、部门经理及管理和行政人员、工种"八大员"等）联动施工，还包括各类建筑/机械设备（挖掘机、铲运机、压实机、桩机、起重机、升降机、混凝土搅拌机、混凝土泵车、钢筋加工机械等）的组织管理，建筑材料、制品、成品、半成品、构配件的生产、运输、储存、供应等，以及施工现场临时供水、供电、供热、生产及生活行政福利设施建设（临建）等工作。这些工作即施工准备工作。

施工准备工作是施工前为了保证工程按计划顺利开工和施工活动正常进行而必须事先做好的各项准备工作。施工准备工作是建筑施工管理的一个重要组成部分，是组织施工的前提，是顺利完成建筑工程任务的关键，也是我国基本建设程序的要求。它不仅存在于开工之前，还存在于开工之后，有组织、有计划、有步骤、分阶段地贯穿整个工程建设的始终。因此，施工准备工作是工程施工的基础和前提条件。

2.1 施工准备工作概述

2.1.1 施工准备工作的意义

施工准备工作的基本任务是为拟建工程的施工提供必要的技术和物质条件，统筹安排施工力量和施工现场。施工准备工作是施工企业做好目标管理、推行技术经济承包的重要依据，也是土建施工和设备安装顺利进行的根本保证。因此认真地做好施工准备工作，对于发挥企业优势、合理供应资源、加快施工速度、提高工程质量、降低工程成本、增加企业经济效益、赢得企业社会信誉、实现企业管理现代化等具有重要的意义。施工准备工作的意义如下。

微课：施工准备
工作的基本知识

1. 遵循基本建设程序

施工准备是建筑工程基本建设程序的一个重要阶段。现代工程项目施工是一项十分复杂的生产活动，其技术规律和社会主义市场经济规律要求工程项目施工必须严格按基本建设程序进行。只有认真做好施工准备工作，才能取得良好的建设效果。

2. 创造工程开工和顺利施工的条件

工程项目施工不仅需要耗用大量材料、使用许多机械设备、组织安排各工种人力，涉及广泛的社会关系，还需要处理各种复杂的技术问题，协调各种配合关系。因而需要统筹安排和周密准备，为拟建工程的施工创造良好的必要的技术和物质条件。只有这样，才能确保工程顺利开工，并在开工后能够持续、顺利地施工，同时获得各方面条件的保障。

3. 降低施工风险

就工程项目施工的特点而言，其生产受外界干扰及自然因素的影响较大，因而施工中可能遇到的风险就多。只有充分做好施工准备工作，采取预防措施，加强应变能力，才能有效地减少风险损失。

4. 提高企业综合效益

认真做好工程项目施工准备工作，能调动各方面的积极因素，合理把控资源进度、提高工程质量、降低工程成本，从而提高企业经济效益和社会效益，实现企业管理现代化，提高企业的综合效益。

实践证明，施工准备工作的好与坏，将直接影响建筑产品生产的全过程。凡是重视和做好施工准备工作、积极为工程项目创造一切有利施工条件的工程，都能顺利开工，取得施工的主动权；如果违背基本建设程序，忽视施工准备工作或使工程仓促开工，则必然会处处被动，对工程的施工质量及施工安全造成影响。

施工许可证相关法律规定与申请条件

根据 2019 年 4 月修订的《中华人民共和国建筑法》可知，建筑工程开工前，建设单位应当按照国家有关规定向工程所在地县级以上人民政府建设行政主管部门申请领取施工许可证；但是，国务院建设行政主管部门确定的限额以下的小型工程除外（工程投资额在 30 万元以下或者建筑面积在 300 平方米以下的建筑工程，可以不申请办理施工许可证）。按照国务院规定的权限和程序批准开工报告的建筑工程，不再领取施工许可证。

申请领取施工许可证，应具备下列条件：①已经办理该建筑工程用地批准手续；②依法应当办理建设工程规划许可证的，已经取得建设工程规划许可证；③需要拆迁的，其拆迁进度符合施工要求；④已经确定施工企业；⑤有满足施工需要的资金安排、施工图及技术资料；⑥有保证工程质量和安全的具体措施。

2.1.2 施工准备工作的分类

1. 按施工准备工作的范围分类

（1）全场性施工准备

全场性施工准备（施工总准备）是以整个建设项目为对象而进行的各项施工准备。它的作用是为整个建设项目的顺利施工创造有利条件，既要为全场性的施工活动服务，也要兼顾单位工程施工条件的准备。

（2）单位工程施工准备

单位工程施工准备是以单位工程为对象而进行的各项施工准备。它的作用是为单位工程施工服务，不但要为单位工程开工做好一切准备，而且要为分部（分项）工程施工做好准备。

（3）分部（分项）工程作业条件准备

分部（分项）工程作业条件准备是以分部（分项）工程或冬雨期施工工程为对象而进行的作业条件准备。它的作用是为分部（分项）工程施工服务，便于各分部（分项）工程施工有条不紊地开展。

2. 按工程所处施工阶段分类

（1）开工前施工准备

开工前施工准备是拟建工程正式开工之前，所进行的带有全局性和总体性的施工准备。它的作用是为拟建工程正式开工创造必要的施工条件。

（2）开工后施工准备

开工后施工准备是拟建工程正式开工以后，每个施工阶段正式开工之前所进行的带有局部性或经常性的施工准备。它的作用是为每个施工阶段创造必要的施工条件，一方面是对开工前施工准备工作进行深化和具体化；另一方面是根据各施工阶段的实际需要和变化情况随时做出补充修正与调整。

例如，一般框架结构建筑的施工可分为地基基础工程、主体结构工程、屋面工程、装饰装修工程等施工阶段，每个施工阶段的施工内容不同，相应的技术条件、物资条件、组织措施要求和现场平面布置等也不同。因此，在每个施工阶段开始之前，都必须做好相应的施工准备。

施工准备工作具有整体性与阶段性统一的特点，并且体现出连续性，必须有计划、有步骤、分期、分阶段地进行，贯穿整个建造过程。

▌2.1.3　施工准备工作的内容

施工准备工作涉及的范围广、内容多，根据工程本身的特点及其所具备的条件差异，一般可归纳为以下 5 个方面。

1）施工资料的调查，包括自然条件资料、技术经济条件资料、社会资料等。

2）施工技术资料的准备，包括熟悉、自审、会审图纸，编制施工组织设计、施工图预算和施工预算等。

3）施工现场的准备，包括清除障碍物、"七通一平"、测量放线、搭设临时设施等。

4）施工资源的准备，包括施工现场劳动力组织准备和施工现场物资准备等。

5）季节性施工的准备，包括冬期施工准备、雨期施工准备、暑期施工准备等。

施工准备工作的具体内容应视工程本身及其具体的条件而定。有的相对简单，有的却十分复杂，如只包含一个单项工程的施工项目和包含多个单项工程的群体项目、一般小型工程项目和技术复杂的大中型项目、新建项目和改扩建项目、在未开发地区兴建的项目和在城市中兴建的项目等。因为工程的特点、性质、规模及条件不同，所以工程对施工准备工作提出的内容要求不同。施工准备工作的内容应根据项目的规划确定，并制订各阶段施工准备工作计划，以便为项目开工与顺利施工创造必要的条件。

▌2.1.4　施工准备工作的要求

1. 取得协作单位的支持和配合

施工准备工作涉及面广，不仅施工单位要努力完成，还要取得建设单位、监理单位、设计单位、供应单位、银行及其他协作单位的大力支持，分工负责，统一协调，共同做好施工准备工作。

2. 有组织、有计划、分阶段、有步骤地进行

1）建立施工准备工作的组织机构，明确相应管理人员。

2）编制施工准备工作计划表，保证施工准备工作按计划执行。

3）将施工准备工作按工程的具体情况划分为开工前施工准备、开工后施工准备，分期、分阶段、有步骤地进行。

3. 应有严格的保证措施

1）建立施工准备工作责任制。按施工准备工作计划将各项准备工作责任落实到有关部门和个人，明确各级技术负责人在施工准备工作中应负的责任，以便确保按计划要求的内容与时间进行。现场施工准备工作应由施工项目经理部全权负责。

2）建立施工准备工作检查制度。在施工准备工作实施过程中，应定期检查施工准备工作计划的执行情况，以便及时发现问题、分析原因、排除障碍，协调施工准备工作进度或调整施工准备工作计划。

3）实行开工报告和审批制度。工程开工前、施工准备工作完成后，施工项目经理部应申请开工报告，报施工企业领导审批，审批通过后方可开工。针对实行建设监理的工程，企业还应将开工报告报送监理工程师审批，由监理工程师签发开工通知书，在限定时间内开工，不得拖延。工程开工报审表如表 2-1 所示。

表 2-1 工程开工报审表

（监理〔20××〕开工报审　　号）

工程名称：

致：_____（建设单位） 　　_____（项目监理机构） 　　我方承担的_____工程，已完成相关准备工作，具备开工条件，申请于_____年___月___日开工，请予以审批。 　　附件：□单位（子单位）工程开工报告 　　　　　□施工现场质量管理检查记录 　　施工单位项目负责人： 　　（签字、加盖执业印章）　　　　　　　施工项目管理机构（盖章）： 　　　　　　　　　　　　　　　　　　　　　　　　　　　　　　年　　月　　日
审核意见： 　　总监理工程师： 　　（签字、加盖执业印章）　　　　　　　项目监理机构（盖章）： 　　　　　　　　　　　　　　　　　　　　　　　　　　　　　　年　　月　　日
审批意见： 　　建设单位项目负责人（签字）：　　　　　　建设单位（盖章）： 　　　　　　　　　　　　　　　　　　　　　　　　　　　　　　年　　月　　日

 知识窗

单位工程开工条件及报审流程

单位工程具备开工条件时，施工单位需要向项目监理机构报送工程开工报审表。同时具备下列条件时，由总监理工程师签署审批意见，并报建设单位批准后，总监理工程师方可签发工程开工令。

1）设计交底和图纸会审已完成。

2）施工组织设计已由总监理工程师签认。

3）施工单位现场质量、安全生产管理体系已建立，管理及施工人员已到位，施工机械具备使用条件，主要工程材料已落实。

4）进场道路及水、电、通信等已满足开工要求。

工程开工报审表需要由总监理工程师签字，并加盖执业印章。

4. 施工准备工作应做好"五个结合"

1）施工与设计的结合。签订施工合同后，施工单位应尽快与设计单位联系，在总体规划、平面布局、结构选型、构件、新材料与新技术的采用及出图顺序等方面取得一致意见，便于日后施工。

2）室内准备工作与室外准备工作的结合。室内准备工作主要指各种技术经济资料的编制和汇集（如熟悉图纸、编制施工组织设计等）；室外准备工作主要指施工现场准备和物资准备。室内准备工作对室外准备工作起指导作用，室外准备工作是室内准备工作的具体落实。

3）土建工程与安装工程的结合。土建施工单位拟订出施工准备工作计划后，要及时与其他专业工程及供应部门联系，研究总包与分包之间综合施工、协作配合的关系，然后各自进行施工准备工作，相互提供施工条件，有问题及早提出，以便采取有效措施，促进各方面准备工作的进行。

4）现场准备与加工预制准备的结合。在现场准备的同时，对大批预制加工构件应提出供应进度要求，并委托生产，对某些大型构件应进行技术经济分析，及时确定是现场预制还是加工厂预制，构件加工还应考虑现场的存放能力及使用要求。

5）前期准备与后期准备的结合。施工准备工作存在于开工前和开工后，因此，要统筹安排工程开工前期、后期的施工准备工作，既立足于前期准备，又着眼于后期准备，把握时机，及时完成施工准备工作。

2.2 施工资料调查

调查和收集有关施工资料是施工准备工作的重要内容之一，主要目的是查明工程环境特点，包括自然条件资料调查、技术经济条件资料调查、社会资料调查等，为选择施工技术与组织方案收集基础资料，并以此作为确定准备工作项目的依据。尤其是当施工单位进入一个新的城市和地区时，此项工作就会显得更加重要，它关系到施工单位全局的部署与安排。收集并分析施工资料，能够为编制出合理的、符合客观实际的施工组织设计文件提供全面、系统、科学的依据，为会审图纸、编制施工图预算和施工预算提供依据，为施工企业管理人员进行经营管理决策提供可靠的依据。

原始资料的调查应有计划、有目的地进行，事先拟定详细的调查提纲、调查范围、调查内容等，应根据拟建工程规模、性质、复杂程度、工期，以及施工单位对当地的了解程度进行确定。对调查和收集的资料，应注意整理归纳、分析研究；对其中特别重要的资料，必须复核数据的真实性和可靠性。

2.2.1　自然条件资料调查

建设地区自然条件资料调查主要包括对当地气象、工程地形、地质、工程水文地质等方面的调查。自然条件资料可通过向当地气象台站、勘察设计单位询问得到，或者通过现场勘测得到，为确定施工方法、技术措施、季节性施工措施、施工进度计划和施工平面布置等提供依据。自然条件调查项目如表 2-2 所示。

表 2-2　自然条件调查项目

序号	项目	调查内容	调查目的
（一）		气象	
1	气温	① 年平均气温、最高气温、最低气温，最冷、最热月份的逐月平均温度； ② 冬、夏季室外温度	① 确定防暑降温措施； ② 确定冬季施工措施； ③ 估计混凝土、砂浆强度
2	雨（雪）	① 雨季起止时间； ② 月平均降雨（雪）量、最大降雨（雪）量、一昼夜最大降雨（雪）量； ③ 全年雷暴日数	① 确定雨季施工措施； ② 确定工地排水、防洪方案； ③ 确定防雷设施
3	风	① 主导风向及频率（风玫瑰图）； ② ≥8 级风的全年天数、时间	① 确定临时设施的布置方案； ② 确定高空作业及吊装的技术安全措施
（二）		工程地形、地质	
1	地形	① 区域地形图； ② 工程位置地形图； ③ 该地区城市规划图； ④ 控制桩、水准点的位置； ⑤ 地形、地质的特征	① 选择施工用地； ② 布置施工总平面图； ③ 进行场地平整及土方量计算； ④ 了解障碍物及其数量； ⑤ 拆迁和清理施工现场
2	地质	① 钻孔布置图； ② 地质剖面图，了解土层类别、厚度； ③ 物理力学指标，包括天然含水率、孔隙比、塑性指数、渗透系数、压缩试验及地基土强度； ④ 地层的稳定性，是否存在断层滑块、流沙现象； ⑤ 最大冻结深度； ⑥ 地基土破坏情况，是否存在枯井、古墓、防空洞及地下构筑物等	① 选择土方施工方法； ② 确定地基处理方法； ③ 确定基础施工方法； ④ 复核地基基础设计； ⑤ 拟订障碍物拆除计划
（三）		工程水文地质	
1	地下水	① 最高、最低水位及时间； ② 水的流向、流速及流量； ③ 水质分析，明确地下水的化学成分； ④ 抽水试验	① 选择基础施工方案； ② 确定降低地下水位的方法； ③ 拟订防止侵蚀性介质的措施
2	地面水	① 邻近江河湖泊至工地的距离； ② 洪水期、平水期、枯水期的水位、流量及航道深度； ③ 水质分析； ④ 最大、最小冻结深度及冻结时间	① 确定临时给水方案； ② 确定运输方式； ③ 确定水工工程施工方案； ④ 确定防洪方案

2.2.2　技术经济条件资料调查

技术经济条件资料调查主要包括对项目特征与要求，建筑材料及构件生产企业情况，交通运输条件，水、电、气供应条件，机械设备与建筑材料的调查。

1. 项目特征与要求的调查

施工单位应按所拟定的调查提纲，首先通过建设单位、勘察设计单位收集有关项目的设计任务书、工程选址报告、初步设计、施工图设计及工程概预算等资料，然后通过当地有关行政主管部门收集现行的项目施工相关规定、标准及与项目建设有关的文件等资料。项目特征与要求调查项目如表 2-3 所示。

表 2-3 项目特征与要求调查项目

序号	项目	调查内容	调查目的
1	建设单位	① 建设项目设计任务书、有关文件； ② 建设项目性质、规模、生产能力； ③ 生产工艺流程、主要工艺设备名称及来源、供应时间、分批和全部到货时间； ④ 建设期限、开工时间、交工先后顺序、竣工投产时间； ⑤ 总概算投资、年度建设计划； ⑥ 施工准备工作计划的内容、安排、工作进度表	① 明确施工依据； ② 确定项目建设部署； ③ 制订主要工程施工方案； ④ 规划施工总进度计划； ⑤ 安排年度施工进度计划； ⑥ 规划施工总平面； ⑦ 确定占地范围
2	勘察设计单位	① 建设项目总平面图规划； ② 工程地质勘察资料； ③ 水文勘察资料； ④ 项目建设规模、建筑、结构、装修概况，总建筑面积、占地面积； ⑤ 单项（单位）工程个数； ⑥ 设计进度安排； ⑦ 生产工艺设计、特点； ⑧ 地形测量图	① 规划施工总平面图； ② 规划生产施工区、生活区； ③ 安排大型临建工程； ④ 概算施工总进度； ⑤ 规划施工总进度； ⑥ 计算平整场地土石方量； ⑦ 确定地基、基础施工方案

知识窗

施工图设计的条件与深度要求

1. 开展施工图设计的条件

1）项目初步设计已经完成，或施工图设计招标文件已达到初步设计的深度。

2）初步设计审查提出的重大问题和遗留问题已经解决，详细勘察及地形测绘图已经完成。

3）外部协作条件（包括水、电、交通等）已基本落实。

4）大型设备及主要设备订货已基本落实，有关基础资料已收集齐全，可满足施工图设计。

2. 施工图设计的深度要求

1）满足土建施工和设备安装。

2）满足设备材料的安排。

3）满足非标准设备和结构件的加工制作。

4）满足施工招标文件和施工组织设计的编制。

5）项目内容、规格、标准与工程量应满足施工招投标、计量计价需要。

6）设计说明和技术应满足施工质量检验、竣工验收的要求。

2. 建筑材料及构件生产企业情况的调查

针对建筑材料及构件生产企业情况，主要调查其企业名称、产品名称、产品规格与质量、生产能力、供应能力、生产方式、出厂价格、运距、运输方式、运费单价等。建筑材料及构件生产企业情况调查项目如表 2-4 所示。

表 2-4　建筑材料及构件生产企业情况调查项目

序号	企业名称	产品名称	产品规格与质量	生产能力	供应能力	生产方式	出厂价格	运距	运输方式	运费单价	备注

　　注：①企业名称按照构件厂、木工厂、金属加工厂、商品混凝土站、砂石厂、建筑设备厂、砖（瓦、石灰）厂等填写；②相关资料从当地计划、经济、建筑主管部门获得；③调查目的为落实物资供应。

3. 交通运输条件的调查

　　交通运输方式一般有铁路运输、公路运输、水路运输等。交通运输条件的资料可通过向当地相关主管部门询问得到，它主要为选择及组织施工运输方式提供技术经济分析比较的依据。交通运输条件调查项目如表 2-5 所示。

表 2-5　交通运输条件调查项目

序号	项目	调查内容	调查目的
1	铁路运输	① 邻近铁路专线、车站至工地的距离及沿途运输条件； ② 站场卸货路线长度、起重能力和储存能力； ③ 装载单个货物的最大尺寸、重量的限制； ④ 资费、装卸费和装卸力量	
2	公路运输	① 主要材料产地至工地的公路等级，路面构造宽度及完好情况，允许最大载重量； ② 途经桥涵等级，允许最大载重量； ③ 当地专业机构及附近村镇能提供的装卸、运输能力，汽车、畜力、人力车的数量及运输效率，运费、装卸费； ④ 当地有无汽车修配厂，汽车修配厂的修配能力，汽车修配厂至工地的距离、道路情况； ⑤ 沿途架空电线高度	① 选择运输方式； ② 拟订运输计划
3	水路运输	① 货源，工地至邻近河流、码头渡口的距离，道路情况； ② 洪水期、平水期、枯水期和封冻期通航的最大船只及吨位，取得船只的可能性； ③ 码头装卸能力，最大起重量，增设码头的可能性； ④ 渡口的渡船能力，同时可载汽车、马车数，每日次数，能为施工提供的能力； ⑤ 运费、渡口费、装卸费	

4. 水、电、气供应条件的调查

　　水、电、气是施工不可缺少的资源，针对水、电、气供应条件，主要调查供应量、来源、距离、价格等。水、电、气供应条件调查项目如表 2-6 所示。

表 2-6　水、电、气供应条件调查项目

序号	项目	调查内容	调查目的
1	给排水	① 与当地现有水源连接的可能性，可供水量，管线铺设地点、管径、管材、埋深、水压、水质及水费，至工地的距离，沿途地形、地物情况； ② 利用江河、湖水的可能性，水源、水量、水质，取水方式，至工地的距离，沿途地形、地物情况，临时水井的位置、深度、出水量、水质； ③ 利用永久排水设施的可能性，施工排水去向、距离及坡度，有无洪水影响，现有防洪设施、排洪能力	① 确定生产、生活供水方案； ② 确定工地排水方案及防洪设施； ③ 拟订供排水设施的施工进度计划
2	供电与通信	① 电源位置，引入可能性，允许供电容量、电压、导线截面、距离、电费、接线地点，至工地的距离，沿途地形、地物情况； ② 建设单位及施工单位自有发电、变电设备的规格型号、数量、容量、燃料等； ③ 利用邻近电信设施设备的可能性，电话、电报局至工地的距离，增设电话设备和计算机等自动化办公设备和线路的可能性	① 确定供电方案； ② 确定通信方案； ③ 拟订供电、通信设施的施工进度计划
3	供气	① 蒸汽来源、供应量、接管地点、管径、埋深，至工地的距离，沿途地形、地物情况，供气价格，供气的正常性； ② 建设单位及施工单位自有锅炉型号、台数、能力、所需燃料、用水水质、投资费用； ③ 当地或建设单位提供压缩空气、氧气的能力，至工地的距离	① 确定生产、生活用气方案； ② 确定压缩空气、氧气供应计划

注：相关资料可通过咨询当地城建、供电局、水厂等单位及建设单位获得。

5. 机械设备与建筑材料的调查

机械设备是项目施工的主要生产设备，建筑材料指水泥、钢材、木材、砂石、砖、预制构件、半成品及成品等，二者的调查可作为确定材料和设备采购（租赁）供应计划、加工方式、储存和堆放场地及临时设施搭设的依据。机械设备与建筑材料调查项目如表 2-7 所示。

表 2-7　机械设备与建筑材料调查项目

序号	项目	调查内容	调查目的
1	三大材料	① 钢材订货的规格、牌号、强度等级、数量和到货时间； ② 木材订货的规格、等级、数量和到货时间； ③ 水泥订货的品种、强度等级、数量和到货时间	① 确定临时设施和堆放场地； ② 确定木材加工计划； ③ 确定水泥储存方式
2	特殊材料	① 需要的品种、规格、数量； ② 试制、加工和供应情况； ③ 进口材料和新材料	① 制订供应计划； ② 确定储存方式
3	主要设备	① 主要工艺设备的名称、规格、数量及供货单位； ② 分批和全部到货时间	① 确定临时设施和堆放场地； ② 拟定防雨措施
4	地方材料	砂石及砌筑材料的供应情况、规格、等级、数量等	① 制订供应计划； ② 确定堆放场地

注：相关资料可通过咨询当地计划、经济、物资管理等部门获得。

2.2.3 社会资料调查

社会资料调查对象主要包括建设地区的政治、经济、文化、科技、风土、民俗等。其中，社会劳动力与生活设施情况、参加施工各单位（含分包单位）情况的调查资料可作为拟订劳动力调配计划、布置临时设施和确定施工力量的依据。社会资料包括社会劳动力与生活设施情况和参加施工各单位（含分包单位）情况，其调查项目如表2-8和表2-9所示。

表2-8 社会劳动力与生活设施情况调查项目

序号	项目	调查内容	调查目的
1	社会劳动力	① 少数民族地区的风俗习惯； ② 当地能提供的劳动力人数、技术水平、工资费用和来源； ③ 人员的生活安排	① 拟订劳动力计划； ② 安排临时设施
2	房屋设施	① 必须在工地居住的单身人数和户数； ② 能作为施工用的现有房屋的数量、面积、结构、位置，以及水暖电卫设备状况； ③ 建筑物的适宜用途，用作宿舍、食堂、办公室的可能性	① 确定现有房屋为施工服务的可能性； ② 安排临时设施
3	生活服务	① 主副食品供应、日用品供应、文化教育、消防治安等机构能为施工提供的支援能力； ② 邻近医疗单位至工地的距离，可能就医情况； ③ 当地公共汽车、邮电服务情况； ④ 周围是否存在有毒有害气体、污染情况，有无地方疾病	安排职工的生活基地，解除其后顾之忧

表2-9 参加施工各单位（含分包单位）情况调查项目

序号	项目	调查内容	调查目的
1	工人	① 总人数； ② 定额完成情况； ③ 一专多能情况	① 拟订劳动力计划； ② 合理部署施工力量，科学组织施工
2	管理人员	① 人数、所占比例； ② 干部、技术人员、服务人员和其他人员人数	全面评估施工各单位的专业能力、管理能力和建设目标达成可靠性
3	施工机械	① 名称、型号、能力、数量、新旧程度（列表）； ② 总装备程度（马力/全员）； ③ 拟购、订购施工机械的情况	① 合理安排施工机械有效使用，提高机械利用率； ② 减少现场管理费和物资消耗，有利于投资控制
4	施工经验	① 曾参与施工的主要工程项目； ② 习惯采用的施工方法； ③ 采用过的先进施工方法； ④ 研究成果	① 确保施工技术可行性与经济合理性； ② 为优化设计、调概索赔等提供基础
5	主要指标	① 劳动生产率； ② 质量、安全； ③ 降低成本； ④ 机械化、工业化程度； ⑤ 机械设备的完好率、利用率	确保建设项目按预期顺利实施

2.3 施工技术资料准备

施工技术资料准备即通常所说的"内业"工作，是施工准备的核心，指导着现场的施工准备工作。它对保证建筑产品质量、实现安全生产、加快工程进度、提高工程经济效益具有重要意义。任何技术差错和隐患都可能引发人身安全和质量事故，造成生命财产和经济的巨大损失，因此，必须做好施工技术资料准备工作。施工技术资料的准备主要包括熟悉、自审、会审图纸，编制施工组织设计，编制施工图预算和施工预算。

2.3.1　熟悉、自审、会审图纸

1. 熟悉图纸阶段

（1）熟悉图纸的组织
由施工单位项目经理部组织有关工程技术人员认真熟悉图纸，了解设计意图、建设单位要求及施工应达到的技术标准，明确工程流程。

微课：建筑施工
准备内容

（2）熟悉图纸的要求

1）先粗后细：先看平面图、立面图、剖面图，对整个工程的概貌有一个了解，对总的长、宽、轴线尺寸、标高、层高、总高有大体印象；后看细部做法，核对总尺寸与细部尺寸是否相符，位置、标高是否相符，以及门窗表中的门窗型号、规格、形状、数量是否与结构相符，等等。

2）先小后大：先看小样图，后看大样图。核对平面图、立面图、剖面图中标注的细部做法与大样图的做法是否相符；核对所采用标准构件的图集编号、类型、型号与设计图纸有无矛盾，索引符号有无漏标之处，大样图是否齐全，等等。

3）先建筑后结构：先看建筑图，后看结构图。对照建筑图与结构图，核对其轴线尺寸、标高是否相符，有无矛盾；核对有无遗漏尺寸，有无构造不合理之处。

4）先一般后特殊：先看一般的部位和要求，后看特殊的部位和要求。特殊部位的要求一般包括地基处理方法、变形缝设置、防水处理要求，以及抗震、防火、保温、隔热、防尘、特殊装修等技术要求。

5）图纸与说明结合：看图时，对照设计总说明和图中的细部说明，核对图纸和说明有无矛盾，规定是否明确，要求是否可行，做法是否合理，等等。

6）土建与安装结合：看土建图时，有针对性地看一些安装图，核对与土建有关的安装图有无矛盾，预埋件、预留洞、槽的位置、尺寸是否一致，了解安装对土建的要求，以便考虑在施工中的协作配合。

7）图纸要求与实际情况结合：核对图纸有无不符合施工实际之处，如建筑物相对位置、场地标高、地质情况等是否与设计图纸相符；确认对于特殊的施工工艺，施工单位能否做到；等等。

2. 自审图纸阶段

（1）自审图纸的组织
首先，由施工单位项目经理部组织各工种人员对本工种的有关图纸进行审查，掌握和了解图纸细节；其次，由总承包单位内部的土建与水、暖、电等方面的专业人员共同核对图纸，消除差错，协商施工配合事项；最后，总承包单位与分包单位在各自审查图纸的基础上，共同核对图纸中的差错并协商施工配合问题。

（2）自审图纸的要求

1）审查拟建工程的地点，建筑总平面图同国家、城市或地区规划是否一致，以及建（构）筑物的设计功能和使用要求是否符合环境卫生、防火及美化城市方面的要求。

2）审查设计图纸是否完整齐全，以及设计图纸和资料是否符合国家有关技术规范要求。

3）审查建筑、结构、设备安装图纸是否相符，有无错、漏、碰、缺，内部结构和工艺设备有无矛盾。

4）审查地基处理与基础设计同拟建工程地点的工程地质和水文地质等条件是否一致，以及建（构）筑物与原地下构筑物及管线之间有无矛盾，深基础的防水方案是否可靠，材料设备能否提供。

5）明确拟建工程的结构形式和特点，复核主要承重结构的承载力、刚度和稳定性是否满足要求；审查设计图纸中形体复杂、施工难度大和技术要求高的分部（分项）工程或新结构、新材料、新工艺，在施工技术和管理水平上能否满足质量与工期要求，选用的材料、构配件、设备等能否提供。

6）明确建设期限，分期分批投产或交付使用的顺序和时间，以及工程所用的主要材料、设备的数量、规格、来源和供货日期。

7）明确建设单位、设计单位和施工单位等之间的协作、配合关系，以及建设单位可以提供的施工条件。

8）审查设计是否考虑了施工的需要，各种结构的承载力、刚度和稳定性是否满足内爬式、附着式、固定式塔式起重机等的使用要求。

3. 会审图纸阶段

会审图纸是建设单位、监理单位、施工单位等相关单位在收到施工图审查机构审查合格的施工图设计文件后，在设计交底前进行的一项全面细致地熟悉和审查施工图的活动。它是施工前的一项重要准备工作。

施工图审查的内容与管理规定

根据《房屋建筑和市政基础设施工程施工图设计文件审查管理办法》可知，建设单位应当将施工图送施工图审查机构审查。施工图审查机构对施工图审查的内容如下。

1）是否符合工程建设强制性标准。

2）地基基础和主体结构的安全性。

3）消防安全性。

4）人防工程（不含人防指挥工程）防护安全性。

5）是否符合民用建筑节能强制性标准。对执行绿色建筑标准的项目，还应当审查是否符合绿色建筑标准。

6）勘察设计企业、注册执业人员及相关人员是否按规定在施工图上加盖相应的图章和签字。

7）法律、法规、规章规定必须审查的其他内容。

任何单位或者个人不得擅自修改审查合格的施工图。确需修改的，凡涉及上述审查内容的，建设单位应当将修改后的施工图送原审查机构审查。

（1）会审图纸的组织

会审图纸一般在施工单位完成自审的基础上，由建设单位组织并主持会议，设计单位交底，施工单位、监理单位等参加。重点工程、规模较大工程或结构与装修较复杂的工程，可邀请各主管部门、消防部门、质量监督管理部门和物资供应单位等的有关人员参加。会审图纸由施工单位整理会议纪要，与会各方会签。

会审图纸的程序：设计单位进行设计交底，施工单位对图纸提出问题，有关单位发表意见，与会者讨论、研究、协商，逐条解决问题并达成共识，形成图纸会审纪要（表2-10）。图纸会审纪要作为与施工图具有同等法律效力的技术文件使用，并成为指导施工及进行项目施工结算的依据。

表2-10　图纸会审纪要

会审日期：　年　月　日　　　　　　　　　　　　　编号：

工程名称		共　页
		第　页
图纸编号	提出问题	会审结果
会审单位（公章）	建设单位	设计单位	监理单位	施工单位
参加会审人员				

> **知识窗**
>
> **施工图设计交底的流程与主要内容**
>
> 施工图设计交底指在工程施工前，设计单位就审查合格的施工图设计文件向建设单位、施工单位和监理单位做出详细说明。施工图设计交底按主项（装置或单元）分专业集中一次进行，若遇特殊情况，则应建设单位要求也可按施工程序分次进行。施工图设计交底会原则上不重复召开，如果由于施工单位变更需要重复开会，则由建设单位和设计单位协商解决。
>
> 施工图设计交底有利于进一步贯彻设计意图，修改图纸中的错、漏、碰、缺；帮助施工单位和监理单位加深对施工图设计文件的理解，掌握关键工程部位的质量要求，确保工程质量。
>
> 施工图设计交底的主要内容一般包括：①施工图设计文件总体介绍，设计的意图说明，特殊的工艺要求，建筑、结构、工艺、设备等在施工中的难点、疑点和容易发生的问题说明；②介绍同类工程经验教训，以及解答施工、监理和建设等单位提出的问题等。

（2）会审图纸的内容

1）审查设计图纸是否满足项目立项技术可靠、安全、经济适用的需求。

2）图纸是否已经审查机构签字、盖章。

3）地质勘探资料是否齐全，设计图纸与说明是否齐全，设计深度是否达到规范要求。

4）设计地震烈度是否符合当地要求。

5）总平面与施工图的几何尺寸、平面位置、标高等是否一致。

6）人防、消防、技防等特殊设计是否满足要求。

7）各专业图纸本身是否有差错及矛盾，结构图与建筑图的平面尺寸及标高是否一致，结构图与建筑图的表示方法是否清楚，是否符合制图标准，预留、预埋件是否表示清楚。

8）工程材料来源有无保证，新工艺、新材料、新技术的应用有无问题。

9）地基处理方法是否合理，建筑与结构构造是否存在不能施工、不便于施工的技术问题，是否容易导致质量、安全、工程费用增加等方面的问题。

10）工艺管道、电气线路、设备装置、运输道路与建筑物之间或相互之间有无矛盾。

▌2.3.2　编制施工组织设计

施工组织设计是施工单位在施工准备阶段编制的指导拟建工程从施工准备到竣工验收乃至保修回访的技术经济的综合性文件，也是编制施工预算、实现项目管理的依据，同时是指导施工单位进行施工的实施性文件，是施工准备工作的主要文件。它在投标文件的施工组织设计的基础上，结合所收集的原始资料等，根据施工图及图纸会审纪要，按照编制施工组织设计的基本原则，综合建设单位、监理单位、设计单位的具体要求进行编制，主要内容包括编制依据、工程概况、施工部署、施工进度计划、施工准备与资源配置计划、主要施工方法、施工现场平面布置及主要施工管理计划等，具体详见《建筑施工组织设计规范》（GB/T 50502—2009）的相关内容。

1. 施工组织设计编制依据

1）与工程建设有关的法律、法规和文件。

2）国家现行有关标准和技术经济指标。

3）工程所在地区行政主管部门的批准文件，建设单位对施工的要求。

4）工程施工合同或招投标文件。

5）工程设计文件。

6）工程施工范围内的现场条件，工程地质及水文地质、气象等自然条件。

7）与工程有关的资源供应情况。

8）施工企业的生产能力、机具设备状况、技术水平等。

2. 施工组织设计报审基本程序

在工程开工前，施工单位必须完成施工组织设计的编制及内部审批工作，填写施工组织设计/（专项）施工方案报审表（表 2-11）报送项目监理机构。总监理工程师在约定的时间内组织专业监理工程师审查、提出意见后，由总监理工程师审核签认。需要施工单位修改时，由总监理工程师签发书面意见，退回施工单位修改后重新报审，总监理工程师应重新审定，已审定的施工组织设计由项目监理机构报送建设单位。施工单位应严格按审定的施工组织设计文件组织施工，如果需要对其内容做较大变更，则应在实施前将变更书面内容报送项目监理机构重新审定。对规模大、结构复杂的工程，或属新结构、特种结构的工程，专业监理工程师提出审查意见后，由总监理工程师签发审查意见，必要时与建设单位协商，组织有关专家会审。

表 2-11　施工组织设计/（专项）施工方案报审表

（监理〔20××〕施组/方案报审　　号）

工程名称：

致：＿＿＿＿＿＿＿＿＿＿＿＿＿（项目监理机构） 我方已完成＿＿＿＿＿＿＿＿＿＿＿＿＿＿＿＿工程施工组织设计/（专项）施工方案的编制和审批，请予以审查。 附件：□施工组织设计 　　　□施工方案 　　　□专项施工方案 施工单位项目负责人：　　　　　　　　　　施工项目管理机构（盖章）： （签字、加盖执业印章） 　　　　　　　　　　　　　　　　　　　　　　　　　　　　　　年　　月　　日
审查意见：   专业监理工程师（签字）： 　　　　　　　　　　　　　　　　　　　　　　　　　　　　　　年　　月　　日
审核意见：   总监理工程师：　　　　　　　　　　　　　项目监理机构（盖章）： （签字、加盖执业印章） 　　　　　　　　　　　　　　　　　　　　　　　　　　　　　　年　　月　　日
审批意见［仅针对超过一定规模的危险性较大的分部（分项）工程专项施工方案］：   建设单位项目负责人（签字）：　　　　　　建设单位（盖章）： 　　　　　　　　　　　　　　　　　　　　　　　　　　　　　　年　　月　　日

3. 施工组织设计审查基本内容

1）编审程序应符合相关规定。

2）施工组织设计的基本内容应包括编制依据、工程概况、施工部署、施工进度计划、施工准备与资源配置计划、主要施工方法、施工现场平面布置及主要施工管理计划等。

3）工程进度、质量、安全、环保、造价等方面应符合施工合同要求。

4）资金、劳动力、材料、设备等资源供应计划应满足工程施工需要，施工方法及技术措施应可行与可靠。

5）施工总平面布置应科学合理。

4. 施工组织设计实行动态管理

施工组织设计实行动态管理应符合下列规定。

1）在项目施工过程中，发生以下情况之一时，施工组织设计应及时进行修改或补充：①工程设计有重大修改；②有关法律、法规、规范和标准实施、修订和废止；③主要施工方法有重大调整；④主要施工资源配置有重大调整；⑤施工环境有重大改变。

2）经修改或补充的施工组织设计应重新审批后实施。

3）项目施工前，应进行施工组织设计逐级交底；在项目施工过程中，应对施工组织设计的执行情况进行检查、分析并适时调整。

2.3.3　编制施工图预算和施工预算

在设计交底和图纸会审的基础上，在施工组织设计已被批准的前提下，预算部门即可着手编制单位工程施工图预算和施工预算，以确定人工、材料和机械费用的支出，并确定工人数量、材料消耗量及机械台班使用量。

1．编制施工图预算

施工图预算是技术准备工作的主要组成部分之一，是按照施工图确定的工程量、施工组织设计所拟定的施工方法、建筑工程预算定额或单价及其取费标准，由施工单位编制的确定建筑安装工程造价的经济文件。它是施工单位与建设单位签订施工承包合同、进行工程结算和成本核算、加强经营管理等方面工作的重要依据。

2．编制施工预算

施工预算是根据施工图预算、施工图、施工组织设计或施工方案、施工定额等文件编制的企业内部的经济文件，用以确定建筑安装工程的人工数量、材料消耗量、机械台班使用量，直接受施工图预算的控制。它是施工企业内部控制各项成本支出、考核用工、"两算"对比、签发施工任务单、限额领料、基层进行经济核算及经济活动分析的依据。

知识窗

施工图预算与施工预算的主要差异

1．用途及编制方法不同

施工图预算：甲乙双方确定建设项目的预算造价、发生经济联系的技术经济文件。

施工预算：施工企业内部核算的依据，主要计算工料用量和直接费。

施工预算必然在施工图预算价值的控制下进行编制。

2．使用定额不同

施工图预算：使用的是预算定额或单价及其取费标准。

施工预算：使用的是施工定额。

两种定额的项目划分不同。

"两算"对比是促进施工企业降低物资消耗、增加积累的重要手段。

2.4　施工现场准备

施工现场是施工的全体参加者为了达到优质、高速、低耗的目标，而有节奏、均衡、连续地进行施工的活动空间。

施工现场准备即通常所说的室外准备（"外业"），旨在为工程施工创造有利条件，是确保工程按计划开工并顺利进行的重要环节。这些准备工作应按照施工组织设计的要求进行。施工现场准备的主要内容有清除障碍物、"七通一平"、测量放线、搭设临时设施等。其中，"七通一平"主要指通给水、通电力、通道路、通电信、通燃气、通热力、通排水及平整场地，具体详见 2.4.3 小节中的相关内容。

微课：施工现场准备

2.4.1 施工现场准备工作的范围及各方职责

施工现场准备工作由两个方面组成：一是建设单位施工现场准备工作，二是施工单位施工现场准备工作。建设单位与施工单位的施工现场准备工作均就绪时，施工现场就具备了施工条件。

1. 建设单位施工现场准备工作

建设单位要按合同条款中约定的内容和时间完成以下工作。

1）完成土地征用、拆迁补偿、平整施工场地等工作，使施工场地具备施工条件，在开工后继续负责解决这些工作的遗留问题。

2）将施工所需水、电、电信线路从施工场地外部接至专用条款约定地点，满足施工期间的需要。

3）开通施工场地与城乡公共道路的通道，以及专用条款约定的施工场地内的主要道路，满足施工运输的需要，保证施工期间道路的畅通。

4）向承包人提供施工场地的工程地质和地下管线资料，对资料的真实准确性负责。

5）办理施工许可证及其他施工所需证件、批件，以及临时用地、停水、停电、中断道路交通、爆破作业等的申请批准手续（证明承包人自身资质的证件除外）。

6）确定水准点与坐标控制点，以书面形式交给承包人，进行现场交验。

7）协调处理施工场地周围的地下管线和邻近建（构）筑物（包括文物保护建筑）、古树名木的保护工作，承担有关费用。

针对建设单位施工现场准备工作，承发包双方也可在合同专用条款内写明交由施工单位完成，其费用由建设单位承担。

2. 施工单位施工现场准备工作

施工单位在施工现场准备工作中，应按合同条款中约定的内容和施工组织设计的要求，完成以下各项准备工作。

1）根据工程需要，提供和维修非夜间施工使用的照明、围栏设施，并负责安全保卫。

2）按专用条款约定的数量和要求，向发包人提供施工场地办公和生活的房屋及设施，发包人承担由此发生的费用。

3）遵守政府有关主管部门对施工场地交通、施工噪声、环保和安全生产等的管理规定，按规定办理有关手续，并以书面形式通知发包人，发包人承担由此发生的费用，因承包人责任造成的罚款除外。

4）按专用条款约定做好施工场地地下管线和邻近建（构）筑物（包括文物保护建筑）、古树名木的保护工作。

5）保证施工场地清洁，符合环境卫生管理的有关规定。

6）建立测量控制网。

7）工程用地范围内的"七通一平"，其中平整场地工作应由其他单位承担，但建设单位也可要求施工单位完成，费用由建设单位承担。

8）搭设现场生产和生活用的临时设施。

2.4.2 清除障碍物

施工现场内的一切地上、地下障碍物，都应在开工前拆除。这项工作一般由建设单位完成，但也有委托施工单位完成的。如果由施工单位来完成这项工作，则一定要事先了解现场情况，尤其是在城市的老区中，由于原有建（构）筑物情况复杂，而且往往资料不全，在拆除前需要采取相应的措施，防止发生事故。

一般只要把水源、电源切断后就可进行房屋拆除。若房屋较大、较坚固，须采用爆破的方法，则必须经有关部门批准，由专业的爆破作业人员进行操作。

架空电线（电力、通信）、地下电缆（电力、通信）、自来水、污水、燃气、热力等管线的拆除，需要与相关部门取得联系并办好有关手续后方可进行，最好由专业公司完成。

场地内若有树木，则须报园林部门批准后方可砍伐。

拆除障碍物留下的渣土等杂物都应清除出场外。运输时，应遵守交通、环保部门的有关规定，运土的车辆要按指定的路线和时间行驶，并采取封闭运输车或在渣土上直接洒水等措施，以免渣土飞扬污染环境。

2.4.3 "七通一平"

"三通一平"是指在施工现场范围内，接通施工用水、用电、道路，以及平整场地的工作，这是最基本的需求。实际上，施工现场往往不止需要通给水、通电力、通道路和平整场地，还需要接通电信、燃气、热力、排水，即形成"七通一平"。

1）通给水。施工用水包括生产、生活与消防用水，应按施工总平面图的规划进行安排，施工给水尽可能与永久性的给水系统结合起来。临时管线的铺设，既要满足施工用水的需用量，又要施工方便，并且尽量缩短管线的长度，以降低工程的成本。

2）通电力。电是施工现场的主要动力来源，在施工现场中，电包括施工生产用电和生活用电。由于建筑工程施工供电面积大、启动电流大、负荷变化多和手持式用电机具多，施工现场临时用电要考虑安全和节能措施。开工前应按照施工组织设计的要求，接通电力设施，电源首先应考虑从建设单位给定的电源上获得。如果其供电能力不能满足施工用电需要，则应考虑在现场建立自备发电系统，确保施工现场电力设备的正常运行。

3）通道路。施工现场的道路是组织物资进场的关键，拟建工程开工前，必须按照施工总平面图的要求，修建必要的临时性道路，为节约临时工程费用，缩短施工准备工作时间，尽量利用原有道路设施或拟建永久性道路解决现场道路问题，形成畅通的运输网络，使现场施工用道路的布置确保运输和消防用车等行驶畅通。临时性道路的等级可根据交通流量和运输车辆确定。

4）通电信。保证规划区内基本通信设施畅通。通信设施指电话、传真、邮件、宽带网络、光缆等。

5）通燃气。根据需要天然气或煤气的规划区设定的标准可知，燃气使用要符合整体规划和使用量要求，并遵循城镇燃气输配工程的施工及验收规范。

6）通热力。规划区热力供应要通畅。

设计要求：规划区燃气、热力满足规划区正常生活与工作需要。

设计主要内容：规划区内按设计要求埋设燃气、热力管线，其管道用材、布设、埋深必须满足设计要求，施工竣工验收必须符合相应验收规范标准。

施工主要要求：符合建筑电气安装工程质量检验评定标准、建筑与建筑群综合布线系统工程施工及验收规范、城市供热管网工程施工及验收规范、城镇燃气输配工程施工及验收规范，由建设方、监理方、设计方和施工方等组织检查验收。

7）通排水。排水包括规划区内的生活污水及雨水的排放。

设计要求：规划区内的生活污水、雨水排放通畅。

设计主要内容：规划区按设计要求铺设了排水管网和雨水管网，使规划区内的生活污水和雨水分流后进入城市综合排水系统，其管道用材、布设、埋深必须满足设计要求，施工竣工验收必须符合相应市政验收规范标准。

施工主要要求：符合市镇排水管渠工程质量检验评定标准，由建设方、监理方、设计方和施工方等组织检查验收。

8）平整场地。清除障碍物后，即可进行场地平整工作，按照建筑施工总平面、勘测地形图和场地平整施工方案等技术文件的要求，通过测量计算出填挖土方工程量，设计土方调配方案，确定平整场地的施工方案，组织人力和机械进行平整场地的工作。应尽量做到挖填方量趋于平衡，总运输量最小，便于机械施工和充分利用建筑物挖方填土，并防止利用地表土、软润土层、草皮、建筑垃圾等做填方。

2.4.4 测量放线

测量放线的任务是把在图纸上设计好的建（构）筑物及管线等测设到地面或实物上，并用各种标志表现出来，作为施工的依据。在土方开挖前，按设计单位提供的总平面图及给定的永久性经纬坐标控制网和水准控制基桩，进行场区施工测量，设置场区永久性坐标、水准基桩，建立场区工程测量控制网。在进行测量放线前，应做好以下几项准备工作。

1. 了解设计意图，熟悉并校核施工图

通过设计交底，了解工程全貌和设计意图；掌握现场情况和定位条件，主要轴线尺寸的相互关系，以及地下、地上的标高及测量精度要求。

在熟悉施工图的过程中，应仔细核对图纸尺寸，要特别注意轴线尺寸、边界尺寸、标高是否齐全。

2. 对测量仪器进行检验和校正

对所用的经纬仪、水准仪、全站仪、钢尺、水准尺等进行校验。

3. 校核红线桩与水准点

建设单位提供的由城市规划勘测部门给定的建筑红线，在法律上起着划分建筑用地的作用。在使用红线桩前要进行校核，在施工过程中要保护好桩位，以便将它作为检查建筑物定位的依据。水准点同样需要校核和保护。若在校核红线桩和水准点时发现问题，则应提请建设单位处理。

4. 制订测量放线方案

测量放线方案主要包括平面控制、标高控制、±0.000 以下施工测量、±0.000 以上施工测量、沉降观测和竣工测量等项目，其方案依设计图纸要求和施工方案来确定。

建筑物定位放线是确定整个工程平面位置的关键环节，施工测量中必须保证精度，杜绝错误，否则其后果将难以处理。一般通过设计图中的平面控制轴线来确定建筑物位置，经自检合格后，提交有关部门和甲方（或监理人员）验线，以保证定位的准确性。沿红线的建筑物，还要由规划部门验线，以防止建筑物压红线或超红线，确保顺利施工。

▌2.4.5　搭设临时设施

搭设现场生活和生产用的临时设施应按照施工平面布置图的要求进行，临时建筑平面图及主要房屋结构图都应报请城市规划、市政、消防、交通、环保等有关部门审查批准。

为了保证施工方便和行人安全及文明施工，应用围墙将施工用地围护起来，围墙的形式、材料和高度应符合市容管理的有关规定及要求，并在主要出入口设置标牌挂图，标明工程项目名称、施工单位、项目负责人等。

所有生产及生活用临时设施，包括各种仓库、搅拌站、加工厂作业棚、宿舍、办公用房、食堂、文化生活设施等，均应按批准的施工组织设计的要求组织搭设，并尽量利用施工现场或附近原有设施（包括要拆迁但可暂时利用的建筑物）和在建工程本身供施工使用的部分用房，尽可能减少临时设施的数量，以便节约用地、节省投资。

2.5 施工资源准备

施工资源准备是指施工所需的劳动力组织准备，以及施工机具设备、建筑材料、构配件、成品等物资准备。它是一项复杂而细致的工作，直接关系到工程施工的质量、进度、成本、安全等，因此，施工资源准备是施工准备工作中一项重要的工作内容。

▌2.5.1　施工现场劳动力组织准备

1. 组建项目组织机构

实行项目管理的工程建立项目组织机构就是建立项目经理部。高效率的项目组织机构是为建设单位及项目管理目标服务的。这项工作实施的合理与否关系到工程能否顺利进行。施工单位建立项目组织机构，应针对工程特点和建设单位要求，根据有关规定进行。

（1）项目组织机构的组建原则

1）用户满意原则。施工单位应根据建设单位的要求和合同约定组建项目组织机构，让建设单位满意、放心。

2）全能配套原则。项目经理应会管理、善经营、懂技术，具有较强的适应能力、应变能力和开拓进取精神。项目组织机构的成员要有施工经验、创造精神，工作效率高，做到既合理分工又密切协作，人员配置应满足施工项目管理的需要。如果是大型项目，则其项目经理必须具有一级项目经理资质，管理人员中的高级职称人员不应低于10%。

3）精干高效原则。项目组织机构应尽量压缩管理层次，因事设职，因职选人，确保管理人员精干、一职多能、人尽其才、恪尽职守，以适应市场变化的要求。应避免管理松散、职责重叠、人浮于事的现象。

4）管理跨度原则。管理跨度过大，会造成鞭长莫及且心有余而力不足的现象；管理跨度过小，会导致人数增多，从而造成资源浪费。因此，项目组织机构各层面的设置是否合理，要看确定的管理跨度是否科学，也就是应使每个管理层面都保持适当的工作幅度，以使各层面管理人员在职责范围内实施有效的控制。

5）系统化管理原则。建设项目是由许多子系统组成的有机整体，系统内部存在大量的结合部，项目组织机构各层次的管理职能的设计应形成一个相互制约、相互联系的完整体系。

（2）项目组织机构的组建步骤

1）根据企业批准的"施工项目管理规划大纲"，确定项目组织机构的管理任务和组织形式。

2）确定项目组织机构的层次，设立职能部门与工作岗位。

3）确定人员、职责、权限。

4）由项目经理根据"项目管理目标责任书"进行目标分解。

5）组织有关人员制定规章制度、目标责任考核与奖惩制度。

（3）项目组织机构的组织形式

项目组织机构的组织形式应根据施工项目的规模、结构复杂程度、专业特点、人员素质和地域范围确定，并应符合下列规定。

1）大中型项目宜按矩阵式项目管理组织设置项目组织机构。

2）远离企业管理层的大中型项目宜按职能式项目管理组织设置项目组织机构。

3）小型项目宜按直线式项目管理组织设置项目组织机构。

2. 组织精干的施工队伍

（1）组织施工队伍

施工时，应认真考虑专业工程的合理配合，技工和普工的比例要满足合理的劳动组织要求。按组织施工的方式要求，确定建立混合施工队组或是专业施工队组及其数量。组建施工队组应坚持合理、精干的原则，同时制订出该工程的劳动力需用量计划。

（2）集结施工力量，组织劳动力进场

组建项目组织机构后，按照开工日期和劳动力需用量计划组织劳动力进场，并安排好职工的生活。

3. 优化劳动组合与技术培训

针对工程施工要求，强化各工种的技术培训，优化劳动组合，主要做好以下工作。

1）针对工程施工难点，组织工程技术人员和施工队组中的骨干力量，进行类似工程的考察学习。

2）做好专业工程技术培训，提高对新工艺、新材料使用操作的适应能力。

3）强化质量意识，抓好质量教育，增强质量观念。

4）施工队组实行优化组合、双向选择、动态管理，最大程度地调动职工的积极性。

5）认真全面地进行施工组织设计的落实和技术交底工作。

施工组织设计、计划和技术交底的目的是把施工项目的设计内容、施工计划、施工技术等要求，详尽地向施工队组和职工讲解交代。这是落实计划和技术责任制的好办法。

施工组织设计、计划和技术交底应在单位工程或分部（分项）工程开工前及时进行，以保证严格按照施工图、施工组织设计、安全操作规程和施工验收规范等要求进行施工。

施工组织设计、计划和技术交底的内容：施工进度计划、月（旬）作业计划；施工组织设计，尤其是施工工艺、质量标准、安全技术措施、降低成本措施和施工验收规范的要求；新结构、新材料、新技术、新工艺的实施方案和保证措施；图纸会审中所确定的有关部位的设计变更和技术核定等事项。

交底工作应该按照管理系统逐级进行，由上而下直到施工队组。

交底的方式有书面交底、口头形式和现场示范等。

施工队组、职工接受施工组织设计、计划和技术交底后，要组织成员进行认真的分析研究，弄清关键部位、质量标准、安全措施和操作要领。必要时，应该进行示范，并明确任务及做好分工协作，同时建立健全岗位责任制和保证措施。

6）切实做好施工安全、安全防火和文明施工等方面的教育培训。

4. 建立健全各项管理制度

施工现场的各项管理制度是否建立健全，直接决定各项施工活动能否顺利进行。有章不循，其后果是严重的，而无章可循更是危险的，为此必须建立健全工地的各项管理制度。

管理制度主要包括：项目管理人员岗位责任制度；项目技术管理制度；项目质量管理制度；项目安全管理制度；项目计划、统计与进度管理制度；项目成本核算制度；项目材料、机械设备管理制度；项目现场管理制度；项目分配与奖励制度；项目例会及施工日志制度；项目分包及劳务管理制度；项目组织协调制度；项目信息管理制度；等等。

项目组织机构自行制定的规章制度与施工单位现行的有关规定不一致时，应报送施工单位或其授权的职能部门批准。

5. 做好分包安排

对于本施工单位难以承担的一些专业项目，如深基础开挖和支护、大型结构安装和设备安装等项目，应及早做好分包或劳务安排，加强与有关单位的沟通及协调，签订分包合同或劳务合同，以保证按计划组织施工。

知识窗

建筑工程总承包与分包管理规定

建筑工程总承包单位可以将承包工程中的部分工程发包给具有相应资质条件的分包单位，但是，除总承包合同中约定的分包外，其余工程的发包必须经建设单位认可。施工总承包的，建筑工程主体结构的施工必须由总承包单位自行完成。建筑工程总承包单位按照总承包合同的约定对建设单位负责；分包单位按照分包合同的约定对总承包单位负责。总承包单位和分包单位就分包工程对建设单位承担连带责任。禁止总承包单位将工程分包给不具备相应资质条件的单位。禁止分包单位将其承包的工程再分包。

6. 组织好科研攻关

凡工程施工中采用带有试验性质的新材料、新产品、新工艺项目，应在建设单位、主管部门的参与下，组织有关设计、科研、教学等单位共同进行科研工作，并明确相互承担的试验项目、工作步骤、时间要求、经费来源和职责分工。

所有科研项目，必须经过技术鉴定后，再用于施工生产活动。

2.5.2 施工现场物资准备

施工现场物资准备是指工程施工中必需的劳动手段（施工机械、机具等）和劳动对象（材料、配件、构配件等）的准备。

工程施工所需的材料、构配件、机具和设备品种多且数量大，能否保证按计划供应，对整个施工过程的工期、质量和成本有着举足轻重的作用。各种施工物资只有运到现场并有必要的储备后，才具备必要的开工条件。因此，要将施工现场物资准备作为施工准备工作的一个重要方面来抓。

施工管理人员应尽早地计算出各阶段材料、施工机械、设备等的需用量，并说明供应单位、交货地点、运输方式等。针对预制构件，必须尽早地从施工图中摘录出预制构件的规格、质量、品种和数量，制表造册，向预制加工厂订货并确定分批交货清单、交货地点及时间；针对大型施工机械、辅助机械及设备，要精确计算工作日，并确定进场时间，做到进场后立即使用，用完后立即退场，提高机械利用率，节省机械台班费及停留费。

施工现场物资准备的具体内容有材料准备、构配件及设备加工订货准备、施工机具准备、生产工艺设备准备、模板及脚手架准备、运输准备和施工物资价格管理等。

1. 材料准备

1）根据施工方案、施工进度计划和施工预算中的工料分析，编制工程所需材料的需用量计划，作为备料、供料、确定仓库与堆场面积、组织运输的依据。

2）根据材料需用量计划，做好材料的申请、订货和采购工作，使计划得到落实。

3）组织材料按计划进场，按施工平面图堆放在相应位置，并做好合理储备、保管工作。

4）严格进场验收制度，加强检查，核对材料的数量和规格，做好材料试验和检验工作，保证施工质量。

2. 构配件及设备加工订货准备

1）根据施工进度计划及施工预算所提供的各种构配件及设备数量，做好加工翻样工作，并编制相应的需用量计划。

2）根据各种构配件及设备的需用计划，向有关厂家提出加工订货计划要求，并签订订货合同。

3）组织构配件和设备按计划进场，按施工平面图做好存放及保管工作。

3. 施工机具准备

1）针对各种土方机械、混凝土与砂浆搅拌设备、垂直及水平运输设备、钢筋加工设备、木工机械、焊接设备、打夯机、排水设备等，应根据施工方案明确施工机具配备的要求、数量及施工进度安排，并编制施工机具需用量计划。

2）拟由本施工单位内部负责解决的施工机具，应根据需用量计划组织落实，确保按期供应进场。

3）针对施工单位缺少但施工又必需的施工机具，应与有关单位签订订购或租赁合同，以满足施工需要。

4）针对大型施工机械（如塔式起重机、挖土机、桩基设备等）的需用量和时间，应加强与有关方面（如专业分包单位）的联系，以便及时提出要求，落实后签订有关分包合同，并为大型机械按期进场做好现场有关准备工作。

5）安装、调试施工机具。按照施工机具需用量计划，组织施工机具进场，根据施工平面图将施工机具安置在规定的地方或仓库。对于施工机具要进行就位、搭棚、接电源、保养、调试工作，所有施工机具都必须在使用前进行检查和试运转。

4. 生产工艺设备准备

订购生产用的生产工艺设备，要注意交货时间与土建进度密切配合。因为某些庞大设备的安装往往需要与土建施工穿插进行，如果土建全部完成或封顶后进行设备安装，则会面临极大困难，故各种设备的交货时间要与安装时间密切配合，否则将直接影响建设工期。

在准备时，应按照施工项目工艺流程及工艺设备的布置图，明确工艺设备的名称、型号、生产能力和需用量，确定分期分批进场时间和保管方式，编制工艺设备需用量计划，为组织运输、确定堆场面积提供依据。

5. 模板及脚手架准备

模板及脚手架是施工现场使用量大、堆放占地大的周转材料。

模板及其配件规格多、数量大，对堆放场地的要求比较高，一定要分规格、型号整齐码放，以便使用和维修。大钢模一定要立放，并采取支护措施防止倾倒，在现场规划必要的存放场地。

脚手架应在指定的平面位置堆放整齐，扣件等零件还应防雨，以免锈蚀。

铝模（铝合金模板）在项目中被广泛推广，因为其具备多个优点：浇筑的混凝土观感好、质量高；材料周转次数多，平均使用成本低；安装、拆卸、转运方便；模板强度高，不易变形；等等。部分地区甚至出台了相关政策支持其发展。例如，在装配率计算中，主体结构系统采用高精度模板施工工艺（主要是指采用铝模、大钢模等可达到免抹灰效果且水平构件和竖向构件成型平整度偏差不大于 4 毫米/2 米的施工工艺）且比例大于 70%，可给予计算分值 5～10 分；在围护墙和内隔墙中，非承重围护墙采用高精度模板施工工艺的全现浇外墙，可给予计算分值 5 分。

铝模在正式施工前，应做好如下准备。

（1）技术交底

铝模进场前，项目部应组织有关技术人员逐级进行施工技术交底，使班组工长熟悉铝模施工工艺及施工图，了解项目特点。

（2）物资盘点

铝模进场后，应检查进场模板编号、规格、数量、配件规格、配件数量是否与模板清单中的相符。按区域把模板分区、分房间整齐摆放，以便查找和拼装，注意堆放时不要超过结构容许荷载。

（3）物资存放

穿墙螺杆、各种连接螺栓、销钉、销片、垫片等要入库保存，以免生锈；斜支撑的调节丝杠、穿墙螺杆要涂抹润滑油。

（4）附属材料准备

准备好脱模剂、脱模剂滚筒、聚氯乙烯（polyvinyl chloride，PVC）套管等附属材料。

（5）附属配件准备

根据实际施工要求配备锤子、撬棍、开孔电钻、活动扳手、切割机、电锤、线坠、葫芦索具、登高梯凳等施工工具。

（6）施工场地交付

在作业前，对施工场地、作业面等进行交接验收，测量放线。

6.　运输准备

1）根据需用量计划，编制运输需用量计划，并组织落实运输工具。

2）按照需用量计划明确进场日期，联系和调配所需运输工具，确保材料、构配件、机具和设备按期进场。

7.　施工物资价格管理

1）建立市场信息制度，定期收集、披露市场物资价格信息，提高透明度。

2）在市场价格信息指导下，"货比三家"，优选比货；对大宗物资的采购要采取招标采购方式，在保证物资质量和工程质量的前提下，降低成本、提高效益。

2.6　季节性施工准备

由于建筑产品与建筑施工的特点，建筑工程施工绝大部分工作是露天作业，受气候影响比较大。

冬期施工，对建筑物影响较大的主要因素有长时间的持续低温、较大温差、强风、降雪和反复的冰冻，这些气候容易造成质量事故。冬期施工期是事故多发期，据资料分析，有 2/3 的质量事故发生在冬季。冬季发生事故往往不易察觉，这种滞后性给处理质量事故带来很大的困难。

雨期施工，具有突然性和突击性。暴雨山洪等恶劣气候往往不期而至，雨期施工的准备工作和防洪措施应及早进行。雨水对建筑结构和地基基础的冲刷或浸泡具有严重的破坏性，只有迅速及时保护，才能避免给工程造成损失。因为这种破坏作用往往持续时间长，耽误工期，所以必须有充分的估计，并事先做好安排。

暑期施工，受到高温、强降雨、雷电等不利环境因素的影响，容易发生火灾、危险化学品爆炸、遭受雷击、触电、中暑、中毒等事故，以及施工物料遭受雨淋或雨水浸泡等不良事件。因此科学合理组织施工，采取安全技术措施，积极应对暑期施工面临的各种危险状况，有助于提高抗风险能力、保障项目生产安全。

因此，在冬雨期及暑期施工中，必须从具体条件出发，正确选择施工方法，合理安排施工项目，采取必要的防护措施，做好季节性施工准备工作，以保证按期、保质、安全地完成施工任务，取得较好的技术经济效果。

2.6.1 冬期施工准备

1. 组织措施

1）合理安排冬期施工项目。冬期施工条件差、技术要求高、费用增加，因此要合理安排施工进度计划。尽量安排能保证施工质量且费用增加不多的项目在冬期施工，如吊装、打桩、室内装饰装修等工程；而费用增加较多又不容易保证质量的项目则不宜安排在冬期施工，如土方、基础、外装修、屋面防水等工程。

2）编制冬期施工方案。进行冬期施工活动，在入冬前应组织专人编制冬期施工方案，结合工程实际情况及施工经验等进行，可依据《建筑工程冬期施工规程》（JGJ/T 104—2011）。

冬期施工方案编制原则：确保工程质量；经济合理，使增加的费用最少；所需的热源和材料有可靠的来源，并尽量减少能源消耗；确保缩短工期。冬期施工方案应包括施工程序，施工方法，现场布置，设备、材料、能源、机具的供应计划，安全防火措施，测温制度和质量检查制度等。

冬期施工方案编制完成并审批后，项目经理部应组织有关人员学习，并向施工人员进行交底。

3）组织人员培训。进行冬期施工前，对掺外加剂人员、测温保温人员、锅炉司炉工和火炉管理人员，应专门组织技术业务培训，学习本工作范围内的有关知识，明确职责，经考试合格后，方准上岗工作。

4）与当地气象台/站保持联系。及时接收天气预报，防止寒流突然袭击。

5）做好测温工作。冬期施工昼夜温差大，为保证施工质量应时刻关注室外气温、暖棚内气温、砂浆温度、混凝土温度，并做好记录，防止砂浆、混凝土在达到临界强度前因遭受冻结而被破坏。

6）加强安全教育。要有防火安全技术措施，并经常检查落实，保证各种热源设备完好。做好职工培训及冬期施工的技术操作和安全施工的教育，确保施工质量，避免事故发生。

2. 图纸准备

凡进行冬期施工的施工活动，必须复核施工图，查验其是否能适应冬期施工环境。例如，墙体的高厚比、横墙间距等有关的结构稳定性，现浇改为预制，以及工程结构能否在寒冷状态下安全过冬，等等，这些问题应通过施工图会审加以解决。

3. 施工现场准备

1）根据实物工程量，提前组织有关机具、外加剂、保温材料、测温材料进场。

2）搭建加热用的锅炉房、搅拌站，敷设管道，对锅炉进行试火试旺，检查各种加热材料、设备的安全可靠性。

3）计算变压器容量，接通电源。

4）对工地的临时给排水管道及白灰膏等材料做好保温防冻工作，防止道路积水成冰，及时清扫积雪，保证运输道路畅通。

5）做好冬期施工的混凝土、砂浆及外加剂的试配试验工作，明确施工配合比。

6）做好室内施工项目的保温，如先完成供热系统项目、安装好门窗玻璃等，以保证室内其他项目能顺利施工。

4. 安全与防火工作

1）冬期施工时，应针对路面、坡面及露天工作面采取防滑措施。

2）天降大雪后必须将架子上的积雪清扫干净，并检查马道平台，若有松动下沉现象，则务必及时处理。

3）施工时接触汽源、热水时，要防止烫伤；使用氧化钙、漂白粉时，要防止腐蚀皮肤。

4）要严加保管施工中使用的有毒化学品，如亚硝酸盐，防止突发性误食中毒。

5）对现场火源要加强管理；使用天然气、煤气时，要防止爆炸；使用焦炭炉、煤炉或天然气、煤气时，应注意通风换气，防止煤气中毒。

6）电源开关、控制箱等设施要加锁，并设专人负责管理，防止漏电、触电。

2.6.2 雨期施工准备

1. 合理安排雨期施工项目

为避免雨期窝工造成的工期损失，一般情况下，在雨期到来之前，应多安排完成基础工程、地下工程、土方工程、室外及屋面工程等不宜在雨期施工的项目；在雨期到来时，应多安排室内工作。

2. 加强施工管理，做好雨期施工的安全教育

要认真编制雨期施工技术措施，如雨期前后的沉降观测措施、保证防水层雨期施工质量的措施、保证混凝土配合比和浇筑质量的措施、钢筋除锈的措施等，并认真组织贯彻实施。

加强对职工的安全教育，防止各种事故的发生。

3. 防洪排涝，做好现场排水工作

工程地点若在河流附近，上游有大面积山地丘陵，则应做好防洪排涝准备。

施工现场雨期来临前，应做好排水沟渠的开挖，准备好抽水设备，防止场地积水，以及地沟、基槽、地下室等浸水，对工程施工造成损失。

4. 做好道路维护，保证运输畅通

雨期到来前，检查道路边坡排水，适当提高路面，防止路面凹陷，保证运输畅通。

5. 做好现场物资的储存与保管

雨期到来前，应多储存物资，减少雨期运输量，以节约费用。准备必要的防雨器材，库房四周要有排水沟渠，防止物资因淋雨浸水而变质，仓库要做好地面防潮和屋面防漏雨工作。

6. 做好机具设备等的防护工作

在雨期施工，要对现场的各种机具设备加强检查，特别是脚手架、垂直运输设施等，要采取防倒塌、防雷击、防漏电等一系列技术措施，针对现场机具设备（焊机、闸箱等）要采取防雨措施。

2.6.3　暑期施工准备

1. 编制暑期施工项目的施工方案

暑期施工条件差、气温高、干燥，针对暑期施工的这些特点，对于安排在暑期施工的项目，应编制暑期施工项目的施工方案，并采取相应技术措施。

例如，暑期施工用到大体积混凝土，就必须合理选择浇筑时间，做好测温和养护工作，以保证大体积混凝土的施工质量。

2. 现场防雷装置的准备

暑期经常有雷雨，工地现场应有防雷装置，特别是高层建筑和脚手架等要按规定设临时避雷装置，并确保工地现场用电设备的安全运行。

3. 施工人员防暑降温工作的准备

暑期施工必须做好施工人员的防暑降温工作，调整作息时间。进行高温工作的场所及通风不当的地方，应采取通风和降温措施，做到安全施工。

拓展阅读：现场施工准备的质量控制

直 击 工 考

一、单项选择题

1. 根据《建筑施工组织设计规范》（GB/T 50502—2009），施工组织设计应由（　　）主持编制。
  A. 建设单位技术负责人　　　　　　B. 项目负责人
  C. 施工单位技术负责人　　　　　　D. 项目技术负责人

2. 下列不属于自然条件资料的调查内容的是（　　）。
  A. 气象资料　　　　　　　　　　　B. 工程水文地质
  C. 地方资源　　　　　　　　　　　D. 场地周围地形

3. 经审查批准的施工组织设计，不得擅自任意改动。若须进行实质性的调整、补充或变动，则应报（　　）审查同意。
  A. 施工单位工程技术负责人　　　　B. 项目经理
  C. 项目监理机构　　　　　　　　　D. 建设单位

4. 施工准备工作的核心是（　　）。
  A. 调查研究与收集资料　　　　　　B. 资源准备
  C. 施工技术资料的准备　　　　　　D. 施工现场的准备

5. 施工技术资料的准备内容不包括（　　）。
  A. 编制技术组织措施　　　　　　　B. 编制标后施工组织设计

C．编制施工预算　　　　　　　　　　　D．熟悉和会审图纸

6．建设单位与施工总承包单位双方须确定建设项目的施工预算造价，其依据是（　　　）。

    A．设计概算　　　　B．施工图预算　　　　C．施工预算　　　　D．竣工结算

7．现场的临时设施，应按照（　　　）的要求进行搭设。

    A．建筑施工图　　　　　　　　　　　B．结构施工图

    C．建筑总平面图　　　　　　　　　　D．施工平面布置图

8．（　　　）不参加图纸会审。

    A．建设单位　　　　B．设计单位　　　　C．施工单位　　　　D．监理单位

9．（　　　）是施工企业内部进行经济核算的依据。

    A．设计概算　　　　B．施工图预算　　　　C．施工预算　　　　D．施工定额

10．施工现场内障碍物的拆除一般由（　　　）负责完成。

    A．施工单位　　　　B．政府拆迁办　　　　C．建设单位　　　　D．监理单位

二、多项选择题

1．做好施工准备工作的意义在于（　　　）。

    A．遵守基本建设程序　　　　　　　　B．消除工作风险

    C．提高企业综合效益　　　　　　　　D．创造施工条件

    E．确保施工质量

2．建设单位施工现场准备工作的内容包括（　　　）。

    A．提供施工场地的工程地质和地下管线资料

    B．办理施工许可证

    C．"七通一平"

    D．接通施工场地外部道路

    E．做好施工场地地下管线和邻近建（构）筑物的保护工作

3．施工单位施工现场准备工作的内容包括（　　　）。

    A．确定水准点与坐标控制点　　　　　B．"七通一平"

    C．建立测量控制网　　　　　　　　　D．水、电、通信线路的引入

    E．搭设临时设施

三、填空题

1．做好"七通一平"工作是施工现场准备工作的主要内容，主要指_____、_____、_____、_____、_____、_____、_____、_____。

2．施工资料的调查主要包括_____、_____、_____。

3．如果是大型项目，则其项目经理必须具有_____级项目经理资质。

四、判断题

1．施工现场准备是指工程开工前应做好的各项准备工作。　　　　　　　　（　　　）

2．施工现场准备工作应全部由施工单位自行完成。　　　　　　　　　　　（　　　）

3．工程开工报告由施工单位报监理单位审批。　　　　　　　　　　　　　（　　　）

4．工程开工令由施工企业负责人签发。　　　　　　　　　　　　　　　　（　　　）

5．会审图纸在施工单位完成自审的基础上，由建设单位组织并主持会议，设计单位交

底，施工单位、监理单位等参加。　　　　　　　　　　　　　　　　　　（　　）

6. 会审图纸由监理单位整理会议纪要，与会各方会签。　　　　　　　（　　）

7. 施工组织设计经总监理工程师审核签认后，仍可以修改重新提交审核。　（　　）

8. 施工所需水、电、电信线路等部分由建设单位负责完成。　　　　　（　　）

9. 工程用地范围内的"七通一平"由施工单位负责完成。　　　　　　（　　）

10. 大中型项目宜按直线职能式项目管理组织设置项目组织机构。　　　（　　）

五、简答题

1. 熟悉图纸有哪些要求？会审图纸应包括哪些内容？

2. 施工现场的准备包括哪些内容？

3. 简述施工准备工作的分类。

4. 施工资源的准备包括哪些方面？如何做好施工现场劳动力组织准备工作？

5. 如何做好冬雨期和暑期施工准备工作？

进度计划

【内容导读】

一项工程施工过程的合理组织是指对整个工程系统内所有生产要素进行合理安排，以最佳的方式将各种生产要素结合起来，使其形成一个协调的系统，从而实现作业时间省、物资资源耗费低、产品和服务质量优的目标。

严格遵守施工程序，按照客观规律组织施工，做好各项准备工作，优化施工组织设计，强化各专业、各部门的协同配合，合理安排流水施工、穿插施工，优化资源配置，可有效保障拟建工程施工连续、均衡、有节奏、安全地进行；同时，对项目活动进行优先级排序、合理安排时间和资源等，使计划自始至终处于监督和控制之中，实现项目最优化的目标。

【学习目标】

通过本工作领域的学习，要达成以下学习目标。

知识目标	能力目标	职业素养目标
1. 理解不同流水施工、网络图、网络计划技术的时间参数、网络计划的优化等概念。 2. 熟悉不同流水施工的主要参数及参数的确定和计算方法。 3. 掌握网络图的绘制方法、网络计划时间参数的计算方法、关键线路的确定方法、施工进度计划的控制方法	1. 能根据工程实际选择流水施工并合理地组织流水施工。 2. 能进行网络图的绘制、网络计划时间参数的计算。 3. 能编制单位工程网络计划	1. 传承和发扬专注执着、精益求精、追求卓越的工匠精神。 2. 培育团队意识，提高团队协作能力和沟通能力。 3. 培养勤于思考、善于总结、勇于探索的科学精神
对接 1+X 建筑工程施工工艺实施与管理职业技能等级（初级、中级、高级）证书的知识要求和技能要求		

工作任务

流水施工原理及应用

▌任务导读

本工作任务着重介绍流水施工的相关概念、流水施工的主要参数、流水施工的组织方式及流水施工实例。

▌任务目标

1. 理解并掌握不同流水施工的基本概念和原理。
2. 熟悉不同流水施工的主要参数及参数的确定和计算方法。
3. 能根据工程实际选择流水施工并合理地组织流水施工。

工程 案例

某分部工程由支模板、绑扎钢筋、浇筑混凝土 3 个施工过程组成，该工程在平面上划分为 4 个组织施工，各施工过程在各个施工段上的持续时间均为 5 天。

讨论：

1）根据该工程持续时间的特点，可按哪种流水施工方式组织施工？

2）该工程项目流水施工的工期应为多少？

流水施工作为一种科学的生产组织方式，在工程建设中可以充分利用人力、物力和机械，减少不必要的消耗以降低成本，从而提高劳动生产率和经济效益，并能保证工程按期优质地交付使用。

 流水施工的相关概念

▌3.1.1 组织施工的基本方式

任何一个建筑工程都是由许多施工过程组成的，而每个施工过程可以组织一个或多个施工队伍来进行施工。如何组织各施工队伍的先后顺序和平行搭接施工，是组织施工中的一个基本问题。同时，任一施工活动都包含劳动力的组织安排、材料构配件的供应、施工机械机具的调配等施工组织问题，在具备了劳动力、材料、机械等基本生产要素的条件下，组织各施工过程的施工班组就成了组织和完成施工任务的一项非常重要的工作，将直接影响工程的进度、资源和成本。通常，组织施工有依次施工、平行施工和流水施工 3 种方式，本小节将通过例 3-1 来讨论这 3 种方式的特点和效果。

【例 3-1】某住宅小区拟建 3 幢结构相同的建筑物，其编号分别为Ⅰ、Ⅱ、Ⅲ，各建筑物的基础工程均可分解为挖土方、浇基础和回填土 3 个施工过程，分别由相应的专业工作队按施工工艺要求依次完成，每个专业工作队针对每幢建筑物的施工时间均为 5 周，各专业工作队的人数分别为 10 人、16 人和 8 人。3 幢建筑物基础工程施工的不同组织方式如图 3-1 所示。

1. 依次施工

依次施工也称为顺序施工，是各施工段或施工过程依次开工、依次完成的一种施工组织方式。也就是说，只有当前施工过程完成后，下一施工过程才开始；只有当一个工程的施工全部完成后，另一个工程的施工才开始。依次施工主要适用于规模较小的工程，其进度计划、工期及劳动力需求如图 3-1 "依次施工" 栏所示。

微课：流水施工的方式

（1）依次施工组织方式

依次施工通常有以下两种组织方式。

1）按幢（或施工段）依次施工：一幢一幢地完成 3 幢建筑物的施工过程（挖土方、浇基础、回填土），一幢完成后再施工另一幢。

2）按施工过程依次施工：在依次完成 3 幢建筑物的第一个施工过程（挖土方）后，再开始第二个施工过程（浇基础），直至完成最后一个施工过程（回填土）。

按幢（或施工段）依次施工以建筑产品为单元按顺序组织施工，因而同一施工过程的队伍工作是间断的，有窝工现象发生；按施工过程依次施工以施工过程为单元按顺序组织施工，作业队伍是连续的。

（2）依次施工特点

1）没有充分地利用工作面进行施工，工期长。

2）如果按专业成立工作队，则各专业工作队不能连续作业，有时间间歇，劳动力及施工机具等资源无法均衡使用。

3）如果由一个工作队完成全部施工任务，则不能实现专业化施工，不利于提高劳动生产率和工程质量。

4）单位时间内投入的劳动力、施工机具、材料等资源量较少，有利于资源供应的组织、施工现场的组织，管理比较简单。

2. 平行施工

平行施工指组织几个劳动组织形式相同的工作队，在同一时间、不同空间，按施工工艺要求完成各施工过程。平行施工主要适用于规模较大或工期较紧的工程，进度计划、工期及劳动力需求如图 3-1 "平行施工" 栏所示。

（1）平行施工组织方式

将例 3-1 中 3 幢建筑物基础施工的每个施工过程交给 3 个相应的专业工作队，同时进行施工，齐头并进、同时完工。由图 3-1 可知，每天均有 3 个专业工作队作业，即 3 幢建筑物同时开始挖土方，完工后同时浇基础，完工后同时回填土，劳动力投入较大。

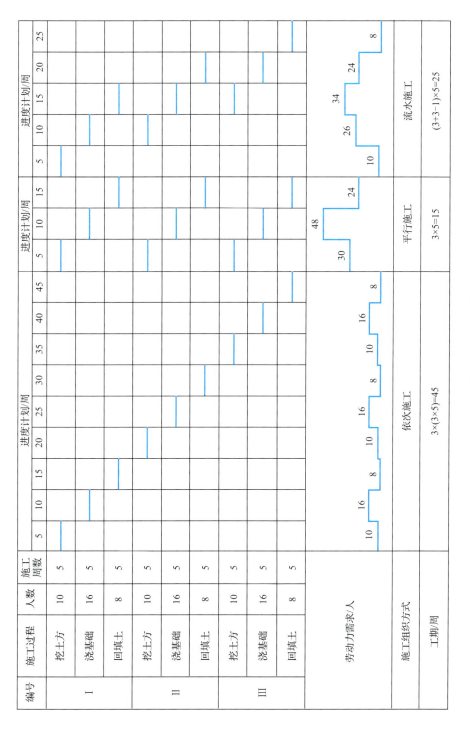

图 3-1　3 幢建筑物基础工程施工的不同组织方式

（2）平行施工特点

1）充分利用工作面进行施工，工期短。

2）如果每个施工对象均按专业成立工作队，则劳动力及施工机具等资源无法均衡使用。

3）如果由一个工作队完成一个施工对象的全部施工任务，则不能实现专业化施工，不利于提高劳动生产率。

4）单位时间内投入的劳动力、施工机具、材料等资源量成倍地增加，不利于资源供应的组织，施工现场的组织管理比较复杂。

3．流水施工

流水施工指所有施工过程按一定的时间间隔依次进行，各个施工过程陆续开工、陆续完工，使同一施工过程的施工班组连续、均衡和有节奏地进行，不同的施工过程尽可能平行搭接施工，使相邻两个专业工作队能最大限度地搭接作业。流水施工进度计划、工期及劳动力需求如图 3-1 "流水施工" 栏所示。

微课：流水施工的组织

（1）流水施工组织方式

针对例 3-1 中的同一个施工过程，组织一个专业工作队在 3 幢建筑物的基础上按顺序施工。例如，针对挖土方，组织一个挖土方专业工作队，挖完第一幢挖第二幢，挖完第二幢挖第三幢，保证作业队伍连续施工，不出现窝工现象。不同的施工过程组织不同的专业工作队，尽量搭接平行施工，即充分利用上一施工过程的队伍作业完成留出的工作面，尽早组织施工。

（2）流水施工特点

1）尽可能地利用工作面进行施工，工期比较短。

2）各工作队实现了专业化施工，有利于提高技术水平和劳动生产率。

3）专业工作队能够连续施工，同时能使相邻专业工作队的开工时间最大限度地搭接。

4）单位时间内投入的劳动力、施工机具、材料等资源量较为均衡，有利于资源供应的组织。

5）为施工现场的文明施工和科学管理创造了有利条件。

3.1.2　流水施工的组织条件

流水施工是将拟建工程划分成若干施工段，并给每个施工过程配以相应的专业班组，让其依次连续地投入每个施工段完成各自的任务，从而达到有节奏、均衡施工。流水施工的实质就是连续、均衡施工。

组织流水施工，必须具备以下条件。

1．划分施工过程

划分施工过程就是根据拟建工程的施工特点和要求，把工程的整个建造过程分解为若干施工过程，以便逐一实现对局部对象的施工，从而使施工对象整体得以实现。它是组织专业化施工和分工协作的前提。

2．划分施工段

根据组织流水施工的需要，将拟建工程在平面或空间上划分为劳动量（工程量）大致相等的若干施工段。

3. 针对每个施工过程组织独立的施工班组

在一个流水组中，每个施工过程尽可能组织独立的施工班组，其形式可以是专业班组，也可以是混合班组。这样可使每个施工班组按施工顺序，依次、连续、均衡地从一个施工段转移到另一个施工段进行相同的操作。

4. 主要施工过程必须连续、均衡地施工

针对工程量较大、作业时间较长的施工过程，必须组织连续、均衡的施工。针对其他次要的施工过程，可考虑与相邻的施工过程合并；如果不准合并，为缩短工期，则可安排其间断施工。

5. 不同的施工过程尽可能组织平行搭接施工

根据不同的施工顺序和不同施工过程之间的关系，在有工作面及必要的技术和组织间歇时间的条件下，应尽可能地组织平行搭接施工。

▌3.1.3 流水施工的经济效果

流水施工是在工艺划分、时间排列和空间布置上的统筹安排，旨在合理利用劳动力，并使资源需用量保持相对均衡。这种方式必然会带来显著的经济效果，主要表现在以下几个方面。

1）流水施工的连续性减少了专业工作的间隔时间，达到了缩短工期的目的，可使拟建工程项目尽早竣工、交付使用，发挥投资效益。

2）便于改善劳动组织，改进操作方法和施工机具，有利于提高劳动生产率。

3）专业化的生产可提高工人的技术水平，使工程质量相应提高。

4）工人技术水平和劳动生产率的提高，可以减少用工量和施工临时设施的建造量，降低工程成本，提高利润水平。

5）可以保证施工机械和劳动力得到充分、合理的利用。

6）流水施工工期短、效率高、用人少、资源消耗均衡，可以减少现场管理费和物资消耗，实现合理储存与供应，有利于提高项目经理部的综合经济效益。

▌3.1.4 流水施工的分类

按照施工组织的范围，流水施工通常可分为以下几种。

1. 分项工程流水施工

分项工程流水施工也称细部流水施工，即一个工作队利用同一生产工具，依次、连续地在各施工区域中完成同一施工过程的工作。例如，浇筑混凝土的工作队依次、连续地在各施工区域中完成浇筑混凝土的工作。

微课：与流水施工有关的术语

2. 分部工程流水施工

分部工程流水施工也称专业流水施工，是在一个分部工程内部、各分项工程之间组织的流水施工。例如，某办公楼的钢筋混凝土工程是由支模、绑钢筋、浇混凝土 3 个在工艺上有密切联系的分项工程组成的分部工程。施工时，在平面上将该办公楼的主体部分划分为几个区域，组织 3 个专业工作队，依次、连续地在各施工区域中各自完成同一施工过程的工作，即分部工程流水施工。

3. 单位工程流水施工

单位工程流水施工也称综合流水施工，是在一个单位工程内部、各分部工程之间组织起来的流水施工。例如，一幢办公楼、一个厂房车间等组织的流水施工。

4. 群体工程流水施工

群体工程流水施工也称大流水施工，是在一个个单位工程之间组织起来的流水施工。它是为完成工业或民用建筑而组织起来的全部单位流水施工的总和。

▌3.1.5　流水施工的表达方式

流水施工的表达方式有 3 种：横道图（水平图表）、斜线图（垂直图表）和网络图（如甘特图）。

甘特图及其在项目管理中的应用

甘特图（Gantt chart）是一种图形化的概述项目活动及其他相关系统进度情况的水平方向的条状图。甘特图在项目管理的工作分解结构（work breakdown structure）中有广泛应用，它能够直观地反映项目阶段和牵涉活动。

一幅完整的甘特图由横轴和纵轴两部分组成：横轴表示项目的总时间跨度，并以月、周或日为时间单位；纵轴表示各项目涉及的各项活动。长短不一的条状图则表示在项目周期内单项活动的完成情况及时间跨度。

简单的甘特图可以手工绘制，复杂的甘特图可以通过专业软件绘制，如微软的 MS Project、Excel 等。

甘特图的起源：亨利·劳伦斯·甘特（Henry Laurence Gantt，1861—1919）是一名机械工程师和管理咨询顾问，因于 1917 年发明的甘特图及其他图表而闻名于世。甘特图起初被应用于一系列著名的基础设施建设项目，如胡佛大坝。当前，各种电子表格工具和项目管理软件均有强大的甘特图功能，能够绘制、编辑高度复杂的甘特图。

1. 横道图

某基础工程的流水施工横道图如图 3-2 所示。图中的横坐标表示流水施工的施工进度；纵坐标表示施工过程的名称或编号。n 条带有编号的水平线段表示 n 个施工过程或专业工作队的施工进度，其编号①、②……表示不同的施工段（注：若未特殊说明，则本工作任务默认带圈字符表示施工段数）。

横道图表示法的优点：绘图简单，施工过程及其先后顺序表达比较清楚，时间和空间状况形象直观，使用方便。因此工程中常采用横道图来表达施工进度计划。

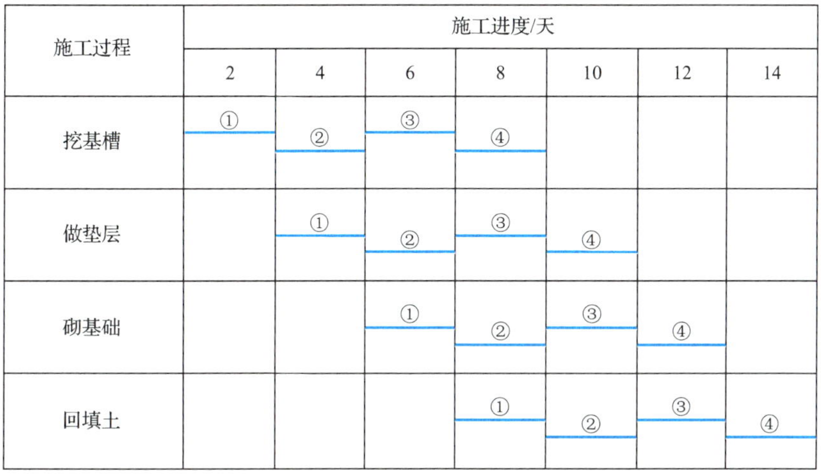

施工过程	施工进度/天						
	2	4	6	8	10	12	14
挖基槽	①	②	③	④			
做垫层		①	②	③	④		
砌基础			①	②	③	④	
回填土				①	②	③	④

图 3-2　某基础工程的流水施工横道图

2. 斜线图

某基础工程的流水施工斜线图如图 3-3 所示。图中的横坐标表示流水施工的施工进度；纵坐标表示流水施工所处的空间位置，即施工段的编号。n 条斜向线段表示 n 个施工过程或专业工作队的施工进度。

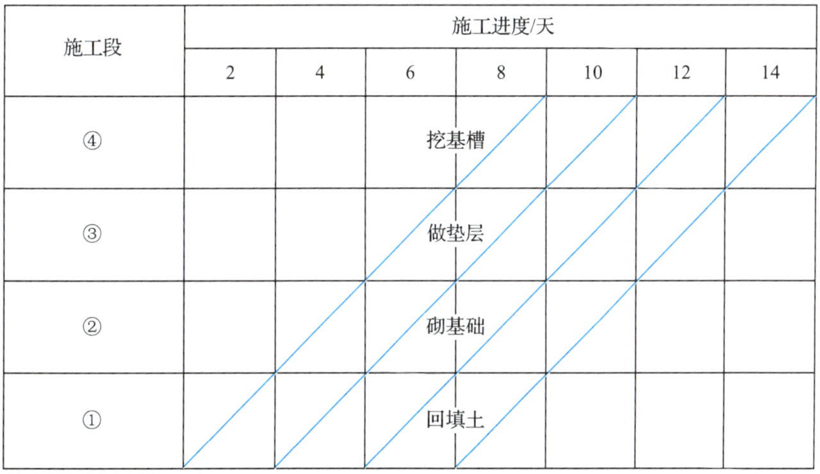

施工段	施工进度/天						
	2	4	6	8	10	12	14
④				挖基槽			
③				做垫层			
②				砌基础			
①				回填土			

图 3-3　某基础工程的流水施工斜线图

斜线图表示法的优点：施工过程及其先后顺序表达比较清楚，时间和空间状况形象直观，斜向进度线的斜率可以直观地表示各施工过程的进展速度，但编制实际工程进度计划不如横道图方便。

3. 网络图

网络图是用来表达各项工作先后顺序和逻辑关系的网状图形，由箭线和节点组成，分为双代号网络图和单代号网络图两种，具体内容详见工作任务 4 的相关内容。

3.2 流水施工的主要参数

为了组织流水施工，表明流水施工在时间和空间上的进展情况，需要引入一些描述施工特征和各种数量关系的参数，即流水施工参数。按性质的不同，一般可将流水施工参数分为工艺参数、空间参数和时间参数，如图 3-4 所示。

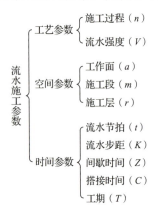

微课：流水施工参数

图 3-4　流水施工参数分类

3.2.1　工艺参数

工艺参数主要是用以表达流水施工在施工工艺方面进展状态的参数，通常包括施工过程和流水强度两个参数。

1. 施工过程

（1）施工过程的含义与分类

施工过程是根据施工组织及计划安排需要，划分计划任务形成的子项。施工过程划分的粗细程度根据实际需要而定。当编制控制性施工进度计划时，组织流水施工的施工过程可以划分得粗一些，施工过程可以是单位工程，也可以是分部工程；当编制实施性施工进度计划时，施工过程可以划分得细一些，施工过程可以是分项工程，甚至可将分项工程按照专业工种不同分解成施工工序。

施工过程的数目一般用 n 表示，它是流水施工的主要参数之一。根据其性质和特点不同，施工过程一般可分为以下 3 类。

1）运输类施工过程：将建筑材料、各类构配件、成品、制品和设备等运到工地仓库或施工现场使用地点的施工过程。

2）制备类施工过程：为了提高建筑产品生产的工厂化与机械化程度和生产能力而形成的施工过程，如砂浆、混凝土、各类制品、门窗等的制备过程，以及混凝土构件的预制过程。

3）建造类施工过程：在施工对象的空间上直接进行砌筑、安装与加工，最终形成建筑产品的施工过程。它是建设工程施工中占有主导地位的施工过程，如建（构）筑物的地下工程、主体结构工程、装饰工程等。

建造类施工过程占用施工对象的空间直接影响工期的长短，因此，必须将其列入施工进度计划，并且大多作为主导的施工过程或关键工作。运输类与制备类施工过程一般不占用施工对象的工作面，故一般不列入施工进度计划，只有当其占用施工对象的工作面、影响工期时，才会被列入施工进度计划。例如，对于采用装配式钢筋混凝土结构的建设工程，钢筋混凝土构件的现场制作过程就需要列入施工进度计划。同样，结构安装中的构件吊运施工过程也需要列入施工进度计划。

按在工程项目施工过程中的作用、工艺性质和复杂程度，建造类施工过程可分为主导施工过程、穿插施工过程、连续施工过程、间断施工过程、复杂施工过程和简单施工过程。这种划分方式仅是从施工过程的某一角度考虑的，事实上，有的施工过程既是主导的，又是连续的，还是复杂的。例如，在砖混结构工程施工中，砌筑施工过程是主导的、连续的和复杂的施工过程；油漆施工过程是简单的、间断的，往往又是穿插的施工过程。因此，在编制施工进度计划时，必须综合考虑施工过程的几个方面的特点，以便确定其在进度计划中的合理位置。

① 主导施工过程。它是对整个施工对象的工期起决定作用的施工过程。在编制施工进度计划时，必须优先安排，连续施工。例如，在砖混结构工程施工中，主体工程的砌筑施工过程就是主导施工过程。

② 穿插施工过程。它是与主导施工过程相搭接或穿插平行的施工过程。在编制施工进度计划时，要适时地穿插在主导施工过程的施工中进行，并严格地受主导施工过程的控制。例如，浇筑钢筋混凝土圈梁的施工过程就是穿插施工过程。

③ 连续施工过程。它是一道工序接一道工序，连续进行的施工过程。它不要求留有技术间歇时间，在编制施工进度计划时，与其相邻的后续施工过程不考虑技术间歇时间。例如，墙体砌筑和楼板安装等施工过程就是连续施工过程。

④ 间断施工过程。它是由所用材料的性质决定的、需要留有技术间歇时间的施工过程，其技术间歇时间与材料的性质和工艺有关。在编制施工进度计划时，它与相邻的后续施工过程之间要有足够的技术间歇时间。例如，混凝土、抹灰和油漆等施工过程都需要养护或干燥的技术间歇时间。

⑤ 复杂施工过程。它是在工艺上由几个紧密相连的工序组合而形成的施工过程，它的操作者、工具和材料因工序不同而变化。在编制施工进度计划时，可以因计划对象范围和用途不同而将其作为一个施工过程或划分成几个独立的施工过程。例如，砌筑可以划分为运材料、搭脚手架、砌砖等施工过程；现浇梁板混凝土根据实际需要既可以划分为支模板、扎钢筋、浇混凝土 3 个施工过程，又可以综合为一个施工过程。

⑥ 简单施工过程。它是在工艺上由一个工序组成的施工过程，它的操作者、工具和材料都不变。在编制施工进度计划时，除可将它与其他施工过程合并外，本身是不能再分的。例如，挖土方和回填土施工过程就是简单施工过程。

（2）施工过程的划分

在建筑施工中，划分的施工过程可以是分项工程、分部工程或单位工程，这是根据编制施工进度计划的对象范围和作用而确定的。一般来说，编制群体工程流水施工的控制性进度计划时，划分的施工过程较粗，数目要少；编制单位工程实施性进度计划时，划分的施工过程较细，数目要多。一栋房屋的施工过程数与其建筑和结构的复杂程度、施工方案、劳动组织与劳动量大小等因素有关。例如，普通砖混结构居住房屋，单位工程实施性进度计划的施工过程数为 20～30 个。

划分施工过程的注意事项如下。

1）施工过程数应结合房屋的复杂程度、结构类型及施工方法进行确定。复杂的施工内容应分得细些，简单的施工内容不要分得过细。

2）根据施工进度计划的性质确定划分方式。若为控制性施工进度计划，则组织流水施工的施工过程可以划分得粗一些；若为实施性施工进度计划，则组织流水施工的施工过程可以划分得细一些。

3）施工过程数要适当。施工过程数过少，也就是划分得过粗，达不到好的流水效果；施工过程数过大，需要的专业工作队就多，相应地需要划分的施工段也多，同样达不到好的流水效果。

4）以主要的建造类施工过程为划分依据。同时综合考虑制备类和运输类施工过程。

5）考虑施工方案的特点。对于一些相同的施工工艺，应根据施工方案的要求，将它们合并为一个施工过程，或根据施工的先后分为两个施工过程。例如，油漆木门窗可以作为一个施工过程，但如果施工方案中有说明，则也可以作为两个施工过程。

6）要考虑工程量的大小和劳动组织特征。施工过程的划分和施工班组、施工习惯及工程量的大小有一定的关系。例如，针对支模板、扎钢筋、浇混凝土 3 个施工过程，如果工程量较小（如采用预制楼板，有现浇混凝土、构造柱和圈梁的砖混结构工程），则可以将它们合并成一个施工过程，即钢筋混凝土工程，组织一个混合施工班组；若为混凝土框架结构工程，则可以先将它们分为支模板、扎钢筋、浇混凝土 3 个施工过程，再对应成立 3 个专业施工班组（模板班组、钢筋班组和混凝土班组）。再如，针对地面工程，如果垫层的工程量较小，则可以与面层合并为一个施工过程，这样就可以使各个施工过程的工程量大致相等，便于组织流水施工。

7）考虑施工过程的内容、工作范围和是否占用工期。施工过程的划分与其工作内容、范围和是否占用工期有关。例如，直接在施工现场与工程对象上进行的施工过程，可以划入流水施工过程，而场内外的运输类施工内容可以不划入流水施工过程。再如，针对拆模施工过程，如果计划占用工期，则应列入流水施工过程，划入施工进度计划表；如果计划不占用工期，则不列入流水施工过程，而将其劳动量一并计入其他工程的劳动量中。

2. 流水强度

流水强度是指流水施工的某施工过程（专业工作队）在单位时间内完成的工程量，也被称为流水能力或生产能力，一般用 V 表示。例如，浇筑混凝土施工过程的流水强度是指每个专业工作队浇的混凝土立方数。

流水强度的计算公式为

$$V = \sum_{i=1}^{X} R_i \cdot S_i \qquad (3-1)$$

式中，V 为某施工过程（专业工作队）的流水强度；R_i 为投入该施工过程中的第 i 种资源量（施工机械台数或工人数）；S_i 为投入该施工过程中的第 i 种资源的产量定额；X 为投入该施工过程中的资源种类数。

【例 3-2】某安装工程有运输工程量 272 000 吨·千米。进行施工组织时，按 4 个施工段组织流水施工，每个施工段的运输工程量大致相等。使用解放牌汽车、黄河牌汽车和平板拖车 10 天内完成每个施工段上的二次搬运任务。已知解放牌汽车、黄河牌汽车和平板拖车的台班生产率分别为 S_1=400 吨·千米，S_2=640 吨·千米，S_3=2400 吨·千米，并已知该施工单位有黄河牌汽车 5 台、平板拖车 1 台可用于施工。试计算尚需要解放牌汽车多少台。

解析： 因为该安装工程分为运输工程量大致相等的 4 个施工段，所以每段上的运输工程量为

$$Q_i = \frac{Q}{m} = \frac{272\,000}{4} = 68\,000 \text{（吨·千米）}$$

式中，Q_i 为每段上的运输工程量；Q 为总工程量；m 为施工段数。

使用解放牌汽车、黄河牌汽车和平板拖车 10 天内完成每个施工段上的二次搬运任务，故流水强度为

$$V = \frac{Q_i}{10} = \frac{68\,000}{10} = 6800 \text{（吨·千米）}$$

由机械施工过程的流水强度公式［式（3-1）］，反求施工机械台数。设需用解放牌汽车 R_1 辆，则

$$V = R_1 \cdot S_1 + R_2 \cdot S_2 + R_3 \cdot S_3$$

即

$$6800 = R_1 \times 400 + 5 \times 640 + 1 \times 2400$$

得 $R_1 = 3$（台）。

因此，根据以上施工组织，该施工单位尚需要配备 3 台解放牌汽车才能完成施工。

3.2.2　空间参数

空间参数是表达流水施工在空间布置上开展状态的参数，通常包括工作面、施工段和施工层。

1．工作面

微课：流水施工参数-空间参数

工作面是指供某专业工种的工人或某种施工机械进行施工的活动空间。工作面一般用字母 a 表示，工作面的大小能反映安排施工人数或机械台数的多少。每个作业的工人或每台施工机械所需工作面的大小，取决于单位时间内其完成的工程量和安全施工的要求。工作面确定的合理与否直接影响专业工作队的生产效率。因此，必须合理确定工作面。

2．施工段

施工段也称流水段，是指将施工对象在平面或空间上划分成的若干劳动量大致相等的施工段落。施工段数一般用 m 表示，它是流水施工的主要参数之一。

（1）划分施工段的目的

划分施工段是为了组织流水施工。由于建设工程体型庞大，可以将其划分成若干施工段，从而为组织流水施工提供足够的空间。在组织流水施工时，专业工作队完成一个施工段上的任务后，遵循施工组织顺序及工艺要求又到另一个施工段上作业，产生连续流动施工的效果。组织流水施工时，可以划分足够数量的施工段，充分利用工作面，避免窝工，尽可能缩短工期。

（2）划分施工段的原则

施工段内的施工任务由专业工作队依次完成，因而在两个施工段之间容易形成一个施

工缝。同时，施工段数量的多少将直接影响流水施工的效果。为使施工段划分合理，一般应遵循下列原则。

1）同一专业工作队在各个施工段上的劳动量应大致相等，相差幅度不宜超过 10%。

2）每个施工段内要有足够的工作面，以保证相应数量的人员及施工机械的生产效率，满足合理劳动组织的要求。

3）施工段的界限应尽可能与结构界限（如沉降缝、伸缩缝等）相吻合，或设在对建筑结构整体性影响小的部位，以保证建筑结构的整体性。

4）施工段数要满足合理组织流水施工的要求。施工段数过多，会降低施工速度，延长工期；施工段数过少，不利于充分利用工作面，可能造成窝工。划分施工段数应尽量满足下式的要求：

$$m \geqslant n \tag{3-2}$$

式中，m 为每层的施工段数；n 为每层参加流水施工的施工过程数或专业班组总数。

当 $m>n$ 时，各专业工作队能连续施工，但施工段有空闲。

当 $m=n$ 时，各专业工作队能连续施工，各施工段也没有闲置。这种情况是最理想的。

当 $m<n$ 时，对单栋建筑物组织流水时，专业工作队因不能连续施工而产生窝工现象。但在数幢同类型建筑物的建筑群施工中，可在各建筑物之间组织大流水施工。

　　无层级关系或无施工层（如单层建筑、基础工程等）时，划分施工段数不受 $m \geqslant n$ 的限制。

5）对于多层建（构）筑物或需要分层施工的工程，应既分施工段，又分施工层，各专业工作队依次完成第一施工层中各施工段工作后，转入第二施工层完成其中的施工段作业，以此类推，以确保相应专业工作队在施工段与施工层之间组织连续、均衡、有节奏的流水施工。

【例 3-3】某两层现浇钢筋混凝土工程的施工过程为安装模板、绑扎钢筋和浇筑混凝土，专业工作队在各施工过程的工作时间均为 2 天，试安排该工程的流水施工。

解析：（1）第一种流水施工（$m<n$）

流水施工进度安排一（$m<n$）如图 3-5 所示。

施工层	施工过程	施工进度/天						
		2	4	6	8	10	12	14
一层	安装模板	①	②					
	绑扎钢筋		①	②				
	浇筑混凝土			①	②			
二层	安装模板				①	②		
	绑扎钢筋					①	②	
	浇筑混凝土						①	②

图 3-5　流水施工进度安排一（$m<n$）

从该流水施工进度安排来看，尽管施工段尚未出现停歇，但各专业工作队因做完第一施工层施工段作业以后不能及时进入第二施工层开始施工段工作而轮流出现窝工现象。应力求避免这种情况。

（2）第二种流水施工（m>n）

流水施工进度安排二（m>n）如图 3-6 所示。

施工层	施工过程	施工进度/天									
		2	4	6	8	10	12	14	16	18	20
一层	安装模板	①	②	③	④						
	绑扎钢筋		①	②	③	④					
	浇筑混凝土			①	②	③	④				
二层	安装模板					①	②	③	④		
	绑扎钢筋						①	②	③	④	
	浇筑混凝土							①	②	③	④

图 3-6　流水施工进度安排二（m>n）

在这种情况下，专业工作队仍为连续施工，但第一施工层第一施工段浇筑混凝土后不能立即投入第二施工层第一施工段工作，即施工段上有停歇。同样，其他施工段上也发生同样的停歇，致使工作面出现空闲，但工作面的空闲并不一定有害，有时还是必要的，可以利用空闲的时间做养护、备料、弹线等工作。

（3）第三种流水施工（m=n）

流水施工进度安排三（m=n）如图 3-7 所示。

施工层	施工过程	施工进度/天							
		2	4	6	8	10	12	14	16
一层	安装模板	①	②	③					
	绑扎钢筋		①	②	③				
	浇筑混凝土			①	②	③			
二层	安装模板				①	②	③		
	绑扎钢筋					①	②	③	
	浇筑混凝土						①	②	③

图 3-7　流水施工进度安排三（m=n）

在这种情况下，专业工作队均能连续施工，施工段上始终有专业工作队，工作面能充分利用，无空闲现象，也不会产生工人窝工现象，是最理想的情况。

在工程项目实际施工过程中，若某些施工过程需要技术与组织间歇时间，则可按下式确定每层的最少施工段数（$m_{\min}$）：

$$m_{\min} = n + \frac{\sum Z}{K} \tag{3-3}$$

式中，$\sum Z$ 为某些施工过程要求的间歇时间的总和；K 为流水步距。

3. 施工层

对于多层的建（构）筑物，在平面上按照施工段进行划分，从一个施工段向另一个施工段逐步进行；在垂直方向上，则是自下而上、逐层进行，第一施工层的各个施工过程完工后，自然就形成了第二施工层的工作面，不断循环，直至完成全部工作。这些为满足专业工种对操作和施工工艺要求而划分的操作层称为施工层。施工层的数目通常用 r 来表示。在行业中，人们通常以建筑物的结构层作为施工层。有时为方便施工，也可以按高度划分施工层。

3.2.3　时间参数

时间参数是表达组织流水施工的各施工过程在时间安排上所处状态的参数，主要包括流水节拍、流水步距、间歇时间、搭接时间和工期等。

微课：流水施工
参数-时间参数

1. 流水节拍

流水节拍是指在组织流水施工时，某个专业工作队或施工过程在一个施工段上完成任务的施工时间。流水节拍一般用 t 表示，它是流水施工的主要参数之一，表明流水施工的速度和节奏性。流水节拍小，其流水速度快，节奏感强；反之，则相反。流水节拍决定着单位时间的资源供应量，也是区别流水施工组织方式的特征参数。

同一施工过程的流水节拍，主要由所采用的施工方法、施工机械，在工作面允许的前提下投入施工的工人数、机械台班数，以及采用的工作班次等因素确定。有时，为了均衡施工和减少转移施工段时消耗的工时，可以适当调整流水节拍，其数值最好为半个班的整数倍。

流水节拍可分别按下列方法确定。

（1）定额计算法

如果已有定额标准，则可按下式确定流水节拍：

$$t_i = \frac{Q_i}{S_i R_i N} = \frac{Q_i Z_i}{R_i N} = \frac{P_i}{R_i N} \tag{3-4}$$

式中，t_i 为流水节拍；Q_i 为施工过程在一个施工段上的工程量；S_i 为完成该施工过程的产量定额；R_i 为参与该施工过程的工人数或机械台班数；N 为每天工作班次；Z_i 为完成该施工过程的时间定额；P_i 为该施工过程在一个施工段上的劳动量。

如果根据工期要求采用倒排进度的方法确定流水节拍，则可用式（3-4）反算出所需要的工人数或机械台班数。但在此时，必须检查劳动力、材料和施工机械等资源供应的可能性，以及工作面是否足够等。

（2）经验估算法

若使用经验估算法，则流水节拍的计算公式为

$$t_i = \frac{a_i + b_i + c_i}{6} \tag{3-5}$$

式中，t_i 为某施工过程流水节拍；a_i 为最短估算时间；b_i 为最长估算时间；c_i 为正常估算时间。

经验估算法适用于采用新工艺、新方法和新材料等没有定额可循的工程或项目。

（3）工期计算法

若使用工期计算法，则流水节拍的计算公式为

$$t_i = \frac{T}{m + n - 1} \tag{3-6}$$

式中，T 为工期。

式（3-6）仅适用于无层间关系、无间歇和无搭接时间等流水施工的特殊情形。

2．流水步距

流水步距是指组织流水施工时，相邻两个施工过程（或专业工作队）相继开始作业的最小间隔时间。流水步距一般用 $K_{i,i+1}$ 表示，其中 i（$i=1,2,\cdots,n-1$）为专业工作队或施工过程的编号。它是流水施工的主要参数之一。

在无间歇和无搭接时间的情况下，在同一施工段不宜组织两个施工过程平行作业。因此，两个施工过程 n_i 和 n_j 在同一施工段的开始时间不宜相同。常采用 $K_{i,i+1} \geqslant t_i$，即第一施工过程在某一施工段上工作的结束为第二施工过程在同一施工段上工作的开始。

流水步距的大小取决于相邻两个施工过程（或专业工作队）在各个施工段上的流水节拍及流水施工的组织方式。确定流水步距时，一般应满足以下基本要求。

1）主要施工队（组）连续施工的需要。流水步距的最小长度必须保证专业工作队进场以后不发生停工、窝工现象。

2）施工工艺的要求。保证每个施工段的正常作业程序，不发生前一施工过程尚未全部完成、后一施工过程提前介入的现象。

3）最大限度搭接的要求。流水步距要保证相邻两个专业工作队在开工时间上最大限度、合理地搭接。

4）安全生产、成品保护的要求。要保证工程质量。

小贴士

流水步距数取决于参加流水的施工过程数。如果施工过程数为 n，则流水步距数为 $n-1$。

3．间歇时间

在组织流水施工时，有些施工过程完成后，后续施工过程不能立即投入施工，必须有足够的间歇时间。间歇时间一般用 Z 表示。

（1）技术间歇时间（Z_1）

技术间歇时间是指由于施工工艺或质量保证的要求，在相邻两个施工过程之间留有的时间间隔。例如，砖混结构的每层圈梁混凝土浇筑完成以后，只有经过一定的养护时间才能进行其上的预制楼板的安装工作；屋面找平层完成以后，只有经过一定的时间使其干燥后才能铺贴卷材防水层等。

（2）组织间歇时间（Z_2）

组织间歇时间是指由于组织方面的因素，在相邻两个施工过程之间留有的时间间隔。这是为对前一施工过程进行检查验收或为后一施工过程的开始做必要的施工组织准备而考虑的间歇时间。例如，浇筑混凝土之前，要检查钢筋及预埋件并做记录；基础混凝土垫层浇筑及养护后，只有进行墙身位置的弹线才能砌筑基础墙等。

（3）层间间歇时间（Z_3）

层间间歇时间为楼层间的技术、组织间歇时间，其实质仍然是技术间歇时间、组织间歇时间，并且只有当建筑物划分了施工层时，才可能存在层间间歇时间。应根据工程对象的具体情况确定是否划分施工层。例如，针对装配整体式框架结构的建筑，预制叠合板装配、节点连接浇混凝土后要养护一定时间，达到设计强度后方可进行预制柱的装配和节点连接。

4. 搭接时间

搭接时间是指在同一施工段上，不等前一施工过程施工完，后一施工过程就投入施工，相邻两施工过程同时在同一施工段上的工作时间，一般用 C 表示。搭接时间可使工期缩短，因此能搭接的施工过程应尽量搭接。

> 间歇时间的存在会使工期延长，后续施工过程将延后进入施工段；而搭接时间的存在会使工期缩短，后续施工过程将提前进入施工段。

5. 工期

工期是指完成一项任务或一个流水组施工所需的时间，计算公式为

$$T = \sum K_{i,i+1} + T_n + \sum Z_{i,i+1} - \sum C_{i,i+1} \tag{3-7}$$

式中，T 为流水施工工期；$\sum K_{i,i+1}$ 为流水施工中各流水步距之和；T_n 为流水施工中最后一个施工过程的持续时间；$\sum Z_{i,i+1}$ 为第 i 个施工过程与第 $i+1$ 个施工过程之间的间歇时间；$\sum C_{i,i+1}$ 为第 i 个施工过程与第 $i+1$ 个施工过程之间的搭接时间。

3.3 流水施工的组织方式

根据流水施工的节奏特征，流水施工可分为有节奏流水施工和无节奏流水施工，有节奏流水施工又可分为等节奏流水施工和异节奏流水施工。流水施工的组织方式如图 3-8 所示。

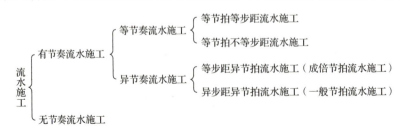

图 3-8　流水施工的组织方式

3.3.1　等节奏流水施工

等节奏流水施工也称全等节拍流水施工或固定节拍流水施工，是指在组织流水施工时，各

施工过程在各施工段上的流水节拍全部相等。等节奏流水施工根据流水步距的不同,有等节拍等步距流水施工和等节拍不等步距流水施工两种情况。

微课:等节奏流水
(全等节拍流水)

1. 等节拍等步距流水施工

(1) 等节拍等步距流水施工的特点

1) 所有施工过程在各施工段上的流水节拍均相等, 即 $t_1 = t_2 = \cdots = t_n$。

2) 相邻施工过程的流水步距相等, 并且等于流水节拍, 即 $K_{1,2} = K_{2,3} = \cdots = K_{n-1,n} = t_i$。

3) 各施工过程之间没有技术间歇时间与组织间歇时间, 也不安排相邻施工过程在同一施工段上的搭接施工, 即 $\sum Z = \sum C = 0$。

4) 专业工作队数等于施工过程数, $n' = n$, 即每个施工过程成立一个专业工作队, 由该队完成相应施工过程所有施工段上的任务。

5) 各专业工作队在各施工段上能够连续作业, 施工段之间没有空闲时间。

(2) 等节拍等步距流水施工主要参数的确定

1) 流水步距的确定:在等节拍等步距流水施工中, 流水步距都相等且等于流水节拍, 计算公式为

$$K_{i,i+1} = t_i = t \qquad (3-8)$$

2) 工期的确定:

因为

$$\sum K_{i,i+1} = (n-1)t, \quad T_n = mt$$

所以

$$T = \sum K_{i,i+1} + T_n = (n-1)t + mt = (m+n-1)t \qquad (3-9)$$

【例 3-4】某分部工程可以分为 A、B、C 3 个施工过程, 每个施工过程分为 4 个施工段, 流水节拍均为 2 天。试组织流水施工并计算工期, 并绘制流水施工进度图。

解析:根据题设条件和要求, 该工程只能组织等节奏流水施工。

1) 确定流水步距:

$$K_{i,i+1} = t_i = t = 2 \text{ (天)}$$

2) 确定工期:

$$T = (m+n-1)t = (4+3-1) \times 2 = 12 \text{ (天)}$$

3) 绘制流水施工进度图:该工程等节拍等步距流水施工进度图如图 3-9 所示。

施工过程	施工进度/天					
	2	4	6	8	10	12
A	①	②	③	④		
B	$K_{A,B}=2$天	①	②	③	④	
C		$K_{B,C}=2$天	①	②	③	④
公式表示	$\sum K_{i,i+1}=(n-1)t_i$	$T_n=mt_i$				
	$T=(m+n-1)t_i=[(4+3-1)\times 2]=12$(天)					

图 3-9   例 3-4 工程等节拍等步距流水施工进度图

在绘制流水施工进度图时，若流水节拍全部相等或呈倍数关系，则施工进度单元格可以流水节拍的最大公约数为基本单位进行划分。

2. 等节拍不等步距流水施工

等节拍不等步距流水施工即各施工过程的流水节拍全部相等，但各流水步距不相等（有的步距等于节拍，有的步距不等于节拍）。这是由各施工过程之间有的需要技术间歇时间与组织间歇时间，有的可以安排搭接时间所导致的。

（1）等节拍不等步距流水施工的特点

1）所有施工过程在各施工段上的流水节拍均相等，即 $t_1 = t_2 = \cdots = t_n$。

2）相邻施工过程的流水步距不一定相等。

3）专业工作队数等于施工过程数，$n'=n$，即每个施工过程成立一个专业工作队，由该队完成相应施工过程所有施工段上的任务。

（2）等节拍不等步距流水施工主要参数的确定

1）流水步距的确定：

$$K_{i,i+1} = t_i + Z - C \qquad (3\text{-}10)$$

2）工期的确定：

因为

$$\sum K_{i,i+1} = (n-1)t + \sum Z - \sum C, \quad T_n = mt$$

所以

$$T = \sum K_{i,i+1} + T_n = (n-1)t + \sum Z - \sum C + mt = (m+n-1)t + \sum Z - \sum C \qquad (3\text{-}11)$$

若存在多个施工层，假设层数为 r，则

$$T_n = mrt$$

$$T = (mr + n - 1)t + \sum Z - \sum C \qquad (3\text{-}12)$$

注：式（3-12）在等节奏流水施工中较为通用，r 为施工层。若无层间关系，则 $r=1$；若有层间关系，则 r 取实际值。

【例 3-5】某 4 单元 4 层砖混结构住宅楼主体工程由砌砖墙、现浇梁板、吊装预制板 3 个施工过程组成，它们的流水节拍均为 3 天。设现浇梁板后至少要养护 2 天才能吊装预制板，吊装完预制板后要用 1 天嵌缝、找平弹线。试确定每层施工段数 m 及工期 T，并绘制流水施工进度图。

解析：

1）确定施工段数：该工程属于层间施工，又有技术间歇时间及层间间歇时间时，其施工层中施工段数的计算为

$$m_{\min} = n + \frac{\sum Z}{K} = 3 + \frac{2+1}{3} = 4 \text{（段）}$$

2）计算工期：

$$T = (mr + n - 1)t + \sum Z - \sum C = (4 \times 4 + 3 - 1) \times 3 + 2 - 0 = 56 \text{（天）}$$

3）绘制流水施工进度图：该工程等节拍不等步距流水施工进度图如图 3-10 所示。

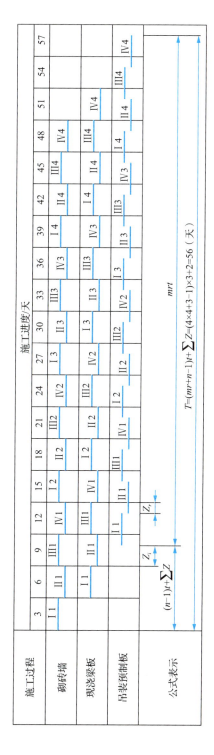

图 3-10　例 3-5 工程等节拍不等步距流水施工进度图

注：Ⅰ、Ⅱ、Ⅲ、Ⅳ为施工单元；j 为施工层数（同 r）。

3．等节奏流水施工的适用范围

等节奏流水施工一般只适用于施工对象结构简单、工程规模较小、施工过程数不太多的房屋工程或线型工程，常用于组织一个分部工程的流水施工，如道路工程、管道工程等；不适用于单位工程，特别是大型建筑群。

3.3.2 异节奏流水施工

微课：异节奏流水
（异节拍流水）

在组织流水施工时常常遇到这样的情况：如果某施工过程被要求尽快完成，或某施工过程的工程量过少，这一施工过程的流水节拍就小；如果某施工过程由于工作面受限制，不能投入较多的人力或机械，这一施工过程的流水节拍就大。这就出现了各施工过程的流水节拍不相等的情况，这时可组织异节奏流水施工。当各施工过程在同一施工段上的流水节拍彼此不等而存在最大公约数时，为加快流水施工速度，可按最大公约数的倍数确定每个施工过程的专业工作队，这样便构成了一个工期最短的加快的成倍节拍流水施工方案。

1．等步距异节拍流水施工

（1）等步距异节拍流水施工的特点

1）同一施工过程在各施工段上的流水节拍彼此相等，不同施工过程在同一施工段上的流水节拍不全相等，但其值为倍数关系（存在最大公约数）。

2）流水步距彼此相等，并且等于各个流水节拍的最大公约数。

3）各专业工作队都能够连续作业，施工段没有空闲。

4）专业工作队数大于施工过程数，即有的施工过程只成立一个专业工作队，而对于流水节拍大的施工过程，可按其倍数增加相应的专业工作队。可见，等步距异节拍流水施工需要相应的资源配备保证。

（2）等步距异节拍流水施工主要参数的确定

1）流水步距的确定：流水步距等于流水节拍的最大公约数，用公式表示为

$$K_{i,i+1} = K_b \tag{3-13}$$

式中，K_b 为不同施工过程在同一施工段上的流水节拍的最大公约数。

2）专业工作队（班组）数的确定：每个施工过程的专业工作队（班组）数等于本施工过程流水节拍与其最大公约数的比值，用公式表示为

$$b_i = \frac{t_i}{K_b}, \quad n' = \sum b_i \tag{3-14}$$

式中，b_i 为某施工过程所需要的专业工作队（班组）数；n' 为专业工作队（班组）总数目。

3）施工段数的确定：若项目已确定施工段数，则以确定为准；若未确定施工段数，则可按下列方法计算。

① 不分施工层时，可按划分施工段的原则确定施工段数，一般取 $m = n'$。

② 分施工层时，每层的最少施工段数可按式（3-3）确定。

4）工期的计算：

$$T = (mr + n' - 1)K_b + \sum Z - \sum C \tag{3-15}$$

注：式（3-15）在等步距异节拍流水施工中较为通用，r 为施工层。若无层间关系，则 $r=1$；若有层间关系，则 r 取实际值。

（3）等步距异节拍流水施工的适用范围

等步距异节拍流水施工比较适合线性工程（如道路、管道等）的施工，也适用于房屋

建筑施工。

【例 3-6】 某现浇钢筋混凝土结构由支设模板、绑扎钢筋和浇筑混凝土 3 个施工工程组成，分 3 段组织施工，各施工过程的流水节拍分别为支设模板 6 天、绑扎钢筋 4 天、浇筑混凝土 2 天。试组织等步距异节拍流水施工，并绘制流水施工进度图。

解析： 根据题设条件和要求，题中 3 个施工过程的流水节拍（6、4、2）存在最大公约数 2，为无层间关系的等步距异节拍流水施工。

1）确定流水步距：

$$K_{i,i+1} = K_b = 2 （天）$$

2）确定专业工作队数：

$$b_1 = \frac{t_1}{K_b} = \frac{6}{2} = 3 （队）; \quad b_2 = \frac{t_2}{K_b} = \frac{4}{2} = 2 （队）; \quad b_3 = \frac{t_3}{K_b} = \frac{2}{2} = 1 （队）$$

专业工作队总数目为

$$n' = \sum b_i = 3 + 2 + 1 = 6 （队）$$

3）确定施工段数：已知为 3。

4）计算工期：

$$T = (mr + n' - 1)K_b + \sum Z - \sum C = (3 \times 1 + 6 - 1) \times 2 = 16 （天）$$

5）绘制流水施工进度图：该工程等步距异节拍流水施工进度图如图 3-11 所示。

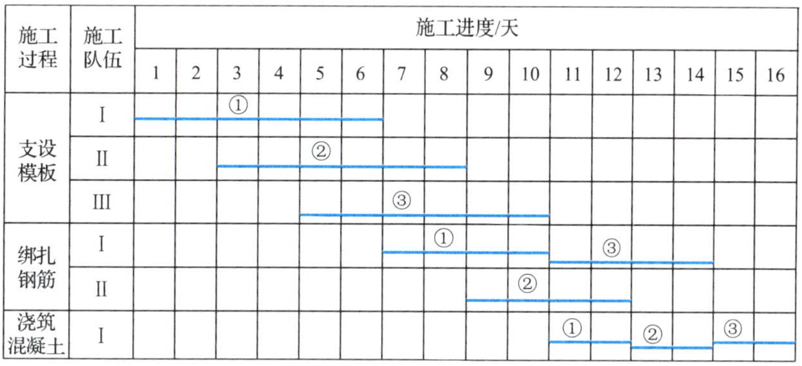

施工过程	施工队伍	施工进度/天															
		1	2	3	4	5	6	7	8	9	10	11	12	13	14	15	16
支设模板	I			①													
	II					②											
	III							③									
绑扎钢筋	I								①				③				
	II										②						
浇筑混凝土	I										①			②			③

图 3-11　例 3-6 工程等步距异节拍流水施工进度图

2. 异步距异节拍流水施工

异步距异节拍流水施工是指同一施工过程在各个施工段上的流水节拍均相等，不同施工过程之间的流水节拍不全相等且不存在最大公约数的流水施工方式。

（1）异步距异节拍流水施工的特点

1）同一施工过程在各个施工段上的流水节拍彼此相等，不同施工过程在同一施工段上的流水节拍不全相等。

2）各个施工过程之间的流水步距不全相等。

3）各专业工作队（班组）在各施工段上能够连续作业，但施工段可能有空闲。

4）专业工作队（班组）数目等于施工过程数目（$n' = n$）。

（2）异步距异节拍流水施工主要参数的确定

1）流水步距的确定：

当 $t_i \leqslant t_{i+1}$ 时，用公式表示为

$$K_{i,i+1} = t_i \tag{3-16}$$

当 $t_i > t_{i+1}$ 时，用公式表示为

$$K_{i,i+1} = mt_i - (m-1)t_{i+1} \tag{3-17}$$

2）流水工期的计算：

$$T = \sum K_{i,i+1} + T_n + \sum Z - \sum C \tag{3-18}$$

（3）异步距异节拍流水施工的适用范围

异步距异节拍流水施工适用于平面形状规整、能均匀划分施工段的建筑工程，如单元住宅楼、矩形办公楼等。它允许不同施工过程采用不同的流水节拍，因此，在进度安排上比等节奏流水施工灵活，实际应用范围较广泛。

【例 3-7】 某工程有 A、B、C、D 4 个施工过程，划分为 4 个施工段，每个施工过程的流水节拍分别为 4 天、3 天、3 天、4 天；施工过程 B 和 C 之间有 2 天技术间歇时间，施工过程 C 和 D 之间可以搭接 1 天。试组织流水施工，并绘制流水施工进度图。

解析： 根据题设条件和要求，该工程同一施工过程的流水节拍彼此相等，不同施工过程的流水节拍不全相等且不存在最大公约数，因此采用异步距异节拍流水施工。

1）确定流水步距：

① $t_A = 4 > t_B = 3$，$K_{A,B} = mt_A - (m-1)t_B = 4 \times 4 - (4-1) \times 3 = 7$（天）；

② $t_B = 3 = t_C = 3$，$K_{B,C} = t_B = 3$（天）；

③ $t_C = 3 < t_D = 4$，$K_{C,D} = t_C = 3$（天）。

2）计算工期：

$$T = \sum K_{i,i+1} + T_n + \sum Z - \sum C = (7+3+3) + 4 \times 4 + 2 - 1 = 30 \text{（天）}$$

3）绘制流水施工进度图：该工程异步距异节拍流水施工进度图如图 3-12 所示。

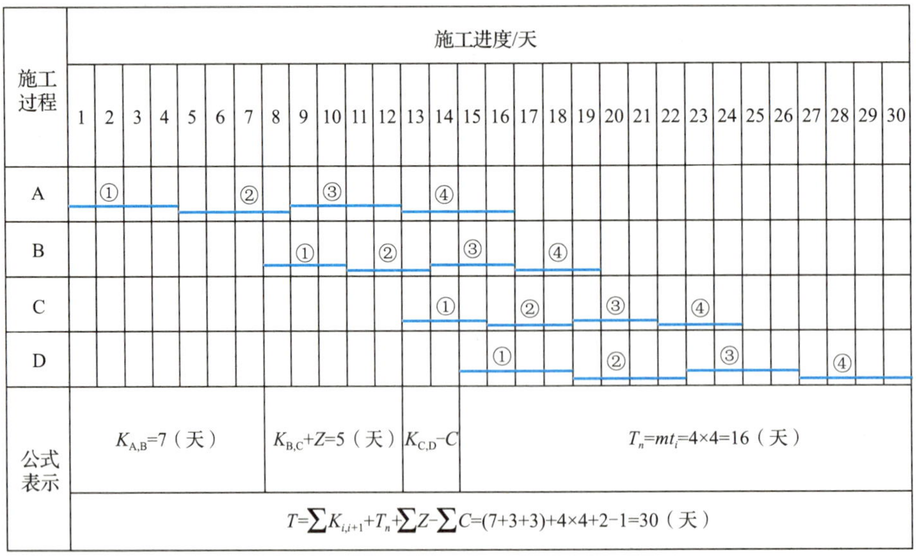

图 3-12　例 3-7 工程异步距异节拍流水施工进度图

3.3.3　无节奏流水施工

无节奏流水施工又称分别流水施工，是指同一施工过程在各施工段上的流水节拍不全相等，不同施工过程之间流水节拍也不全相等的一种流水施工方式。

1. 无节奏流水施工的特点

微课：无节奏流水

1）同一施工过程在各施工段上的流水节拍不全相等，不同施工过程之间的流水节拍也不全相等。

2）相邻施工过程的流水步距不全相等。

3）专业工作队数等于施工过程数。

4）各专业工作队能够在施工段上连续作业，但施工段可能有空闲。

2. 无节奏流水施工流水步距的计算

在无节奏流水施工中，通常采用"累加数列、错位相减、取大差"法（俗称"十一字法则"）计算流水步距。这种方法是由潘特考夫斯基（Paterkovsky）首先提出的，故又被称为潘特考夫斯基法（或潘氏法）。这种方法简捷、准确，便于掌握。

"累加数列、错位相减、取大差"法的基本步骤如下。

1）依次累加每个施工过程在各施工段上的流水节拍，求得各施工过程流水节拍的累加数列。

2）将相邻施工过程流水节拍累加数列中的后者错后一位，相减后求得一个差数列。

3）在差数列中取最大值，即为这两个相邻施工过程的流水步距。

3. 无节奏流水施工工期的计算

无节奏流水施工的工期可用式（3-18）计算。

4. 无节奏流水施工的适用范围

无节奏流水施工不像有节奏流水施工那样有一定的时间规律约束，在进度安排上比较灵活、自由。因此，它适用于各种分部工程、单位工程及大型建筑群的流水施工组织，是实际工程组织施工最普遍、最常用的一种方法。

【例3-8】某工程项目有Ⅰ、Ⅱ、Ⅲ、Ⅳ、Ⅴ 5个施工过程，分4个施工段，各施工过程在各施工段上的流水节拍如表 3-1 所示。规定施工过程Ⅱ完成后，其相应施工段至少要养护 2 天；施工过程Ⅳ完成后，其相应施工段要留有 1 天的准备时间；为了尽早完工，允许施工过程Ⅰ和施工过程Ⅱ之间搭接施工 1 天。试组织流水施工，并绘制流水施工进度图。

表 3-1　各施工过程在各施工段上的流水节拍　　　　　　　　（单位：天）

施工过程	施工段			
	①	②	③	④
Ⅰ	3	2	2	1
Ⅱ	1	3	5	3
Ⅲ	2	1	3	5
Ⅳ	4	2	3	3
Ⅴ	3	4	3	1

解析：根据题设条件和要求，各施工过程在各施工段上的流水节拍不全相等，故可组织无节奏流水施工。

1）计算流水步距：

① Ⅰ、Ⅱ之间的流水步距 $K_{Ⅰ,Ⅱ}$ 为

$$
\begin{array}{cccc}
3 & 5 & 7 & 8 \\
\rightarrow\ 1 & 4 & 9 & 12 \\
\hline
3\quad 4 & 3 & -1 & -12
\end{array}
$$

$$K_{\mathrm{I,II}} = \max\{3,4,3,-1,-12\} = 4\ （天）$$

② Ⅱ、Ⅲ之间的流水步距 $K_{\mathrm{II,III}}$ 为

$$
\begin{array}{cccc}
1 & 4 & 9 & 12 \\
\rightarrow\ 2 & 3 & 6 & 11 \\
\hline
1\quad 2 & 6 & 6 & -11
\end{array}
$$

$$K_{\mathrm{II,III}} = \max\{1,2,6,6,-11\} = 6\ （天）$$

③ Ⅲ、Ⅳ之间的流水步距 $K_{\mathrm{III,IV}}$ 为

$$
\begin{array}{cccc}
2 & 3 & 6 & 11 \\
\rightarrow\ 4 & 6 & 9 & 12 \\
\hline
2\quad -1 & 0 & 2 & -12
\end{array}
$$

$$K_{\mathrm{III,IV}} = \max\{2,-1,0,2,-12\} = 2\ （天）$$

④ Ⅳ、Ⅴ之间的流水步距 $K_{\mathrm{IV,V}}$ 为

$$
\begin{array}{cccc}
4 & 6 & 9 & 12 \\
\rightarrow\ 3 & 7 & 9 & 10 \\
\hline
4\quad 3 & 2 & 3 & -10
\end{array}
$$

$$K_{\mathrm{IV,V}} = \max\{4,3,2,3,-10\} = 4\ （天）$$

2）计算工期：根据式（3-18），计算工期为

$$
\begin{aligned}
T &= \sum K_{i,i+1} + T_n + \sum Z - \sum C \\
&= (4+6+2+4) + (3+4+2+1) + (2+1) - 1 \\
&= 28\ （天）
\end{aligned}
$$

3）绘制流水施工进度图：该工程无节奏流水施工进度图如图 3-13 所示。

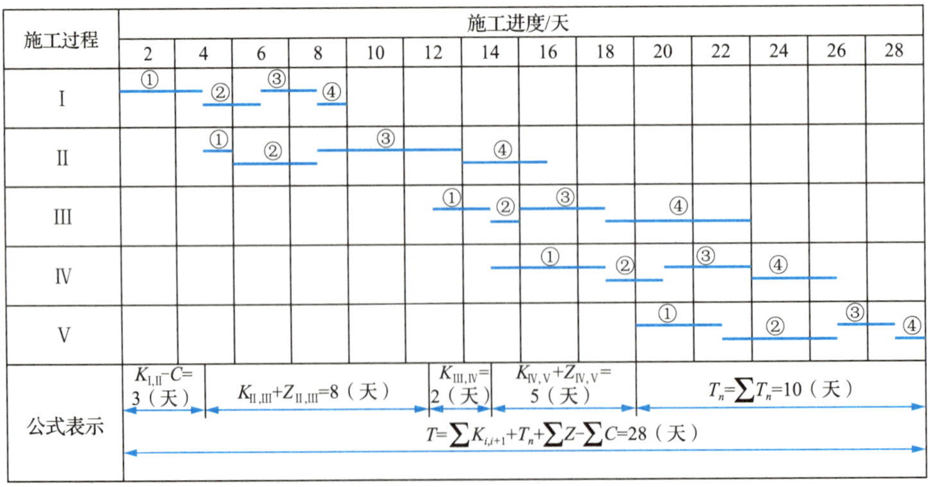

图 3-13　例 3-8 工程无节奏流水施工进度图

3.4 流水施工实例

　　某框架结构的 4 层教学楼各层平面布置一致，基础工程为钢筋混凝土条形基础；主体工程为现浇框架结构；屋面工程为现浇钢筋混凝土屋面板，防水层贴一毡二油，外加架空隔热层；装饰工程为铝合金窗、木质门，外墙为饰面砖，内墙为普通抹灰外加刮腻子、涂刷乳胶漆；设备工程为水、暖、电安装调试。总工期要求为 4 个月，其劳动量和施工班组人数如表 3-2 所示。

表 3-2　某框架结构教学楼劳动量和施工班组人数

序号	分项名称	劳动量/工日	施工班组人数/人
基础工程			
1	土方开挖	200	27
2	浇筑混凝土垫层	16	27
3	绑扎基础钢筋	48	6
4	浇筑基础混凝土	180	10
5	浇筑基础混凝土墙基	60	10
6	回填土	64	8
主体工程			
7	搭拆脚手架	288	4
8	柱扎筋	80	10
9	柱、梁、板、楼梯支模	960	20
10	梁、板、楼梯扎筋	320	20
11	柱、梁、板、楼梯浇混凝土	480	10
12	拆模板	160	10
13	砌砖墙	720	30
屋面工程			
14	屋面防水	56	8
15	屋面隔热	36	18
装饰工程			
16	楼地面及楼梯装饰	480	30
17	天棚及内墙面装饰	640	40
18	门窗装饰	120	10
19	油漆、玻璃装饰	48	6
20	外墙饰面砖装饰	450	30
设备工程			
21	设备（水、暖、电）	540	6

　　该工程由基础分部、主体分部、屋面分部、装饰分部、设备分部组成。该工程各分部的劳动量差异较大，首先应采用分别流水，即先分别组织各分部的流水施工，然后考虑各分部之间的相互搭接施工，最后综合形成单位工程流水施工。因为各施工过程之间的劳动量差异较大，所以不能组织等节拍流水施工；又因为本工程各层平面布置一致，可均衡划分施工段，能保证每个施工过程在各施工段上的劳动量相等，所以可组织异步距异节拍流水施工。具体组织如下。

3.4.1 基础工程

基础工程包括土方开挖、浇筑混凝土垫层、绑扎基础钢筋、浇筑基础混凝土、浇筑基础混凝土墙基、回填土 6 个施工过程。考虑到浇筑混凝土垫层劳动量小，可与土方开挖合并为一个施工过程，又考虑到浇筑基础混凝土与浇筑基础混凝土墙基是同一工种，可将二者合并为一个施工过程。

基础工程经过合并后共有 4 个施工过程（$n=4$），可组织等节奏流水施工，考虑现场工作面的情况，将其划分为两个施工段（$m=2$）。基础工程的流水节拍和流水工期计算如下。

1. 基础工程的流水节拍

1）土方开挖和浇筑混凝土垫层，劳动量之和为 216 工日，施工班组人数为 27 人，采用一班制，浇筑混凝土垫层完成后应养护 1 天，其流水节拍为

$$t_{挖土} = \frac{216}{27 \times 2 \times 1} = 4 \text{（天）}$$

2）绑扎基础钢筋，劳动量为 48 工日，施工班组人数为 6 人，采用一班制，其流水节拍为

$$t_{扎筋} = \frac{48}{6 \times 2 \times 1} = 4 \text{（天）}$$

3）浇筑基础混凝土和基础混凝土墙基，劳动量之和为 240 工日，施工班组人数为 10 人，采用三班制，浇筑基础混凝土完成后应养护 1 天，其流水节拍为

$$t_{混凝土} = \frac{240}{10 \times 2 \times 3} = 4 \text{（天）}$$

4）回填土，劳动量为 64 工日，施工班组人数为 8 人，采用一班制，其流水节拍为

$$t_{回填} = \frac{64}{8 \times 2 \times 1} = 4 \text{（天）}$$

2. 基础工程的流水工期

$$T = (mr + n - 1)t + \sum Z - \sum C = (2 \times 1 + 4 - 1) \times 4 + 2 = 22 \text{（天）}$$

3.4.2 主体工程

主体工程包括搭拆脚手架，柱扎筋，柱、梁、板、楼梯支模，梁、板、楼梯扎筋，柱、梁、板、楼梯浇混凝土，拆模板，砌砖墙 7 个施工过程。

主体工程由于有层间关系，$m=2$，$n=7$，$m \leqslant n$，施工班组会出现窝工现象。为此，将其划分为 8 个施工段（$m=8$，不含搭拆脚手架，搭拆脚手架考虑不分层不分段施工）。框架结构中保证模板工程这一主导工程的施工班组连续施工，其余的施工过程的施工班组与其他作业统一考虑调度安排。主体工程的流水节拍和流水工期计算如下。

1. 主体工程的流水节拍

1）搭拆脚手架，劳动量为 288 工日，施工班组人数为 4 人，采用两班制，其流水节拍为

$$t_{脚手架} = \frac{288}{4 \times 2} = 36 \text{（天）}$$

2）柱扎筋，劳动量为 80 工日，施工班组人数为 10 人，采用一班制，其流水节拍为

$$t_{扎筋1} = \frac{80}{10 \times 8 \times 1} = 1 \text{（天）}$$

3）柱、梁、板、楼梯支模，劳动量为 960 工日，施工班组人数为 20 人，采用一班制，

其流水节拍为

$$t_{支模} = \frac{960}{20 \times 8 \times 1} = 6 \text{（天）}$$

4）梁、板、楼梯扎筋，劳动量为 320 工日，施工班组人数为 20 人，采用一班制，其流水节拍为

$$t_{扎筋2} = \frac{320}{20 \times 8 \times 1} = 2 \text{（天）}$$

5）柱、梁、板、楼梯浇混凝土，劳动量为 480 工日，施工班组人数为 10 人，采用三班制，其流水节拍为

$$t_{混凝土} = \frac{480}{10 \times 8 \times 3} = 2 \text{（天）}$$

在施工安排上，柱、梁、板、楼梯浇混凝土完成后养护 10 天方可拆模。

6）拆模板，劳动量为 160 工日，施工班组人数为 10 人，采用一班制，其流水节拍为

$$t_{拆模板} = \frac{160}{10 \times 8 \times 1} = 2 \text{（天）}$$

7）砌砖墙，劳动量为 720 工日，施工班组人数为 30 人，采用一班制，其流水节拍为

$$t_{砌砖墙} = \frac{720}{30 \times 8 \times 1} = 3 \text{（天）}$$

2. 主体工程的流水工期

$$
\begin{aligned}
T &= t_{扎筋1} + 8t_{支模} + t_{扎筋2} + t_{混凝土} + Z_{混凝土,拆模板} + t_{拆模板} + t_{砌砖墙} \\
&= 1 + 8 \times 6 + 2 + 2 + 10 + 2 + 3 \\
&= 68 \text{（天）}
\end{aligned}
$$

3.4.3　屋面工程

屋面工程包括屋面防水和屋面隔热，因为屋面防水要求高，所以不分段施工，即采用依次施工的方式。屋面工程的流水节拍和流水工期计算如下。

1. 屋面工程的流水节拍

1）屋面防水，劳动量为 56 工日，施工班组人数为 8 人，采用一班制，其流水节拍为

$$t_{屋面防水} = \frac{56}{8 \times 1} = 7 \text{（天）}$$

2）屋面隔热，劳动量为 36 工日，施工班组人数为 18 人，采用一班制，其流水节拍为

$$t_{屋面隔热} = \frac{36}{18 \times 1} = 2 \text{（天）}$$

2. 屋面工程的流水工期

$$T = t_{屋面防水} + t_{屋面隔热} = 7 + 2 = 9 \text{（天）}$$

3.4.4　装饰工程

装饰工程包括室内装饰和室外装饰两部分：室内装饰主要分为楼地面及楼梯装饰，天棚及内墙面装饰，门窗装饰，油漆、玻璃装饰 4 个施工过程；室外装饰主要为外墙饰面砖装饰 1 个施工过程。

室内装饰部分施工过程多，组织固定节拍较困难，若以楼层来划分施工段，则每个施

工过程都有 4 个施工段（$m=4$），再加上每个施工过程在各施工段上的流水节拍均相等，故可组织异步距异节拍流水施工。装饰工程的流水节拍、流水步距、流水工期计算如下。

1. 装饰工程的流水节拍

1）楼地面及楼梯装饰，劳动量为 480 工日，施工班组人数为 30 人，采用一班制，施工完成后其相应施工段应养护 3 天，其流水节拍为

$$t_{地面} = \frac{480}{30 \times 4 \times 1} = 4 \text{（天）}$$

2）天棚及内墙面装饰，劳动量为 640 工日，施工班组人数为 40 人，采用一班制，施工完成后其相应施工段应养护 1 天，其流水节拍为

$$t_{顶墙} = \frac{640}{40 \times 4 \times 1} = 4 \text{（天）}$$

3）门窗装饰，劳动量为 120 工日，施工班组人数为 10 人，采用一班制，其流水节拍为

$$t_{门窗} = \frac{120}{10 \times 4 \times 1} = 3 \text{（天）}$$

4）油漆、玻璃装饰，劳动量为 48 工日，施工班组人数为 6 人，采用一班制，其流水节拍为

$$t_{漆玻} = \frac{48}{6 \times 4} = 2 \text{（天）}$$

5）外墙饰面砖装饰，采用自上而下不分层不分段施工（$m=1$），劳动量为 450 工日，施工班组人数为 30 人，采用一班制，其流水节拍为

$$t_{面砖} = \frac{450}{30 \times 1} = 15 \text{（天）}$$

2. 装饰工程的流水步距

1）因为 $t_{地面} = 4 = t_{顶墙} = 4$，所以 $K_{地面,顶墙} = t_{顶墙} = 4$（天）。

2）因为 $t_{顶墙} = 4 > t_{门窗} = 3$，所以 $K_{顶墙,门窗} = mt_{顶墙} - (m-1)t_{门窗} + Z - C = 4 \times 4 - 3 \times 3 = 7$（天）。

3）因为 $t_{门窗} = 3 > t_{漆玻} = 2$，所以 $K_{门窗,漆玻} = mt_{门窗} - (m-1)t_{漆玻} = 4 \times 3 - 3 \times 2 = 6$（天）。

3. 装饰工程的流水工期

因为 $T_n = mt_{漆玻} = 4 \times 2 = 8$（天），$\sum Z = 3 + 1 = 4$（天），$\sum C = 0$，所以装饰工程的流水工期为

$$T = \sum K_{i,i+1} + T_n + \sum Z - \sum C = (4 + 7 + 6) + 8 + 3 + 1 - 0 = 29 \text{（天）}$$

▌3.4.5　设备工程

设备工程包括水、暖、电 3 个部分，在施工中滞后于土建主体工程进行穿插施工，不分层不分段施工。

设备工程，劳动量为 540 工日，施工班组人数为 6 人，采用两班制，其流水节拍为

$$t_{设备} = \frac{540}{6 \times 2} = 45 \text{（天）}$$

根据计算的流水节拍、流水步距和流水工期，绘制某框架结构教学楼流水施工进度图，如图 3-14 所示。

序号	施工过程	劳动量 工日	施工班组 人数/人	班制	天数	施工进度/天 (5 10 15 20 25 30 35 40 45 50 55 60 65 70 75 80 85 90 95 100 105 110 115)
	（一）基础工程—等节奏流水施工（分段不分层：n=4, m=2）					
1	土方开挖和浇筑混凝土垫层	216	27	1	8	
2	绑扎基础钢筋	48	6	1	8	
3	浇筑基础混凝土和基础混凝土墙基	240	10	3	8	
4	回填土	64	8	1	8	
	（二）主体工程—保证主导工程连续施工，其余统一调度安排（分层分段：r=4, m=2, n=7）					
5	搭拆脚手架	288	4	2	36	
6	柱扎筋	80	10	1	8	
7	柱、梁、板、楼梯支模	960	20	1	48	
8	梁、板、楼梯扎筋	320	20	1	16	
9	柱、梁、板、楼梯浇混凝土	480	10	3	16	
10	拆模板	160	10	1	16	
11	砌砖墙	720	30	1	24	
	（三）屋面工程—依次组织施工（不分层不分段：n=2, m=1）					
12	屋面防水	56	8	1	7	
13	屋面隔热	36	18	1	2	
	（四）装饰工程—异步距异节拍流水施工（分层不分段：m=1, r=4, n=7）					
14	楼地面及楼梯装饰	480	30	1	16	
15	天棚及内墙面装饰	640	40	1	16	
16	门窗装饰	120	10	1	12	
17	油漆、玻璃装饰	48	6	1	8	
18	外墙饰面砖面装饰	450	30	1	15	
	（五）设备工程—穿插施工（不分层不分段：n=1, m=1）					
19	设备（水、暖、电）	540	6	2	45	

图3-14 某框架结构教学楼流水施工进度图

拓展阅读：Project 项目管理软件简介及基本操作

直 击 工 考

一、单项选择题

1. 平行施工的特点是（　　）。
    A. 充分利用工作面进行施工　　　　　　B. 施工现场组织管理简单
    C. 专业工作队能够连续施工　　　　　　D. 有利于实现专业化施工

2. 流水施工组织方式是施工中常采用的方式，因为它（　　）。
    A. 工期最短
    B. 单位时间内投入的劳动力、资源量最少
    C. 能够实现专业工作队连续施工，资源消耗均衡
    D. 现场组织、管理简单

3. 建设工程组织流水施工时，某施工过程在单位时间内完成的工程量称为（　　）。
    A. 流水节拍　　　　B. 流水强度　　　　C. 流水步距　　　　D. 流水定额

4. 组织建设工程流水施工时，相邻两个施工过程相继开始施工的最小间隔时间称为（　　）。
    A. 流水节拍　　　　B. 时间间隔　　　　C. 间歇时间　　　　D. 流水步距

5. 在下列流水施工参数中，用来表达流水施工在时间安排上所处状态的参数是（　　）。
    A. 流水强度和施工段数　　　　　　　　B. 施工段数和流水步距
    C. 流水步距和流水节拍　　　　　　　　D. 流水节拍和流水强度

6. 所谓等节奏流水施工，是指施工过程（　　）。
    A. 在各个施工段上的持续时间相等　　　B. 之间的流水节拍相等
    C. 之间的流水步距相等　　　　　　　　D. 连续、均衡施工

7. 要保证各专业工作班组在跨层时连续、均衡施工，施工段数 m 与施工过程数 n 之间的关系应该是（　　）。
    A. $m \geq n$　　　　B. $m \leq n$　　　　C. $m > n$　　　　D. $m < n$

8. 某基础工程在一个施工段上的土方开挖量为 300 立方米，该工作的产量定额为 2 立方米/（人·天），要求 10 天完成，则完成该工作的劳动班组人数至少需要（　　）人。
    A. 15　　　　B. 20　　　　C. 25　　　　D. 30

9. 某施工段上的工程量为 400 立方米，由某专业工作队施工，已知计划产量定额为 10 立方米/工日，采用两班制，每班 5 人，则流水节拍为（　　）天。
    A. 3　　　　B. 4　　　　C. 5　　　　D. 6

10. 等步距异节拍流水施工的特点是（　　）。

A．专业工作队数等于施工过程数

B．相邻施工过程的流水节拍相等

C．相邻施工段之间可能有空闲时间

D．各专业工作队能够在施工段上连续作业

11．如果流水施工作业中的流水步距相等，则该流水作业（　　）。

A．必定是等节奏流水　　　　　　　B．必定是异节奏流水

C．必定是无节奏流水　　　　　　　D．以上都不对

12．组织等节奏流水施工，首要的前提是（　　）。

A．使各施工段的工程量基本相等　　B．确定主导施工过程的流水节拍

C．使各施工过程的流水节拍相等　　D．调节各施工队的人数

13．在没有技术间歇时间和搭接时间的情况下，等节奏流水施工的（　　）与流水节拍相等。

A．工期　　　　　　B．施工段　　　　　　C．施工过程数　　　D．流水步距

14．某工程划分 4 个施工段，由两个施工班组进行等节奏流水施工，流水节拍为 4 天，则工期为（　　）天。

A．16　　　　　　　B．18　　　　　　　C．20　　　　　　　D．24

15．某工程有 4 个施工过程，分 5 个施工段组织等节奏流水施工，流水节拍为 3 天。其中，第二个施工过程与第三个施工过程之间有 2 天的工艺间歇，则该工程流水施工的工期为（　　）天。

A．24　　　　　　　B．26　　　　　　　C．27　　　　　　　D．29

16．某工程有 A、B、C 3 个施工过程，各自的流水节拍分别为 6 天、4 天、2 天，则组织流水施工时，流水步距可为（　　）天。

A．0　　　　　　　　B．2　　　　　　　　C．4　　　　　　　　D．6

17．某分部工程有 3 个施工过程，分为 4 个施工段组织等步距异节拍流水施工，各施工过程流水节拍分别是 6 天、6 天、9 天，则该分部工程流水施工的工期是（　　）天。

A．24　　　　　　　B．30　　　　　　　C．36　　　　　　　D．54

18．某分部工程有 2 个施工过程，分为 5 个施工段组织无节奏流水施工，各施工过程的流水节拍分别为 5 天、4 天、3 天、8 天、6 天和 4 天、6 天、7 天、2 天、5 天。第二个施工过程第三施工段的完成时间是第（　　）天。

A．17　　　　　　　B．19　　　　　　　C．22　　　　　　　D．26

19．某工程有 6 个施工过程，各组织一个专业工作队，在 5 个施工段上进行等节奏流水施工，流水节拍为 5 天，其中第三、第五工作队完成后分别间歇了 2 天、3 天，则该工程的工期为（　　）天。

A．35　　　　　　　B．45　　　　　　　C．55　　　　　　　D．65

二、多项选择题

1．与依次施工、平行施工方式相比，流水施工方式的特点有（　　）。

A．施工现场组织管理简单　　　　　B．单位时间内投入的资源量较为均衡

C．有利于实现专业化施工　　　　　D．施工工期最短

E．相邻专业工作队的开工时间能最大限度地搭接

2．建设工程组织流水施工时，划分施工段的原则有（　　）。

A．每个施工段内要有足够的工作面

B．施工段数要满足合理组织流水施工的要求

C．施工段的界限应尽可能与结构界限相吻合

D．同一专业工作队在各个施工段上的劳动量应大致相等

E．施工段必须在同一平面内划分

3．流水强度的大小取决于（　　　　）。

A．资源量　　　　　　　　　　　B．资源种类数

C．工程量　　　　　　　　　　　D．产量定额

E．工作面

4．关于流水施工中的时间参数，下列说法正确的是（　　　　）。

A．流水节拍是某个专业工作队在一个施工段上完成任务的施工时间

B．主导施工过程中的流水节拍应是各施工过程流水节拍的平均值

C．流水步距是两个相邻的专业工作队相继开始作业的最小时间间隔

D．工期是指从第一个专业工作队投入流水施工开始到最后一个专业工作队完成流水施工停止的时间

E．流水步距的最大长度必须保证专业工作队进场后不发生停工、窝工现象

5．组织流水施工时，确定流水步距应满足的基本要求是（　　　　）。

A．流水步距的最小长度必须保证专业工作队进场以后不发生停工、窝工现象

B．相邻专业工作队在满足连续施工的条件下，能最大限度地实现合理搭接

C．流水步距数应等于施工过程数

D．流水步距数应等于流水节拍数中的最大值

E．满足施工工艺的要求

6．等节奏流水施工的特点有（　　　　）。

A．专业工作队数等于施工过程数　　B．施工过程数等于施工段数

C．各施工段上的流水节拍相等　　　　D．有的施工段之间可能有空闲时间

E．相邻施工过程的流水步距相等

7．无节奏流水施工的特点有（　　　　）。

A．各施工段上的流水节拍不全相等　　B．专业工作队数等于施工过程数

C．相邻施工过程的流水步距相等　　　　D．施工段可能有空闲

E．流水步距等于流水节拍的最大公约数

8．建设工程组织流水施工时，相邻施工班组之间的流水步距不尽相等，但专业工作队数等于施工过程数的组织方式有（　　　　）。

A．异步距异节拍流水施工

B．无节奏流水施工

C．等步距异节拍流水施工

D．搭接时间和间歇时间都为 0 的等节奏流水施工

E．存在搭接时间或间歇时间的等节奏流水施工

三、填空题

1．流水施工按照施工组织的范围通常可分为_____、_____、_____、_____。

2．流水施工的表达方式包括_____、_____、_____。

3．流水施工的主要参数包括_____、_____、_____。

4．流水施工的空间参数包括_____、_____、_____。

5．流水节拍的确定方法有_____、_____、_____。

四、判断题

1．异节奏流水施工是指同一施工过程在各个施工段上流水节拍不完全相等的一种流水施工组织方式。　　　　　　　　　　　　　　　　　　　　　　　（　　）

2．运输类施工过程占用施工空间，影响项目总工期，必须列入施工进度计划。（　　）

3．在流水施工中，不同施工段上同一工序的作业时间一定相等。　　　　　（　　）

4．流水施工的最大优点是工期短，充分利用工作面。　　　　　　　　　　（　　）

5．组织流水施工必须使同一施工过程的专业工作队保持连续施工。　　　　（　　）

五、简答题

1．组织施工有哪几种方式？它们的特点是什么？

2．什么是流水节拍？如何确定流水节拍？

3．什么是施工段？如何划分施工段？

4．什么是技术间歇时间？什么是组织间歇时间？它们对组织流水施工有什么影响？

5．流水施工常用的组织方式有哪些？阐述它们各自的适用范围。

6．一座房屋的土建工程施工按施工部位一般可分为哪几个分部工程？它们各自适用哪种施工方式？

六、计算题

1．某工程由 A、B、C 3 个施工过程组成，划分两个施工层组织流水施工，各施工过程的流水节拍均为 3 天，其中，施工过程 A、B 之间有 2 天的技术间歇时间，层间技术间歇时间为 1 天。试确定流水步距、施工段数、工期，并绘制流水施工进度图。

2．某工程各施工过程在各施工段上的流水节拍如表 3-3 所示。试组织无节奏流水施工，确定流水步距和工期，并绘制流水施工进度图。

表 3-3　某工程各施工过程在各施工段上的流水节拍　　　　（单位：天）

施工过程	施工段			
	①	②	③	④
Ⅰ	3	4	5	6
Ⅱ	4	5	6	3
Ⅲ	3	5	4	2
Ⅳ	4	3	3	2

3．某两层现浇钢筋混凝土楼盖工程的框架平面尺寸为 17.4 米×144 米，沿长度方向每隔 48 米留一道伸缩缝。已知 $t_模$=4 天、$t_筋$=2 天、$t_混$=2 天，层间间歇时间为 4 天。试组织流水施工，并绘制流水施工进度图。

4．某分部工程包括 A、B、C、D 4 个施工过程，流水节拍分别为 t_A=2 天、t_B=6 天、t_C=4 天、t_D=2 天，分 4 个施工段，并且施工过程 A、C 完成后各有 2 天的技术间歇时间。试组织流水施工，并绘制流水施工进度图。

5．某分部工程包括 A、B、C、D 4 个施工过程，流水节拍分别为 t_A=3 天、t_B=5 天、

t_C=3 天、t_D=4 天，从平面上划分 4 个施工段。试组织流水施工，并绘制流水施工进度图。

6. 某施工项目有关资料如表 3-4 所示，施工过程Ⅰ、Ⅲ完成后各有 1 天的技术间歇时间。试组织流水施工，并绘制流水施工进度图。

表 3-4　某施工项目有关资料　　　　　　　（单位：天）

施工段	施工过程			
	Ⅰ	Ⅱ	Ⅲ	Ⅳ
1	3	1	3	2
2	2	3	4	3
3	3	2	4	4
4	3	3	3	3
5	2	3	4	3

网络计划技术应用

▌任务导读

本工作任务主要介绍网络计划技术的基本概念和构成要素，网络计划各要素的含义、网络图的绘制、时间参数的含义及计算方法，关键工作及关键线路的概念、判定方法，网络计划的优化方法，施工进度控制。

▌任务目标

1. 理解网络图、网络计划技术的时间参数、网络计划的优化的概念。
2. 掌握网络图的绘制方法、网络计划时间参数的计算方法、关键线路的确定方法、施工进度计划的控制方法。
3. 具有编制单位工程网络计划的能力。

工程 案例

某单位办公楼工程为 5 层现浇框架结构，建筑面积为 4200 平方米。建筑总长为 39.20 米，宽为 14.80 米，层高为 3.00 米，总高为 16.20 米。该工程项目采用钢筋混凝土条形基础，主体为现浇框架结构，围护墙由空心砖砌筑，室内底层地面为缸砖，标准层地面面层均为地板砖，内墙顶棚为中级抹灰，内墙面层为涂料，外墙镶贴面砖，屋面用柔性防水材料。

讨论：

1）网络计划技术在该项目中的应用程序有哪些？

2）施工劳动量应如何计算？

网络计划技术是一种科学的计划管理方法，它是随着现代科学技术和工业生产的发展而产生的。20 世纪 50 年代，为了适应科学研究和新的生产组织管理的需要，国外陆续出现了一些计划管理的新方法。1956 年，美国杜邦公司研究创立了网络计划技术的关键线路法（critical path method，CPM），试用于一个化学工程上，取得了良好的经济效果，并节约了大量的时间。1958 年，美国海军武器部在研制"北极星"导弹计划时，应用计划评审法（program evaluation and review technique，PERT）进行项目的计划安排、评价、审查和控制，获得了巨大成功。20 世纪 60 年代初期，网络计划技术在美国得到了推广，一切新建工程全面采用这种计划管理新方法，并开始传入日本和西欧部分国家。随着现代科学技术的迅猛发展、管理水平的不断提高，网络计划技术也在不断发展和完善。目前，它已被广泛应用于世界各国的工业、国防、建筑、运输和科研等领域，成为一种现代生产管理的科学方法。

4.1 网络计划技术概述

流水施工计划方法及其采用的横道图是我国建筑业多年来在编排施工计划时常用的方法和表达方式。它们在建筑工程施工的组织和计划安排方面，有许多作用和优点，至今仍然被各级计划人员和管理人员广泛使用。但是，横道图在表现内容上有局限性，它不能展示出各施工活动之间的内在联系和相互依赖的关系——逻辑关系。由于存在这方面的缺点，横道图并不是一种严格的科学的计划表达方式。随着生产技术的发展，传统的计划管理方法已不能满足要求。20世纪50年代中期，一种新型的计划方法——网络计划方法应运而生。1965年，著名数学家华罗庚把网络计划技术引入我国，结合我国实际情况，并根据"统筹兼顾、全面安排"的指导思想，将这种方法命名为"统筹法"。随后，这种方法在全国各行业（首先是建筑业）推广，获得了显著的成效。为了使网络计划技术在工程计划编制与控制的实际应用中遵循统一的技术规定，达到概念正确、计算原则一致和表达方式统一，以保证网络计划管理的科学性、规范性，住房和城乡建设部于1992年颁发了行业标准《工程网络计划技术规程》（JGJ/T 1001—1991）。随着科学技术的发展，住房和城乡建设部于2015年颁发了修订的行业标准《工程网络计划技术规程》（JGJ/T 121—2015），网络计划技术的应用程序、绘制规则、时间参数计算、优化、控制等均应满足该行业标准及相关规范的要求。

微课：网络计划技术

网络计划方法的核心是提供了一种描述计划任务中各项工作之间的逻辑关系（包括工艺关系和组织关系）的图解模型——网络图。利用这种图解模型和有关的计算方法，可以全面了解计划任务的全局，便于在施工过程中抓住重点，对工程进度做到心中有数。

用网络图表达任务构成、工作顺序并加注工作时间参数的进度计划称为网络计划。用网络计划对工程任务的工作进度进行安排和控制，以保证实现预定目标的计划管理技术称为网络计划技术。

4.1.1　网络计划技术的概念

网络图是由箭线和节点组成，用来表示工作流程的有向、有序的网状图形。一个网络图表示一项计划任务。网络图中的工作是计划任务按需要粗细程度划分而成的、消耗时间或同时消耗资源的一个子项或子任务。工作可以是单位工程，也可以是分部工程、分项工程；一个施工过程也可以作为一项工作。在一般情况下，完成一项工作既需要消耗时间，也需要消耗劳动力、原材料、施工机具等资源。但也有一些工作只消耗时间而不消耗资源，如混凝土浇筑后的养护过程和墙面抹灰后的干燥过程等。

网络图有双代号网络图和单代号网络图两种。

1. 双代号网络图

双代号网络图（activity-on-arrow network diagram）又称箭线式网络图，它是以箭线及其两端节点的编号表示工作的网络图，节点表示工作的开始或结束，箭线表示工作之间的连接状态。双代号网络图用两个节点、一个箭线代表一项工作，工作名称写在箭线上面，工作持续时间写在箭线下面，在箭线前后的衔接处画上节点，编上号码，并以节点编码 i-j 代表一项工作名称，如图 4-1 所示。

图 4-1　双代号网络图表示方法

双代号网络图是将所有施工过程根据施工顺序和相互关系，用双代号表示法从左到右绘制的图形。

2. 单代号网络图

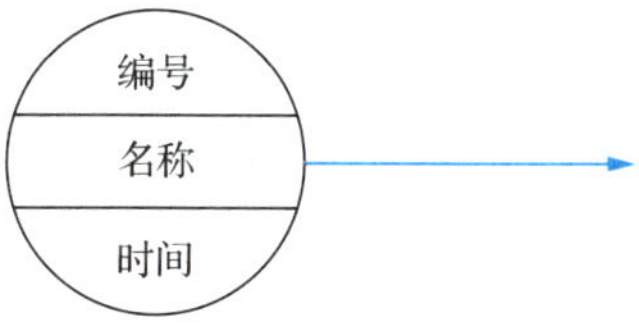

单代号网络图（activity-on-note network diagram）又称节点式网络图，它是以节点及其编号表示工作，以箭线表示工作之间的逻辑关系的网络图。单代号网络图中的每个节点表示一项工作，节点所表示工作的编号、名称、时间等标注在节点内，如图 4-2 所示。

图 4-2　单代号网络图表示方法

4.1.2　网络计划技术的分类

网络计划的种类有很多，可以从不同的角度进行分类，具体分类如下。

1. 按网络计划目标分类

按网络计划目标，网络计划可分为单目标网络计划和多目标网络计划。

（1）单目标网络计划

只有一个终点节点的网络计划称为单目标网络计划（single-destination network），即网络计划只有一个工期目标，如图 4-3 所示。一个建筑物的网络施工进度计划大多只具有一个工期目标。

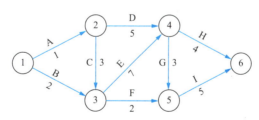

图 4-3　单目标网络计划

（2）多目标网络计划

由若干独立的最终目标与其相互有关工作组成的网络计划称为多目标网络计划（multi-destination network），如图 4-4 所示。

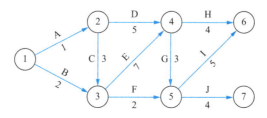

图 4-4　多目标网络计划

2. 按网络计划时间表达方式分类

按网络计划时间表达方式，网络计划可分为时标网络计划和非时标网络计划。

（1）时标网络计划

工作的持续时间以时间坐标为尺度绘制的网络计划称为时标网络计划（time-coordinate network），箭线在时间坐标的水平投影长度可直接反映施工过程的持续时间，如图 4-5 所示。

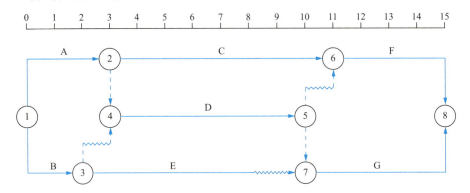

图 4-5　时标网络计划

（2）非时标网络计划

工作的持续时间以数字形式标注在箭线下面绘制的网络计划称为非时标网络计划（nontime-coordinate network），箭线的长度与时间无关，可按需绘制，如图 4-3 所示。普通双代号和单代号网络计划都是非时标网络计划。

3. 按网络计划层次分类

按网络计划层次，网络计划可分为局部网络计划、单位工程网络计划和综合网络计划。

（1）局部网络计划

以一个分部工程或施工段为对象编制的网络计划称为局部网络计划。

（2）单位工程网络计划

以一个单位工程为对象编制的网络计划称为单位工程网络计划。

（3）综合网络计划

以一个建筑项目或建筑群为对象编制的网络计划称为综合网络计划。

4. 按网络计划性质和作用分类

按网络计划性质和作用，网络计划可分为实施性网络计划和控制性网络计划。

（1）实施性网络计划

实施性网络计划是指以分部（分项）工程为对象，以分部（分项）工程在一个施工段上的施工任务为工作内容编制而成的局部网络计划，或是由多个局部网络计划综合搭接而成的单位工程网络计划，或是直接以分部（分项）工程为工作内容编制而成的单位工程网络计划。它的工作内容划分较为详细、具体，是用来指导施工的计划形式。

（2）控制性网络计划

控制性网络计划是指以控制各分部工程、各单位工程或整个建设项目的工期为主要目标编制而成的综合网络计划或单位工程网络计划。它是上级管理机构指导工作、检查与控制施工进度计划的依据，也是编制实施性网络计划的依据。

4.1.3　网络计划技术的基本内容

1. 网络图

网络图（network diagram）是指网络计划技术的图解模型。网络图的绘制是网络计划技术的基础工作。

2. 时间参数

在完成整个工程任务的过程中，需要借助时间参数（time parameters）反映人、事、物的运动状态，包括各项工作的作业时间、开工与完工的时间、工作之间的衔接时间、完成任务的机动时间及工期等。

通过计算网络图中的时间参数，求出工程工期并找出关键路径和关键工作。关键工作完成的快慢直接影响整个计划的工期。在计划执行过程中，关键工作是管理的重点。

3. 网络优化

网络优化（network optimization）是指根据关键线路，利用时差不断改善网络计划的初始方案，在一定的约束条件下，寻求管理目标达到最优的计划方案的过程。网络优化是网络计划技术的主要内容之一，也是较其他计划方法优越的主要方面。

4. 实施控制

计划方案是具有计划性的指导文件。实施控制（implementation control）是指在计划执行过程中往往由于种种因素的影响，需要对原有网络计划进行有效的监督与控制，并不断地进行调整、完善，保证人力、物力和财力的合理使用，以最小的消耗取得最大的经济效果。

4.1.4　网络计划技术的基本原理

网络计划是以网络图来表达工程进度的计划，在网络图中可确切地标明各项工作的相互联系和制约关系。网络计划技术的基本原理如下。

1）将一项工程的全部建造过程分解成若干施工过程，按照各项工作的开展顺序和相互制约、相互依赖的关系（逻辑关系），将其绘制成网络图。也就是说，各施工过程之间的逻辑关系能在网络图中按生产工艺严密地表达出来。

2）通过网络计划时间参数的计算，找出关键工作及关键线路。知道了关键工作和关键线路，也就知道了工程施工中的重点施工过程，便于管理人员集中精力抓住施工中的主要矛盾，确保工程按期竣工，避免盲目抢工。

3）利用优化原理，不断改进网络计划的初始方案，并寻求最优方案。例如，工期最短；各种资源最均衡；在某种有限制的资源条件下，编出最优的网络计划；在工期不同的网络计划中，选择工程成本最低的网络计划；等等。这些均属于网络计划的优化。

4）在网络计划的执行过程中，通过信息反馈进行有效的监督和控制，合理地安排各项资源，力求以最少的资源消耗，获取最佳的经济效益和社会效益。也就是说，在工程实施中，可根据实际情况和客观条件的不断变化，随时调整网络计划，使计划永远处于最切合实际的最佳状态。总之，就是要保证该工程以最小的消耗取得最大的经济效益。

4.1.5 横道计划与网络计划的特点

某钢筋混凝土框架结构建筑的钢筋混凝土工程由支设模板、绑扎钢筋和浇筑混凝土 3 个施工过程组成，按照横道计划与网络计划编制进度计划安排，如图 4-6 和图 4-7 所示。通过图形比较，试分析两种计划方法的优缺点。

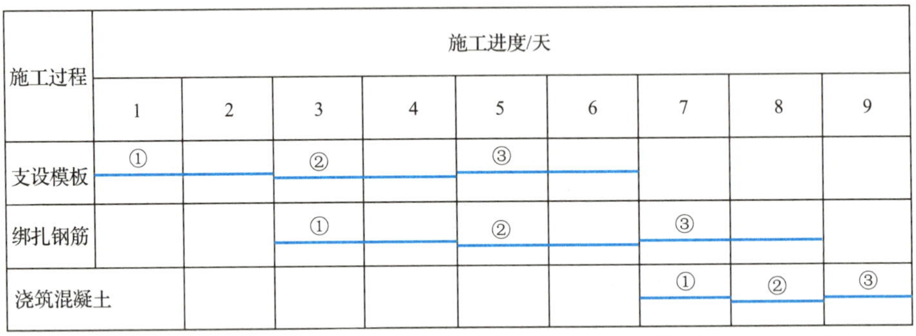

施工过程	施工进度/天								
	1	2	3	4	5	6	7	8	9
支设模板	①		②		③				
绑扎钢筋			①		②		③		
浇筑混凝土							①	②	③

图 4-6　某钢筋混凝土工程横道计划进度图

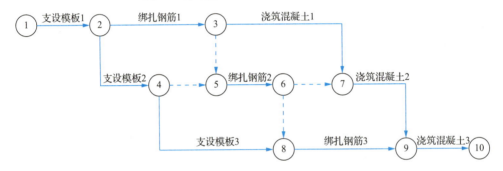

图 4-7　某钢筋混凝土工程网络计划进度图

1. 横道计划的优缺点

（1）横道计划的优点

1）编制容易、简单、明了、直观、易懂。

2）因为有时间坐标，所以各项工作的施工起止时间、作业持续时间、工作进度、总工期及流水作业的情况等都表示得清楚明确、一目了然。

3）对人力和资源的计算便于据图叠加。

（2）横道计划的缺点

1）不能明确地反映出各项工作之间错综复杂的逻辑关系。

2）不便于各工作提前或拖延的影响分析及动态控制。

3）不能明确地反映出影响工期的关键工作和关键线路。

4）不便于管理人员抓住主要矛盾。

5）不能反映出非关键工作所具有的机动时间，看不到计划的潜力所在。

6）不便于计算机计算，更不能对计划进行科学的调整及优化。

2. 网络计划的优缺点

（1）网络计划的优点

1）能全面而明确地反映出各项工作开展的先后顺序和它们之间相互制约、相互依赖的关系。

2）可以进行各种时间参数的计算。

3）能在工作繁多、错综复杂的计划中找出影响工程进度的关键工作和关键线路，便于管理人员抓住主要矛盾，集中精力确保工期，避免盲目施工。

4）能够从许多可行方案中选出最优方案。

5）保证自始至终对计划进行有效的控制与监督。

6）利用网络计划中反映出的各项工作的时间储备，可以更好地调配人力、物力，以达到降低成本的目的。

7）可以利用计算机进行计算、优化、调整和管理。

（2）网络计划的缺点

1）表达计划不直观，不易看懂。

2）不能反映出流水施工的特点。

3）不易显示资源平衡情况。

4）在计算劳动力、资源消耗量时，与横道图相比较为困难。

4.1.6　网络计划技术的时间参数

1. 网络计划技术时间参数的计算目的

1）确定完成整个计划的总工期，各项工作的最早开始时间和最早完成时间。

2）确定各项工作的最迟开始时间和最迟完成时间，各项工作的各种机动时间与计划中的关键工作及关键线路。

3）它是绘制时标网络计划图的基础。网络图只有经过时间参数计算后，才可绘制时标网络计划图，以便为网络计划的下达、执行提供依据。

4）它是网络计划调整与优化的前提条件。若计算时间参数后发现工期超出合同工期、工程费用消耗过高、资源供应明显不均衡等，必须对原网络计划图进行必要的调整与优化，以达到既定的计划管理目标。

2. 网络计划技术时间参数的相关概念

（1）工作持续时间

工作持续时间（duration）是指一项工作从开始到完成的时间，用 $D_{i\text{-}j}$ 表示（$i\text{-}j$ 为本工作节点代号）。工作持续时间的计算主要有公式计算法、三时估计法等。

（2）工期

工期（time）是指完成一项任务所需要的时间。在网络计划中，工期一般有以下 3 种。

1）计算工期（calculated project duration）：根据网络计划时间参数计算而得到的工期，即关键线路各工作持续时间之和，用 T_c 表示。

2）要求工期（required project duration）：根据上级主管部门或建设单位的要求而定的工期，用符号 T_r 表示。

3）计划工期（planed project duration）：根据要求工期和计算工期综合考虑需要及可能而确定的作为实施目标的工期，用 T_p 表示。

① 当规定了要求工期时，计划工期不应超过要求工期，即

$$T_p \leqslant T_r \tag{4-1}$$

② 当未规定要求工期时，可令计划工期等于计算工期，即

$$T_\text{p}=T_\text{c} \tag{4-2}$$

（3）工作的时间参数

1）最早开始时间（early start time）：所有紧前工作全部完成后，本工作有可能开始的最早时刻。工作 $i\text{-}j$ 的最早开始时间用 $\text{ES}_{i\text{-}j}$ 表示。

2）最早完成时间（early finish time）：所有紧前工作全部完成后，本工作有可能完成的最早时刻。工作 $i\text{-}j$ 的最早完成时间用 $\text{EF}_{i\text{-}j}$ 表示。

3）最迟开始时间（late start time）：在不影响整个任务按期完成的前提下，本工作最迟必须开始的时刻。工作 $i\text{-}j$ 的最迟开始时间用 $\text{LS}_{i\text{-}j}$ 表示。

4）最迟完成时间（late finish time）：在不影响整个任务按期完成的前提下，本工作最迟必须完成的时刻。工作 $i\text{-}j$ 的最迟完成时间用 $\text{LF}_{i\text{-}j}$ 表示。

工作 $i\text{-}j$ 的工作范围如图4-8所示，反映了最早和最迟时间参数。

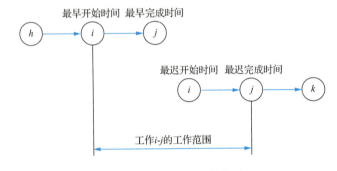

图4-8　工作 $i\text{-}j$ 的工作范围

5）总时差（total float）：在不影响总工期的前提下，一项工作可以利用的机动时间，用 $\text{TF}_{i\text{-}j}$ 表示。总时差计算示意图如图4-9所示。在不影响总工期的前提下，工作 $i\text{-}j$ 可以利用的时间范围是从本工作的最早开始时间到最迟完成时间，即本工作从最早开始时间或最迟开始时间开始，均不会影响总工期。工作 $i\text{-}j$ 实际需要的持续时间是 $D_{i\text{-}j}$，扣去 $D_{i\text{-}j}$ 后，余下的一段时间就是本工作可以利用的机动时间，即总时差。

6）自由时差（free float）：在不影响其紧后工作最早开始时间的前提下，一项工作可以利用的机动时间，用 $\text{FF}_{i\text{-}j}$ 表示。自由时差计算示意图如图4-10所示。在不影响其紧后工作最早开始时间的前提下，工作 $i\text{-}j$ 可以利用的时间范围是从本工作的最早开始时间至其紧后工作的最早开始时间。工作 $i\text{-}j$ 实际需要的持续时间是 $D_{i\text{-}j}$，扣去 $D_{i\text{-}j}$ 后，余下的一段时间就是本工作可以利用的机动时间，即自由时差。

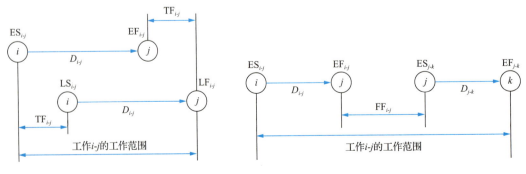

图4-9　总时差计算示意图　　　　　图4-10　自由时差计算示意图

（4）节点的时间参数

网络计划中节点的时间参数有节点最早时间和节点最迟时间。

1）节点最早时间（early event time）：在双代号网络中，以该节点为开始节点的各项工作的最早开始时间，用 ET 表示。

2）节点最迟时间（late event time）：在双代号网络中，以该节点为完成节点的各项工作的最迟完成时间，用 LT 表示。

1）一般规定网络计划起点节点最早时间为 0，即 $ET_i = 0$（$i=1$）。

2）当有规定工期时，网络计划终点节点最迟时间为 $LT_n = T_r$，或等于合同工期；当无规定工期时，网络计划终点节点最迟时间就等于终点节点最早时间，即 $LT_n = ET_n$。

（5）相邻两项工作之间的时间间隔

相邻两项工作之间的时间间隔是指本工作的最早完成时间与其紧后工作最早开始时间之间可能存在的差值。工作 i 与工作 j 之间的时间间隔用 LAG_{i-j} 表示。

4.2 双代号网络图及双代号网络计划

4.2.1　双代号网络图的构成

双代号网络图由箭线（arrow）、节点（node）和线路（path）3 个要素构成。

微课：双代号网络计划
技术绘制与计算 1

1．箭线

（1）箭线表达的内容

1）一条实箭线表示一项工作（又称工序）或一个施工过程。箭线表示的工作可大可小，每项工作所包含的内容根据计划编制要求的粗细、深浅不同而定。工作可以是一个简单的操作步骤、一道手续，如模板清理；也可以是一个施工过程或分项工程，如支设模板、绑扎钢筋、浇筑混凝土；还可以是一个分部工程或单位工程的施工。在流水施工中习惯称之为施工过程，在网络计划中一般称之为工作。

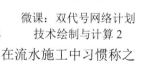

微课：双代号网络计划
技术绘制与计算 2

2）在一般情况下，一条实箭线表示的工作要消耗一定的时间和资源（如砌砖墙、绑扎钢筋、浇筑混凝土等）。有时，也存在只消耗时间不消耗资源的工作（如混凝土养护、砂浆找平层干燥等）。

3）箭线的方向表示工作的进行方向和前进路线，箭尾表示工作的开始，箭头表示工作的结束。

4）箭线的长短一般与工作的持续时间无关（时标网络计划除外）。画图时，箭线可以

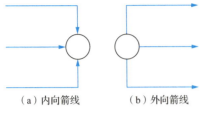

（a）内向箭线　　（b）外向箭线

图 4-11　内向箭线和外向箭线

画成直线、折线或斜线，但不得中断，尽可能以水平直线为主且符合绘制规则。

5）内向箭线和外向箭线，如图 4-11 所示。指向某个节点的箭线称为该节点的内向箭线；从某节点引出的箭线称为该节点的外向箭线。

（2）用箭线表示不同的工作

1）实工作（activity）。在双代号网络计划中，既消耗时间又消耗资源（如挖土方等）的工作称为实工作，用实箭线表示。

2）虚工作（dummy activity）。在双代号网络计划中，为了正确地表示前后相邻工作之间的逻辑关系，往往需要应用既不占用时间，又不消耗资源的虚拟工作，即虚工作，用虚箭线来表示。虚工作是实际工作中并不存在的一项虚拟工作，一般在工作之间起着联系、区分和断路的作用。

① 联系作用。联系作用指运用虚箭线正确表达工作之间相互依存的关系。例如，A、B、C、D 4 项工作之间的相互关系：A 完成后进行 C，A、B 均完成后进行 D。虚工作的联系作用如图 4-12 所示，在图中必须用虚箭线把 A 和 D 连接起来。

② 区分作用。区分作用指双代号网络图中每项工作都必须用一条箭线和两个代号表示，若有两项工作同时开始，又同时完成，则绘图时只有使用虚箭线才能对两项工作进行区分。虚工作的区分作用如图 4-13 所示。

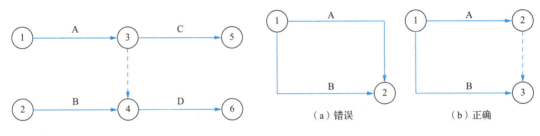

图 4-12　虚工作的联系作用　　　　　图 4-13　虚工作的区分作用

③ 断路作用。断路作用指用虚箭线把没有关系的工作隔开。例如，某钢筋混凝土工程由支设模板、绑扎钢筋和浇筑混凝土 3 个施工过程组成，该网络计划中出现了绑扎钢筋 1 与支设模板 3、浇筑混凝土 1 与绑扎钢筋 3 两处逻辑关系的错误，把并无联系的工作联系在一起，即出现了多余联系的错误。虚工作的断路作用（逻辑关系错误）如图 4-14 所示。

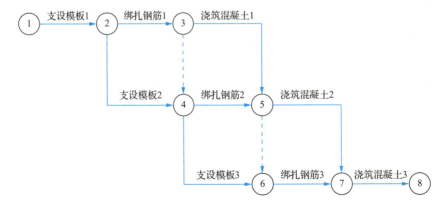

图 4-14　虚工作的断路作用（逻辑关系错误）

为了正确表达工作之间的逻辑关系，在出现逻辑错误的节点之间增设两条虚箭线，以切断绑扎钢筋 1 与支设模板 3、浇筑混凝土 1 与绑扎钢筋 3 之间的联系。虚工作的断路作用（逻辑关系正确）如图 4-15 所示。

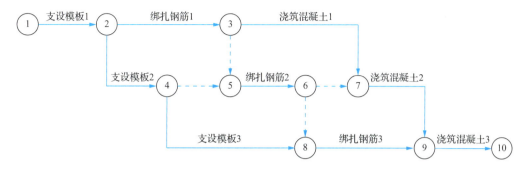

图 4-15　虚工作的断路作用（逻辑关系正确）

　　虚工作并不是可有可无的，应用时要恰如其分，不能滥用，以必不可少为限；另外，增加虚工作后应进行全面检查，不可顾此失彼。

　　注意，不是所有的网络图都必须包含虚工作。

（3）用箭线表示工作的逻辑关系

工作之间相互制约或依赖的关系称为逻辑关系。工作中的逻辑关系包括工艺关系和组织关系。

1）工艺关系。生产性工作之间由工艺过程决定的、非生产性工作之间由工作程序决定的先后顺序关系称为工艺关系。在图 4-15 中，支设模板 1→绑扎钢筋 1→浇筑混凝土 1 为工艺关系。

2）组织关系。工作之间因组织安排需要或资源（劳动力、原材料、施工机具等）调配需要而规定的先后顺序关系称为组织关系。在图 4-15 中，支设模板 1→支设模板 2、绑扎钢筋 1→绑扎钢筋 2 等为组织关系。

（4）用箭线表示工作的先后关系

1）紧前工作（predecessor activity）。在网络图中，相对于某工作而言，紧排在本工作之前的工作称为本工作的紧前工作。

2）紧后工作（successor activity）。在网络图中，相对于某工作而言，紧排在本工作之后的工作称为本工作的紧后工作。

3）平行工作（concurrent activity）。在网络图中，相对于某工作而言，可以与本工作同时进行的工作称为本工作的平行工作。

4）先行工作（preceding activity）。自起点节点至本工作之前各条线路上的所有工作称为本工作的先行工作。

5）后续工作（succeeding activity）。自本工作之后至终点节点各条线路上的所有工作称为本工作的后续工作。

6）起始工作（start activity）。没有紧前工作的工作称为起始工作。

7）结束工作（end activity）。没有紧后工作的工作称为结束工作。

在图 4-16 中，*i-k* 工作为本工作，*h-i* 工作为 *i-k* 工作的紧前工作，*k-l* 工作为 *i-k* 工作的紧后工作，*i-j* 工作为 *i-k* 工作的平行工作，*i-j* 工作之前的所有工作为 *i-k* 工作的先行工作，*i-j* 工作之后的所有工作为 *i-k* 工作的后续工作。

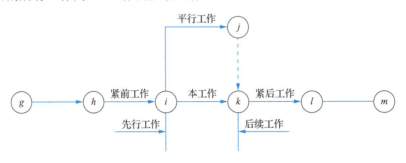

图 4-16　工作的先后关系

小贴士

紧前工作是先行工作，但先行工作不一定是紧前工作；紧后工作是后续工作，但后续工作不一定是紧后工作。

2. 节点

在网络图中，节点用圆圈或其他形状的封闭图形画出，表示工作或任务的开始或结束，具有承上启下的衔接作用，不消耗时间与资源。

微课：双代号网络计划
技术绘制与计算 3

（1）节点的分类

根据位置的不同，节点可分为起点节点、终点节点和中间节点。

1）起点节点（start node）。网络图中的第一个节点称为起点节点，它意味着一项工程或任务的开始。

2）终点节点（end node）。网络图中的最后一个节点称为终点节点，它意味着一项工程或任务的完成。

3）中间节点（intermediate node）。中间节点包括箭尾节点和箭头节点，它们是相对于一项工作（不是任务）而言的。若节点位于箭线的箭尾，则为箭尾节点；若节点位于箭线的箭头，则为箭头节点。箭尾节点表示本项工作的开始、紧前工作的完成，箭头节点表示本项工作的完成、紧后工作的开始。

（2）节点的编号

为了使网络图便于检查和计算，所有节点都应统一编号。节点编号的要求和原则：从左到右，由小到大，箭尾节点编号小于箭头节点编号，即 $i<j$；在节点编号过程中，编号可以不连续，但不能出现重复编号。

节点的编号方法主要有水平编号法和垂直编号法两种，如图 4-17 所示。

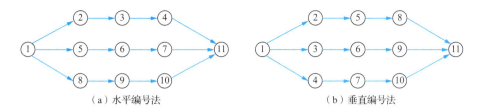

图 4-17　节点的编号方法

3. 线路

（1）线路概述

在网络图中，从起点节点开始，沿箭头方向顺序通过一系列箭线与节点，最后到达终点节点的通路，称为线路。对于一个网络图而言，线路的数目是确定的。每条线路都有自己确定的完成时间，它等于该线路上各项工作持续时间的总和，称为线路时间。

微课：双代号网络计划技术绘制与计算 4

在图 4-18 中，双代号网络图中共有 5 条线路，每条线路都包含若干工作，持续时间不同，如表 4-1 所示。

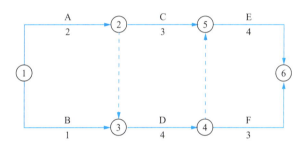

图 4-18　某双代号网络计划

表 4-1　网络图线路

序号	线路	持续时间/天
1	①→②→⑤→⑥（非关键线路）	9
2	①→②→③→④→⑤→⑥（关键线路）	10
3	①→②→③→④→⑥（非关键线路）	9
4	①→③→④→⑥（非关键线路）	8
5	①→③→④→⑤→⑥（非关键线路）	9

（2）关键线路和非关键线路

根据每条线路的持续时间长短，可将网络图中的线路分为关键线路和非关键线路两种。

线路上总的工作持续时间最长的线路称为关键线路。关键线路一般用粗箭线或双线箭线标出，也可以用彩色箭线标出。在计划执行过程中，关键线路会发生转移。例如，将图 4-18 中工作 B 的持续时间改为 2 天，则网络图中的关键线路有两条，分别是①→②→③→④→⑤→⑥（10 天）和①→③→④→⑤→⑥（10 天）。

除关键线路外，其余线路为非关键线路。

关键线路和非关键线路的性质如下。

1）关键线路的性质：①关键线路的持续时间代表整个网络计划的计划总工期；②关键

线路上的工作都称为关键工作；③关键线路没有时间储备，关键工作也没有时间储备；④在网络图中，关键线路至少有一条；⑤若管理人员采取某些技术组织措施缩短关键工作的持续时间，就可能使关键线路转变为非关键线路。

2）非关键线路的性质：①非关键线路的持续时间只代表该条线路的计划工期；②非关键线路上的工作，除关键工作外，都称为非关键工作；③非关键线路有时间储备，非关键工作也有时间储备；④在网络图中，除关键线路外，其余的都是非关键线路；⑤若管理人员因工作疏忽而拖长了某些非关键工作的持续时间，就可能使非关键线路转变为关键线路。

（3）关键工作和非关键工作

位于关键线路上的工作称为关键工作，在图 4-18 中关键工作为 A、D、E；不是关键工作的就是非关键工作，在图 4-18 中非关键工作为 B、C、F。

在工程网络计划实施过程中，关键工作的实际进度提前或拖后，均会对总工期产生影响。因此，关键工作的实际进度是建设工程进度控制的工作重点。在网络计划中，关键工作的比重不宜过大，网络计划越复杂、工作节点越多，则关键工作的比重应该越小，这样有利于抓住主要矛盾。

非关键线路都有若干机动时间（即时差），它意味着工作完成日期允许适当变动而不影响工期。时差的意义在于可以使非关键工作在允许范围内放慢施工进度，将部分人、财、物转移到关键工作上去，以加快关键工作的进程；或者在时差允许范围内改变工作开始和结束时间，以达到均衡施工的目的。

小贴士

关键线路上的工作一定是关键工作，一定不是非关键工作；非关键线路上至少有一个工作是非关键工作，可能有关键工作，也可能没有关键工作。

4.2.2 双代号网络图的绘制

1. 常见逻辑关系及正确表达

工作间逻辑关系的表示方法如表 4-2 所示。

微课：双代号网络计划
技术绘制与计算 5

表 4-2　工作间逻辑关系的表示方法

序号	工作间的逻辑关系	网络图中的表示方法
1	A、B、C 依次进行	○ —A→ ○ —B→ ○ —C→ ○
2	A、B、C 同时开始	○ ⟶ A ○ / B ○ / C ○

序号	工作间的逻辑关系	网络图中的表示方法
3	A、B、C 同时结束	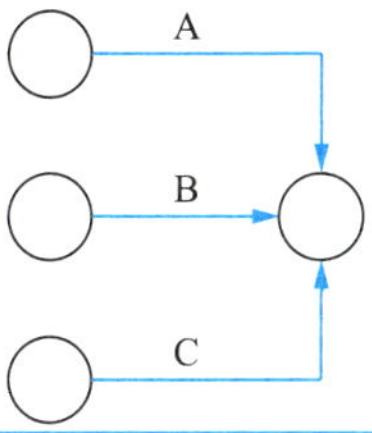
4	A 完成后进行 B 和 C	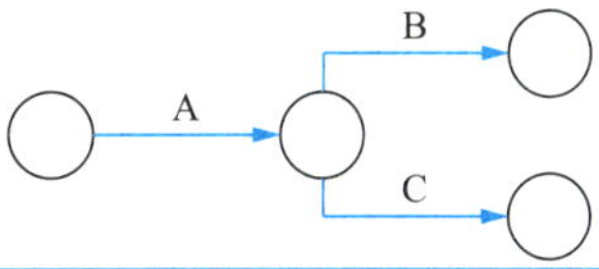
5	A 和 B 完成后进行 C	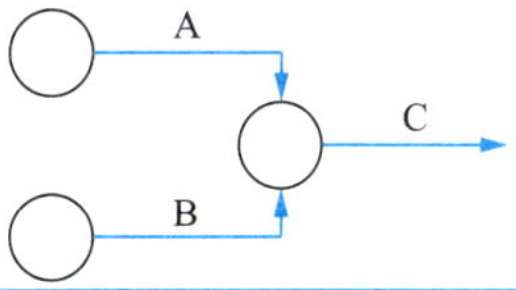
6	A 和 B 完成后进行 C 和 D	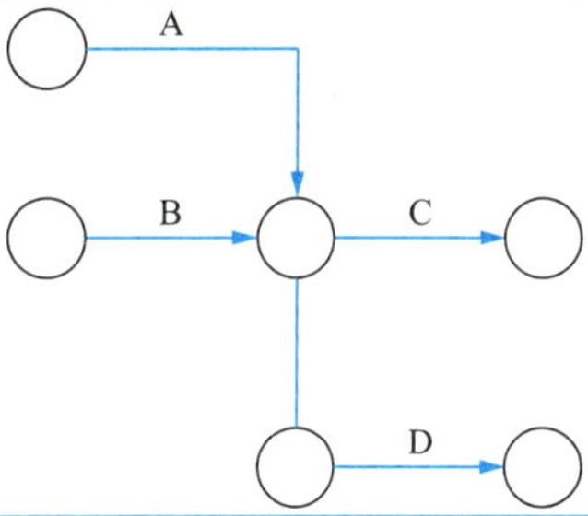
7	A 完成后进行 B 和 C，B 和 C 完成后进行 D	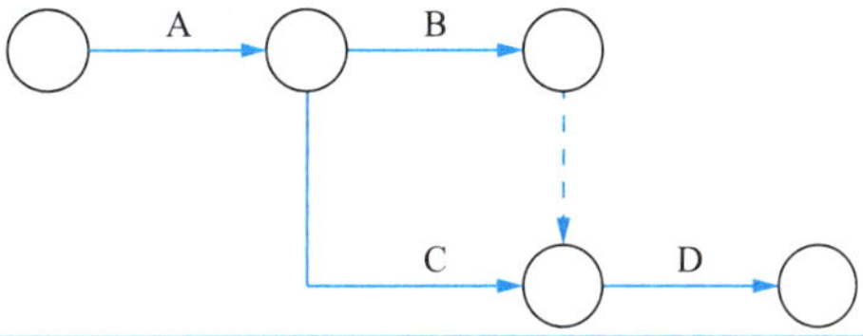
8	A 完成后进行 C，A 和 B 完成后进行 D	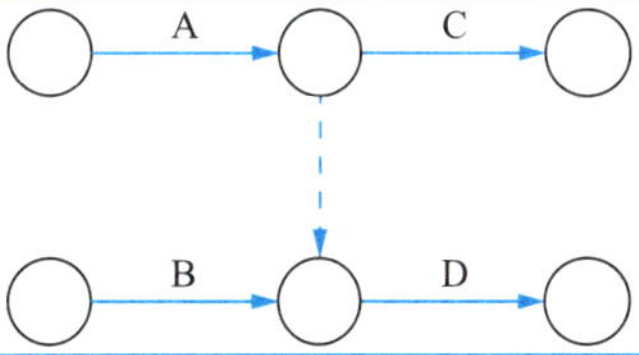
9	A 和 B 完成后进行 C，B 和 D 完成后进行 E	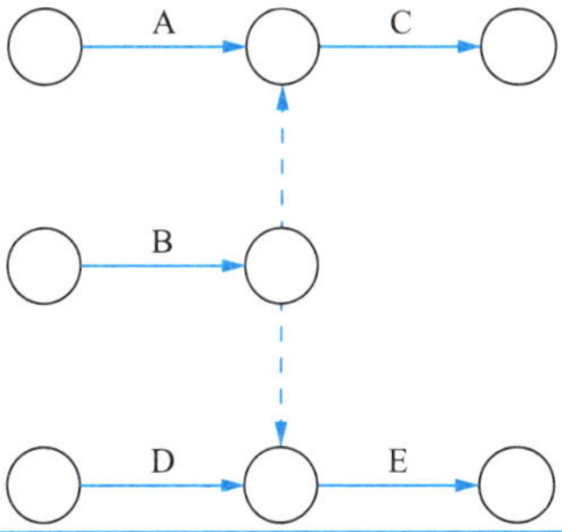

续表

序号	工作间的逻辑关系	网络图中的表示方法
10	A 完成后进行 C，B 完成后进行 D，A 和 B 完成后进行 E	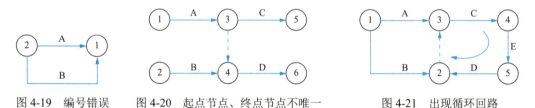
11	A 和 B 分成 3 段进行流水施工	

2. 绘制规则

在绘制双代号网络图过程中，除正确反映和表达工作间的逻辑关系外（可参考表 4-2），还必须遵守以下绘制规则。

1）在同一双代号网络图中，工作或节点的字母代号或数字不允许重复，箭尾的节点编号小于箭头的节点编号。编号错误如图 4-19 所示。

2）在同一双代号网络图中，只允许有一个起点节点和一个终点节点。起点节点、终点节点不唯一如图 4-20 所示。

3）在双代号网络图中，不允许出现循环回路。出现循环回路如图 4-21 所示。

图 4-19　编号错误　　图 4-20　起点节点、终点节点不唯一　　图 4-21　出现循环回路

4）双代号网络图的主方向是从起点节点到终点节点的方向，绘制时应尽量做到横平竖直。

5）严禁出现无箭头和双向箭头的连线。无箭头和双向箭头如图 4-22 所示。

（a）无箭头　　　　　　（b）双向箭头

图 4-22　无箭头和双向箭头

6）代表工作的箭线，其首尾必须有节点。少节点如图 4-23 所示。

（a）少节点1　　　　　　（b）少节点2

图 4-23　少节点

7）绘制双代号网络图时，应尽量避免箭线交叉。避免箭线交叉时可采用过桥法或指向法，如图 4-24 和图 4-25 所示。

图 4-24　过桥法　　　　　　　　　　图 4-25　指向法

8）当某一节点与多条（4 条或以上）内向箭线或外向箭线相连时，应采用母线法绘制。母线法如图 4-26 所示。

9）双代号网络图中不应出现不必要的虚箭线。有多余虚箭线如图 4-27 所示。

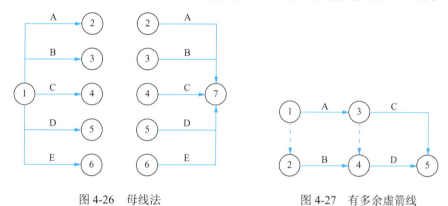

图 4-26　母线法　　　　　　　　图 4-27　有多余虚箭线

3. 虚箭线的判定

在图 4-28 中，若 A、B 两项工作的紧后工作中既有相同的又有不同的，则 A、B 之间必须用虚箭线连接。虚箭线条数的确定方法如下。

1）当只有一方有区别于对方的紧后工作时，用 1 条虚箭线。

2）当双方均有区别于对方的紧后工作时，用 2 条虚箭线。

若有 n 项工作同时开始、同时结束（即平行工作），则这 n 项工作之间必须用 $n-1$ 条虚箭线连接。4 项工作的虚箭线连接如图 4-29 所示。

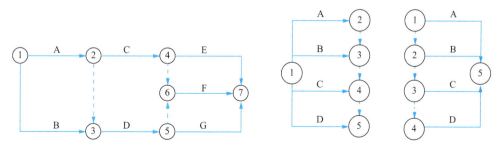

图 4-28　虚箭线连接　　　　　　　图 4-29　4 项工作的虚箭线连接

4．绘制步骤和要求

（1）绘制步骤

当已知每项工作的紧前工作时，可按下述步骤绘制双代号网络图。

1）绘制双代号网络图前，应先收集、整理有关资料，如划分施工过程或施工段等。

2）绘制没有紧前工作的工作箭线，使它们具有相同的开始节点，以保证双代号网络图只有一个起点节点。

① 当所要绘制的工作只有一项紧前工作时，将该工作箭线直接画在其紧前工作箭线之后即可。

② 当所要绘制的工作有多项紧前工作时，应按以下 4 种情况分别予以考虑。

a. 对于所要绘制的工作（本工作）而言，如果在其紧前工作之中存在一项只作为本工作紧前工作的工作（即在紧前工作栏目中，该紧前工作只出现一次），则应将本工作箭线直接画在该紧前工作箭线之后，然后用虚箭线将其他紧前工作箭线的箭头节点与本工作箭线的箭尾节点分别相连，以表达它们之间的逻辑关系。

b. 对于所要绘制的工作（本工作）而言，如果在其紧前工作之中存在多项只作为本工作紧前工作的工作，则应先将这些紧前工作箭线的箭头节点合并，再从合并后的节点开始画出本工作箭线，最后用虚箭线将其他紧前工作箭线的箭头节点与本工作箭线的箭尾节点分别相连，以表达它们之间的逻辑关系。

c. 对于所要绘制的工作（本工作）而言，如果不存在 a、b 两种情况，则应判断本工作的所有紧前工作是否都同时作为其他工作的紧前工作（即在紧前工作栏目中，这几项紧前工作是否均同时出现若干次）。如果确实如此，则应先将这些紧前工作箭线的箭头节点合并，再从合并后的节点开始画出本工作箭线。

d. 对于所要绘制的工作（本工作）而言，如果 a、b、c 3 种情况均不存在，则应将本工作箭线单独画在其紧前工作箭线之后的中部，然后用虚箭线将其各紧前工作箭线的箭头节点与本工作箭线的箭尾节点分别相连，以表达它们之间的逻辑关系。

3）依次绘制其他工作箭线，这些工作箭线的绘制条件是其紧前工作箭线都已经被绘制出来。

4）当各工作箭线都被绘制出来之后，应合并那些没有紧后工作的工作箭线的箭头节点，以保证双代号网络图只有一个终点节点（多目标网络计划除外）。

5）检查双代号网络图的绘制是否符合绘图规则，各工作之间的逻辑关系是否正确。整理、完善双代号网络图，使其条理清楚、层次分明。

6）按照各项工作的逻辑顺序将双代号网络图绘好以后，进行节点编号。编号的目的是赋予每项工作一个代号，以便进行双代号网络图时间参数的计算。当采用计算机进行计算时，工作代号就显得尤为必要。

（2）绘制要求

1）双代号网络图中的箭线应以水平线为主，以竖线和斜线为辅，避免出现曲线。

2）在双代号网络图中，箭线方向应保持自左向右，尽量避免"反向箭线"。

3）在双代号网络图中，应正确应用虚箭线，力求减少不必要的虚箭线。

5．工程施工网络计划的排列方法

为使网络计划能更准确地反映建筑工程施工特点，绘图时可根据不同的工程情况、施工组织和使用要求灵活排列，以简化层次，使各项工作在工艺上和组织上的逻辑关系更清晰，便于计算和调整。工程施工网络计划主要有以下几种排列方法。

（1）按施工过程排列法

按施工过程排列法也称按工种排列法，是根据施工顺序把各施工过程按垂直方向排列，施工段按水平方向排列，将同一工种的各项工作排列在同一水平方向上的方法，如图 4-30 所示。此时网络计划突出表示施工过程（工种）的连续作业。

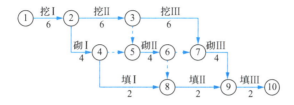

图 4-30　按施工过程排列法示意图

（2）按施工段排列法

按施工段排列法是将同一施工段的各项工作排列在同一水平线上的方法，施工段按垂直方向排列，如图 4-31 所示。该方法将同一施工段的工作放在同一水平线上，反映出分段施工的特征。此时网络计划突出表示工作面的连续或专业工作队的连续。

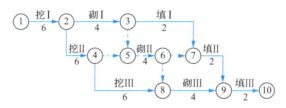

图 4-31　按施工段排列法示意图

（3）按施工层排列法

按施工层排列法是将楼层按垂直方向排列的方法。如果在流水作业中若干不同施工过程（工种）沿着建筑物的楼层展开，就可以把同一楼层的各项工作排在同一水平线上。在图 4-32 中，内装修工程的 3 项工作按施工层（以楼层为施工层）自上而下的流向进行施工。

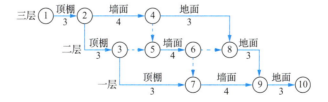

图 4-32　按施工层排列法示意图

（4）混合排列法

混合排列法是对于简单的双代号网络图，根据施工顺序和逻辑关系将各施工过程对称排列的方法，如图 4-33 所示。使用该方法绘制出的双代号网络图比较美观、形象、大方。

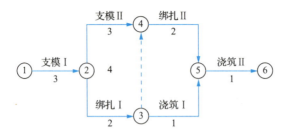

图 4-33　混合排列法示意图

【例 4-1】 已知某工程各项工作之间的逻辑关系如表 4-3 所示，试绘制双代号网络图并找出关键线路和关键工作。

表 4-3　某工程各项工作之间的逻辑关系

工作	A	B	C	D	E	F	G	H
紧前工作	—	A	B	B	B	C、D	D、E	F、G
持续时间/天	3	6	5	4	3	3	2	1

解析：

1）找出无紧前工作的起始工作和无紧后工作的结束工作。由表 4-3 分析可知，工作 A 是起始工作，工作 H 是结束工作。

2）找出工作中一一对应的逻辑关系，分析隐含的对应关系。各项工作之间的逻辑关系对应如表 4-4 所示，将工作的紧前工作或紧后工作的逻辑关系对应起来，其中 D 是 F 和 G 的共同部分。通过分析可以得出，F 的一一对应是 C，G 的一一对应是 E。

表 4-4　各项工作之间的逻辑关系对应

工作	A	B	C	D	E	F	G	H
紧前工作	—	A	B	B	B	C、D	D、E	F、G
持续时间/天	3	6	5	4	3	3	2	1

3）根据逻辑关系，分阶段绘出逻辑关系图。A 是起始工作，A 的紧后工作是 B，可以得出 A 与 B 的逻辑关系图，如图 4-34 所示。

图 4-34　双代号网络图绘制（步骤一）

C、D、E 有共同的紧前工作 B，因此可知 B 结束后，C、D、E 为同时进行的平行工作，如图 4-35 所示。

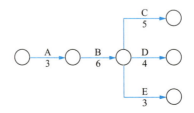

图 4-35　双代号网络图绘制（步骤二）

C 的紧后工作是 F，E 的紧后工作是 G，如图 4-36 所示。

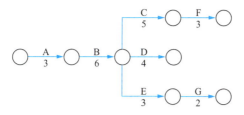

图 4-36　双代号网络图绘制（步骤三）

只有 C、D 结束后，F 才能开始；只有 D、E 结束后，G 才能开始。为了满足工作之间的逻辑关系，需要添加虚工作，如图 4-37 所示。

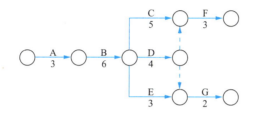

图 4-37　双代号网络图绘制（步骤四）

F、G 结束后，H 开始，说明 F 和 G 为平行工作，同时 H 为结束工作，如图 4-38 所示。

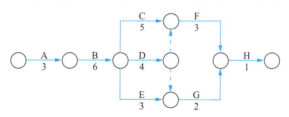

图 4-38　双代号网络图绘制（步骤五）

4）检查、整理、完善双代号网络图，确认无误后进行节点编号。关键线路为总的工作持续时间最长的线路，即①→②→③→⑤→⑦→⑧，共计 18 天，关键工作为 A、B、C、F、H。双代号网络图如图 4-39 所示。

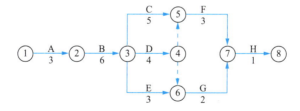

图 4-39　双代号网络图

4.2.3　双代号网络计划的时间参数计算

计算双代号网络计划时间参数的目的是为网络计划的执行、调整和优化提供必要的时间依据。

双代号网络计划时间参数的计算方法有很多，一般常用的有工作计算法、节点计算法、标号计算法、图上计算法、表上计算法、矩阵计算法和计算机计算法等。较为简单的网络计划可采用人工计算；大型、较为复杂的网络计划则采用计算机程序进行绘制和计算。

本部分主要介绍典型的 3 种计算方法：工作计算法、节点计算法、标号计算法。

1. 工作计算法

工作计算法以网络计划中的工作为对象，直接计算各项工作的时间参数，并将计算结果标注在本工作的箭线上方，如图 4-40 所示。

为了简化计算，网络计划时间参数中的开始时间和完成时间都以时间单位的终了时刻为标准。例如，第 3 天开始指第 3 天终了（下班）时刻开始，实际上是第 4 天上班时刻才开始；第 5 天完成指第 5 天终了（下班）时刻完成。

以图 4-41 所示的双代号网络计划为例，说明使用工作计算法计算时间参数的过程。

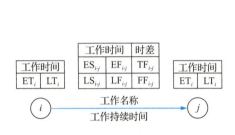

图 4-40　工作计算法时间参数的标注

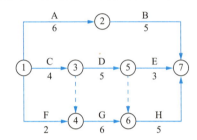

图 4-41　双代号网络计划

（1）计算工作的最早时间

工作的最早开始时间和最早完成时间的计算，应从网络计划的起点节点开始，顺箭线方向依次进行。计算步骤如下。

1）计算工作的最早开始时间。

① 以起点节点为开始节点的工作，其最早开始时间若未规定则为 0。

在本例中，工作 1-2、工作 1-3 和工作 1-4 的最早开始时间都为 0，即

$$ES_{1-2}=ES_{1-3}=ES_{1-4}=0$$

② 其他工作的最早开始时间等于其紧前工作最早完成时间的最大值，即

$$ES_{i-j}=\max\{EF_{h-i}\}=\max\{ES_{h-i}+D_{h-i}\} \tag{4-3}$$

式中，ES_{i-j} 为工作 $i\text{-}j$ 的最早开始时间；EF_{h-i} 为工作 $i\text{-}j$ 的紧前工作 $h\text{-}i$（非虚工作）的最早完成时间；ES_{h-i} 为工作 $i\text{-}j$ 的紧前工作 $h\text{-}i$（非虚工作）的最早开始时间；D_{h-i} 为工作 $i\text{-}j$ 的紧前工作 $h\text{-}i$（非虚工作）的持续时间。

在本例中，工作 2-7、工作 4-6 的最早开始时间分别为

$$ES_{2-7}=EF_{1-2}=ES_{1-2}+D_{1-2}=0+6=6$$

$$ES_{4-6}=\max\{EF_{1-3},EF_{1-4}\}=\max\{ES_{1-3}+D_{1-3},ES_{1-4}+D_{1-4}\}=\max\{0+4,0+2\}=4$$

以上求解工作最早开始时间的过程可概况为"顺线累加，逢内取大"，即顺着箭线方向将依次经过的工作的持续时间逐步累加，若遇到内向节点，则应取经过各内向箭线的所有线路上其紧前工作的最早完成时间的最大值，作为本工作的最早开始时间。

2）计算工作的最早完成时间。工作的最早完成时间等于本工作最早开始时间与持续时间的和，即

$$EF_{i-j}=ES_{i-j}+D_{i-j} \tag{4-4}$$

式中，$EF_{i\text{-}j}$ 为工作 $i\text{-}j$ 的最早完成时间；$D_{i\text{-}j}$ 为工作 $i\text{-}j$ 的持续时间。

在本例中，工作 1-2、工作 1-3 和工作 1-4 的最早完成时间分别为

$$EF_{1\text{-}2}=ES_{1\text{-}2}+D_{1\text{-}2}=0+6=6$$
$$EF_{1\text{-}3}=ES_{1\text{-}3}+D_{1\text{-}3}=0+4=4$$
$$EF_{1\text{-}4}=ES_{1\text{-}4}+D_{1\text{-}4}=0+2=2$$

（2）计算网络计划的工期

1）计算网络计划的计算工期。网络计划的计算工期等于以网络计划终点节点为完成节点的工作的最早完成时间的最大值，即

$$T_c=\max\{EF_{i\text{-}n}\}=\max\{ES_{i\text{-}n}+D_{i\text{-}n}\} \tag{4-5}$$

式中，T_c 为网络计划的计算工期；$EF_{i\text{-}n}$ 为以网络计划终点节点 n 为完成节点的工作的最早完成时间；$ES_{i\text{-}n}$ 为以网络计划终点节点 n 为完成节点的工作的最早开始时间；$D_{i\text{-}n}$ 为以网络计划终点节点 n 为完成节点的工作的持续时间。

在本例中，网络计划的计算工期为

$$T_c=\max\{EF_{2\text{-}7},EF_{5\text{-}7},EF_{6\text{-}7}\}=\max\{11,12,15\}=15$$

2）计算网络计划的计划工期。网络计划的计划工期应按式（4-1）或式（4-2）确定。

在本例中，假设未规定要求工期，则其计划工期就等于计算工期，即

$$T_p=T_c=15$$

计划工期应标注在网络计划终点节点的右上方。

（3）计算工作的最迟时间

1）计算工作的最迟完成时间。

① 以终点节点为结束节点的工作的最迟完成时间等于网络计划的计划工期，即

$$LF_{i\text{-}n}=T_p \tag{4-6}$$

式中，$LF_{i\text{-}n}$ 为以网络计划终点节点 n 为完成节点的工作的最迟完成时间；T_p 为网络计划的计划工期。

在本例中，工作 2-7、工作 5-7 和工作 6-7 的最迟完成时间为

$$LF_{2\text{-}7}=LF_{5\text{-}7}=LF_{6\text{-}7}=T_p=15$$

② 其他工作的最迟完成时间等于其紧后工作最迟开始时间的最小值，即

$$LF_{i\text{-}j}=\min\{LF_{j\text{-}k}-D_{j\text{-}k}\}=\min\{LS_{j\text{-}k}\} \tag{4-7}$$

式中，$LF_{i\text{-}j}$ 为工作 $i\text{-}j$ 的最迟完成时间；$LF_{j\text{-}k}$ 为工作 $i\text{-}j$ 的紧后工作 $j\text{-}k$（非虚工作）的最迟完成时间；$D_{j\text{-}k}$ 为工作 $i\text{-}j$ 的紧后工作 $j\text{-}k$（非虚工作）的持续时间；$LS_{j\text{-}k}$ 为工作 $i\text{-}j$ 的紧后工作 $j\text{-}k$（非虚工作）的最迟开始时间。

在本例中，工作 4-6、工作 3-5 的最迟完成时间分别为

$$LF_{4\text{-}6}=LF_{6\text{-}7}-D_{6\text{-}7}=LS_{6\text{-}7}=10$$
$$LF_{3\text{-}5}=\min\{LS_{5\text{-}7},LS_{6\text{-}7}\}=\min\{12,10\}=10$$

以上求解工作最迟完成时间的过程可以概括为"逆线递减，逢外取小"，即逆着箭线方向将依次经过的工作的持续时间逐步递减，若遇到外向节点，则应取经过各外向箭线的所有线路上其紧后工作的最迟开始时间的最小值，作为本工作的最迟完成时间。

可以看出，求解工作的最迟完成时间与求解工作的最早开始时间的过程是相反的。

2）计算工作的最迟开始时间，计算公式为

$$LS_{i\text{-}j}=LF_{i\text{-}j}-D_{i\text{-}j} \tag{4-8}$$

（4）计算工作的总时差

工作总时差的判定应从网络计划的终点节点开始，逆着箭线方向依次进行。

1）计算以终点节点为完成节点的工作的总时差。以终点节点为完成节点的工作的总时差等于计划工期与本工作最早完成时间之差，即

$$TF_{i-n}=T_p-EF_{i-n} \tag{4-9}$$

式中，TF_{i-n} 为以网络计划终点节点 n 为完成节点的结束工作的总时差；T_p 为网络计划的计划工期；EF_{i-n} 为以网络计划终点节点 n 为完成节点的结束工作的最早完成时间。

在本例中，工作 2-7、工作 5-7 和工作 6-7 的总时差分别为

$$TF_{2-7}=T_p-EF_{2-7}=15-11=4$$
$$TF_{5-7}=T_p-EF_{5-7}=15-12=3$$
$$TF_{6-7}=T_p-EF_{6-7}=15-15=0$$

2）计算其他工作的总时差。其他工作的总时差等于本工作最迟完成时间与最早完成时间之差，或本工作最迟开始时间与最早开始时间之差，即

$$TF_{i-j}=LF_{i-j}-EF_{i-j}=LS_{i-j}-ES_{i-j} \tag{4-10}$$

在本例中，工作 3-5 的总时差为

$$TF_{3-5}=LF_{3-5}-EF_{3-5}=10-9=1 \text{ 或 } TF_{3-5}=LS_{3-5}-ES_{3-5}=5-4=1$$

（5）计算工作的自由时差

1）计算以终点节点为完成节点的工作的自由时差。以终点节点为完成节点的工作的自由时差等于计划工期与本工作最早完成时间之差，即

$$FF_{i-n}=T_p-EF_{i-n}=T_p-(ES_{i-n}+D_{i-n}) \tag{4-11}$$

式中，FF_{i-n} 为以网络计划终点节点 n 为完成节点的结束工作的自由时差。

在本例中，工作 2-7 的自由时差为

$$FF_{2-7}=T_p-EF_{2-7}=15-11=4$$

2）计算其他工作的自由时差。其他工作的自由时差等于紧后工作最早开始时间与本工作最早完成时间之差的最小值，也等于本工作与其紧后工作时间间隔的最小值，即

$$FF_{i-j}=\min\{ES_{j-k}-EF_{i-j}\}=\min\{ES_{j-k}-ES_{i-j}-D_{i-j}\}=\min\{LAG_{i-j,j-k}\} \tag{4-12}$$

式中，FF_{i-j} 为工作 $i-j$ 的自由时差；ES_{j-k} 为工作 $i-j$ 的紧后工作 $j-k$（非虚工作）的最早开始时间；EF_{i-j} 为工作 $i-j$ 的最早完成时间；ES_{i-j} 为工作 $i-j$ 的最早开始时间；D_{i-j} 为工作 $i-j$ 的持续时间；$LAG_{i-j,j-k}$ 为工作 $i-j$ 与其紧后工作之间的时间间隔。

工作 $i-j$ 及其紧后工作两个工作之间的时间间隔等于紧后工作的最早开始时间减去工作 $i-j$ 的最早完成时间，即

$$LAG_{i-j,j-k}=ES_{j-k}-EF_{i-j} \tag{4-13}$$

在本例中，工作 1-4、工作 3-5 的自由时差分别为

$$FF_{1-4}=ES_{4-6}-EF_{1-4}=4-2=2$$
$$FF_{3-5}=\min\{ES_{5-7}-EF_{3-5},ES_{6-7}-EF_{3-5}\}=\min\{9-9,10-9\}=0$$

需要指出的是，对于网络计划中以终点节点为完成节点的工作，其自由时差与总时差相等。此外，因为工作的自由时差是其总时差的构成部分，所以当工作的总时差为 0 时，其自由时差必然为 0，可不必进行专门计算。在本例中，工作 1-3、工作 4-6 和工作 6-7 的总时差全部为 0，故其自由时差也全部为 0。

（6）确定关键工作和关键线路

在网络计划中，总时差最小的工作为关键工作。特别地，当网络计划的计划工期等于计算工期时，总时差为 0 的工作就是关键工作。在本例中，工作 1-3、工作 4-6 和工作 6-7 的总时差均为 0，故为关键工作。

找出关键工作之后，将这些关键工作首尾相连，便构成从起点节点到终点节点的通路，位于该通路上各项工作的持续时间总和最大，这条通路就是关键线路，如图 4-42 所示，线路①→③→④→⑥→⑦为关键线路。

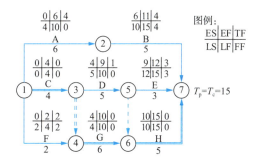

图 4-42 双代号网络计划计算结果（六时标注法）

关键线路上各项工作的持续时间总和应等于网络计划的计算工期，这一特点是判别关键线路是否正确的准则。

另外，在关键线路上可能有虚工作存在。在本例中，工作 3-4 为虚工作。

六时标注法是将每项工作的 6 个时间参数均标注在图中的方法，如图 4-42 所示。

为使网络计划的图面更加简洁，在双代号网络计划中，除各项工作的持续时间外，通常只需要标注两个最基本的时间参数，即各项工作的最早开始时间和最迟开始时间，而工作的其他 4 个时间参数（最早完成时间、最迟完成时间、总时差和自由时差）均可根据工作的最早开始时间、最迟开始时间及持续时间导出（计算方法同六时标注法）。这种方法称为二时标注法，如图 4-43 所示。

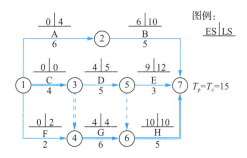

图 4-43 双代号网络计划计算结果（二时标注法）

在二时标注法中，当网络计划的计划工期等于计算工期时，总时差为 0 的工作就是关键工作，即最早开始时间等于最迟开始时间（工作的两个时间参数相等）。

2. 节点计算法

所谓节点计算法，就是先计算网络计划中各个节点的最早时间和最迟时间，再据此计算各项工作的时间参数和网络计划的工期。

本部分仍以图 4-41 所示的双代号网络计划为例,说明使用节点计算法计算时间参数的过程。

(1) 计算节点的最早时间和最迟时间及网络计划的计算工期和计划工期

1)计算节点的最早时间。节点的最早时间的计算应从网络计划的起点节点开始,顺着箭线方向依次进行。计算步骤如下。

① 针对网络计划起点节点,如果未规定最早时间,则其值等于 0。在本例中,起点节点①的最早时间为 0,即

$$ET_1=0$$

② 其他节点的最早时间应按下式进行计算:

$$ET_j=\max\{ET_i+D_{i\text{-}j}\} \tag{4-14}$$

式中,ET_j 为工作 $i\text{-}j$ 的完成节点 j 的最早时间;ET_i 为工作 $i\text{-}j$ 的开始节点 i 的最早时间;$D_{i\text{-}j}$ 为工作 $i\text{-}j$ 的持续时间。

在本例中,节点③和节点④的最早时间分别为

$$ET_3=ET_1+D_{1\text{-}3}=0+4=4$$

$$ET_4=\max\{ET_1+D_{1\text{-}4},ET_3+D_{3\text{-}4}\}=\max\{0+2,4+0\}=4$$

2)计算网络计划的计算工期。网络计划的计算工期等于网络计划终点节点的最早时间,即

$$T_c=ET_n \tag{4-15}$$

式中,T_c 为网络计划的计算工期;ET_n 为网络计划终点节点 n 的最早时间。

在本例中,双代号网络计划的计算工期为

$$T_c=ET_n=15$$

3)计算网络计划的计划工期。网络计划的计划工期应按式(4-1)或式(4-2)确定。在本例中,假设未规定要求工期,则其计划工期就等于计算工期,即

$$T_p=T_c=15$$

4)计算节点的最迟时间。节点的最迟时间的计算应从网络计划的终点节点开始,逆着箭线方向依次进行。计算步骤如下。

① 网络计划终点节点的最迟时间等于网络计划的计划工期,即

$$LT_n=T_p \tag{4-16}$$

式中,LT_n 为网络计划终点节点 n 的最迟时间;T_p 为网络计划的计划工期。

在本例中,终点节点⑦的最迟时间为

$$LT_7=T_p=15$$

② 其他节点的最迟时间应按下式进行计算:

$$LT_i=\min\{LT_j-D_{i\text{-}j}\} \tag{4-17}$$

式中,LT_i 为工作 $i\text{-}j$ 的开始节点 i 的最迟时间;LT_j 为工作 $i\text{-}j$ 的完成节点 j 的最迟时间;$D_{i\text{-}j}$ 为工作 $i\text{-}j$ 的持续时间。

在本例中,节点⑥和节点⑤的最迟时间分别为

$$LT_6=LT_7-D_{6\text{-}7}=15-5=10$$

$$LT_5=\min\{LT_6-D_{5\text{-}6},LT_7-D_{5\text{-}7}\}=\min\{10-0,15-3\}=10$$

双代号网络计划计算结果(节点计算法)如图 4-44 所示。

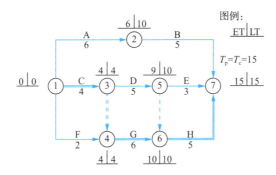

图 4-44　双代号网络计划计算结果（节点计算法）

（2）根据节点的最早时间和最迟时间判定工作的 6 个时间参数

1）工作的最早开始时间等于本工作开始节点的最早时间，即

$$\mathrm{ES}_{i\text{-}j}=\mathrm{ET}_i \tag{4-18}$$

在本例中，工作 1-2 和工作 2-7 的最早开始时间分别为

$$\mathrm{ES}_{1\text{-}2}=\mathrm{ET}_1=0$$

$$\mathrm{ES}_{2\text{-}7}=\mathrm{ET}_2=6$$

2）工作的最早完成时间等于本工作开始节点的最早时间与其持续时间之和，即

$$\mathrm{EF}_{i\text{-}j}=\mathrm{ET}_i+D_{i\text{-}j} \tag{4-19}$$

在本例中，工作 1-2 和工作 2-7 的最早完成时间分别为

$$\mathrm{EF}_{1\text{-}2}=\mathrm{ET}_1+D_{1\text{-}2}=0+6=6$$

$$\mathrm{EF}_{2\text{-}7}=\mathrm{ET}_2+D_{2\text{-}7}=6+5=11$$

3）工作的最迟完成时间等于本工作完成节点的最迟时间，即

$$\mathrm{LF}_{i\text{-}j}=\mathrm{LT}_j \tag{4-20}$$

在本例中，工作 1-2 和工作 2-7 的最迟完成时间分别为

$$\mathrm{LF}_{1\text{-}2}=\mathrm{LT}_2=10$$

$$\mathrm{LF}_{2\text{-}7}=\mathrm{LT}_7=15$$

4）工作的最迟开始时间等于本工作完成节点的最迟时间与其持续时间之差，即

$$\mathrm{LS}_{i\text{-}j}=\mathrm{LT}_j-D_{i\text{-}j} \tag{4-21}$$

在本例中，工作 1-2 和工作 2-7 的最迟开始时间分别为

$$\mathrm{LS}_{1\text{-}2}=\mathrm{LT}_2-D_{1\text{-}2}=10-6=4$$

$$\mathrm{LS}_{2\text{-}7}=\mathrm{LT}_7-D_{2\text{-}7}=15-5=10$$

5）工作的总时差可根据式（4-10）、式（4-20）和式（4-19）得到，即

$$\mathrm{TF}_{i\text{-}j}=\mathrm{LF}_{i\text{-}j}-\mathrm{EF}_{i\text{-}j}=\mathrm{LT}_j-(\mathrm{ET}_i+D_{i\text{-}j}) \tag{4-22}$$

由式（4-22）可知，工作的总时差等于本工作完成节点的最迟时间减去本工作开始节点的最早时间与其持续时间之和。

在本例中，工作 1-2 和工作 3-5 的总时差分别为

$$\mathrm{TF}_{1\text{-}2}=\mathrm{LT}_2-(\mathrm{ET}_1+D_{1\text{-}2})=10-(0+6)=4$$

$$\mathrm{TF}_{3\text{-}5}=\mathrm{LT}_5-(\mathrm{ET}_3+D_{3\text{-}5})=10-(4+5)=1$$

6）工作的自由时差可根据式（4-12）和式（4-18）得到，即

$$\mathrm{FF}_{i\text{-}j}=\min\{\mathrm{ES}_{j\text{-}k}-(\mathrm{ES}_{i\text{-}j}+D_{i\text{-}j})\}=\min\{\mathrm{ET}_j\}-\mathrm{ET}_i-D_{i\text{-}j} \tag{4-23}$$

由式（4-23）可知，工作的自由时差等于本工作完成节点的最早时间减去本工作开始

节点的最早时间再减去持续时间。

在本例中，工作 1-2 和工作 3-5 的自由时差分别为

$$FF_{1-2}=ET_2-ET_1-D_{1-2}=6-0-6=0$$

$$FF_{3-5}=ET_5-ET_3-D_{3-5}=9-4-5=0$$

特别需要注意的是，如果本工作与其各紧后工作之间存在虚工作，则其中的 ET 应为本工作紧后工作开始节点的最早时间，而不是本工作完成节点的最早时间。

（3）确定关键线路和关键工作

在双代号网络计划中，关键线路上的节点被称为关键节点。关键工作两端的节点一定是关键节点，但两端为关键节点的工作不一定是关键工作。关键节点的最迟时间与最早时间的差值最小。特别地，当网络计划的计划工期等于计算工期时，关键节点的最早时间与最迟时间必然相等。

在本例中，节点①、③、④、⑥、⑦是关键节点。关键节点必然处在关键线路上，但由关键节点组成的线路不一定是关键线路。在本例中，由关键节点①、④、⑥、⑦组成的线路就不是关键线路。

当利用关键节点判别关键线路和关键工作时，还要满足下列判别式：

$$ET_i+D_{i-j}=ET_j \tag{4-24}$$

或

$$LT_i+D_{i-j}=LT_j \tag{4-25}$$

式中，ET_i 为工作 i-j 的开始节点（关键节点）i 的最早时间；D_{i-j} 为工作 i-j 的持续时间；ET_j 为工作 i-j 的完成节点（关键节点）j 的最早时间；LT_i 为工作 i-j 的开始节点（关键节点）i 的最迟时间；LT_j 为工作 i-j 的完成节点（关键节点）j 的最迟时间。

如果两个关键节点之间的工作符合判别式，则本工作必然为关键工作，它应该在关键线路上；否则，本工作就不是关键工作，关键线路也就不会从此处通过。

在本例中，工作 1-3、虚工作 3-4、工作 4-6 和工作 6-7 均符合判别式，故线路①→③→④→⑥→⑦为关键线路。

（4）确定关键节点的特性

在双代号网络计划中，当计划工期等于计算工期时，关键节点具有以下特性，掌握这些特性，有助于确定工作时间参数。

1）开始节点和完成节点均为关键节点的工作，不一定是关键工作。例如，在图 4-44 所示网络计划中，节点①和节点④为关键节点，但工作 1-4 为非关键工作，其两端为关键节点，机动时间不可能为其他工作所利用，故其总时差和自由时差均为 2。

2）以关键节点为完成节点的工作，其总时差和自由时差必然相等。例如，在图 4-44 所示的网络计划中，工作 1-4 的总时差和自由时差均为 2，工作 2-7 的总时差和自由时差均为 4，工作 5-7 的总时差和自由时差均为 3。

3）当两个关键节点间有多项工作，并且工作间的非关键节点无其他内向箭线和外向箭线时，则两个关键节点间各项工作的总时差均相等。在这些工作中，除以关键节点为完成节点的工作自由时差等于总时差外，其余工作的自由时差均为 0。例如，在图 4-44 所示的网络计划中，工作 1-2 和工作 2-7 的总时差均为 4；工作 2-7 的自由时差等于总时差，而工作 1-2 的自由时差为 0。

4）当两个关键节点间有多项工作，并且工作间的非关键节点有外向箭线而无其他内向箭线时，则两个关键节点间各项工作的总时差不一定相等。在这些工作中，除以关键节点

为完成节点的工作自由时差等于总时差外，其余工作的自由时差均为 0。例如，在图 4-44 所示的网络计划中，工作 3-5 和工作 5-7 的总时差分别为 1 和 3；工作 5-7 的自由时差等于总时差，而工作 3-5 的自由时差为 0。

3. 标号计算法

标号计算法是一种快速寻求网络计划计算工期和关键线路的方法。该方法利用节点计算法的基本原理，首先对网络计划中的每个节点进行标号，然后利用标号值确定网络计划的计算工期和关键线路。

本部分仍以图 4-41 所示的双代号网络计划为例，说明标号计算法的计算过程。双代号网络计划计算结果（标号计算法）如图 4-45 所示。

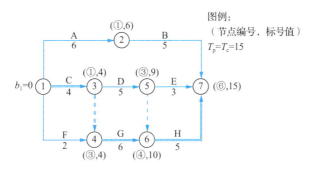

图 4-45　双代号网络计划计算结果（标号计算法）

1）网络计划起点节点的标号值为 0。在本例中，节点①的标号值为 0，即

$$b_1=0$$

2）其他节点的标号值应根据下式按节点编号从小到大的顺序逐个进行计算：

$$b_j=\max\{b_i+D_{i\text{-}j}\} \tag{4-26}$$

式中，b_j 为工作 $i\text{-}j$ 的完成节点 j 的标号值；b_i 为工作 $i\text{-}j$ 的开始节点 i 的标号值；$D_{i\text{-}j}$ 为工作 $i\text{-}j$ 的持续时间。

在本例中，节点③和节点④的标号值分别为

$$b_3=b_1+D_{1\text{-}3}=0+4=4$$
$$b_4=\max\{b_1+D_{1\text{-}4},b_3+D_{3\text{-}4}\}=\max\{0+2,4+0\}=4$$

当计算出节点的标号值后，应用其标号值及其源节点对该节点进行双标号。所谓源节点，就是用来确定本节点标号值的节点。在本例中，节点④的标号值 4 是由节点③确定的，故节点④的源节点就是节点③。如果源节点有多个，则应将所有源节点标出。

3）网络计划的计算工期就是网络计划终点节点的标号值。在本例中，其计算工期就等于终点节点⑦的标号值 15。

4）关键线路应从网络计划的终点节点开始，逆着箭线方向按源节点确定。在本例中，从终点节点⑦开始，逆着箭线方向按源节点可以找出关键线路为①→③→④→⑥→⑦。

4.3 双代号时标网络图及双代号时标网络计划

▌4.3.1　双代号时标网络图的概念、特点和适用范围

1. 双代号时标网络图的概念

双代号时标网络图（time-scaled network diagram）是以水平时间坐标为尺度表示工作时间绘制而成的。它综合应用横道图的时间坐标和网络计划的原理，吸取二者的长处，既解决了横道图中各项工作不明确、时间参数无法计算的缺点，又解决了双代号网络计划时间表达不直观的问题。采用双代号时标网络图，为施工管理进度的调整与控制、进行资源优化提供了便利。

2. 双代号时标网络图的特点

双代号时标网络图是综合应用横道图的时间坐标和网络计划的原理，在横道图的基础上引入网络计划中各工作之间逻辑关系的表达方法。双代号时标网络计划与双代号非时标网络计划相比较，其特点如下。

1）在双代号时标网络图中，箭线的水平投影长度直接代表该工作的持续时间。

2）双代号时标网络图可以直接显示各施工过程的开始时间、完成时间与计算工期等时间参数，而不必计算。

3）因为受到时间坐标的限制，所以双代号时标网络图不会产生闭合回路。

4）可以直接在双代号时标网络图的下方绘出资源动态曲线，便于分析、平衡调度。

5）箭线的长度和位置受时间坐标的限制，因而修改和调整不如双代号非时标网络图方便。

6）节点中心必须对准相应的时标位置，虚工作尽可能以垂直方式的虚箭线表示；当工作面停歇或班组工作不连续时，会出现虚箭线占用时间的情况。

3. 双代号时标网络图的适用范围

1）工作项目少、工艺过程简单的工程的进度计划。

2）针对大型复杂的工程进度计划，可以先分解绘制再合并，如局部网络工程进度计划或作业性工程进度计划。

3）便于采用"实际进度前锋线"进行进度控制的网络计划。

▌4.3.2　双代号时标网络图的坐标体系

双代号时标网络图的坐标体系有计算坐标体系、工作日坐标体系和日历坐标体系 3 种，如图 4-46 所示。

计算坐标体系	0	1	2	3	4	5	6	7	8	9	10	11	12
工作日坐标体系	1	2	3	4	5	6	7	8	9	10	11	12	
日历坐标体系	6月7日	6月8日	6月9日	6月10日	6月11日	6月14日	6月15日	6月16日	6月17日	6月18日	6月21日	6月22日	
	星期一	星期二	星期三	星期四	星期五	星期一	星期二	星期三	星期四	星期五	星期一	星期二	

图 4-46　双代号时标网络图的 3 种坐标体系

1．计算坐标体系

计算坐标体系主要用于网络计划时间参数的计算。采用该坐标体系便于时间参数的计算，但不够明确。例如，按照计算坐标体系，网络计划所表示的计划任务从第零天开始，这不容易使人理解，实际上从第一天开始或明示开始日期会更为直观易懂。

计算坐标体系中工期的计算：计算工期 T_c 等于网络计划终点节点的时标值减去起点节点的时标值。

2．工作日坐标体系

工作日坐标体系可明示各项工作在整个工程开工后第几天（上班时刻）开始和第几天（下班时刻）完成，但不能表示出整个工程的开工日期和完工日期，以及各项工作的开始日期和完成日期。

计算坐标体系与工作日坐标体系的转换：

计算坐标体系中各项工作的开始日期+1=工作日坐标体系中各项工作的开始日期

计算坐标体系中各项工作的完成日期=工作日坐标体系中各项工作的完成日期

3．日历坐标体系

日历坐标体系可明示整个工程的开工日期和完工日期，以及各项工作的开始日期和完成日期，同时可考虑扣除节假日休息时间。

4.3.3　双代号时标网络图的绘制

1．双代号时标网络图的绘制要求

1）双代号时标网络图须绘制在带有时间坐标的表格上。

2）节点中心必须对准相应的时标位置，以避免误会。

3）以实箭线表示实工作，以虚箭线表示虚工作，以波形线表示工作的自由时差或与紧后工作之间的时间间隔。

4）箭线宜采用水平箭线或水平段与垂直段组成的箭线形式，不宜采用斜箭线。

5）双代号时标网络图宜按最早时间编制，以保证实施的可靠性。

2．双代号时标网络图的绘制方法

双代号时标网络图的绘制方法有间接法和直接法两种。

（1）间接法

间接法指先绘制出标时网络计划，找出关键线路后，再绘制成时标网络计划。绘制时先绘制关键线路，再绘制非关键线路。用实箭线绘制工作箭线，当某些工作箭线的长度不足以达到该工作的完成节点时，用波形线补足，箭头画在波形线与节点连接处。用垂直虚箭线绘制虚工作，虚工作的自由时差用水平波形线补足。

【例4-2】已知某工程任务的双代号网络计划如图4-41所示，试用间接法绘制该任务的双代号时标网络图。

解析:

1）用标号计算法确定关键线路，并绘制时标网络计划，如图4-45所示。

2）按时间坐标绘制关键线路，如图4-47所示。

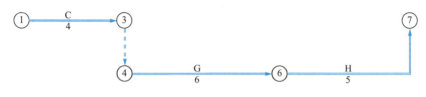

图4-47 绘制关键线路

3）绘制非关键线路，如图4-48所示。

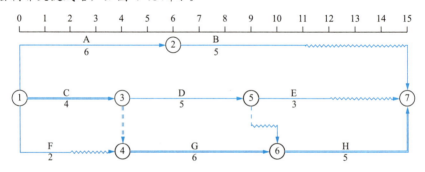

图4-48 绘制非关键线路

（2）直接法

1）绘制时标表。

2）确定时间单位，绘制时间坐标。

3）将起点节点定位于时标表的起始刻度线上。

4）按工作的持续时间在时标表上绘制起点节点的外向箭线。

5）工作的箭头节点必须在所有的内向箭线绘出以后，定位在这些内向箭线中最晚完成的实箭线箭头处。

6）若某些内向实箭线长度不足以到达该箭头节点，则用波形线补足。虚箭线应垂直绘制，如果虚箭线的开始节点和结束节点之间有水平距离，则也用波形线补足。

7）自左至右依次确定其他节点的位置。

【例4-3】已知某工程任务的双代号网络计划如图4-41所示，试用直接法绘制该任务的双代号时标网络图。

解析:

1）将网络计划起点节点定位在时标表的起始刻度线"0"的位置，起点节点的编号为1。

2）绘出工作A、C、F，如图4-49所示。

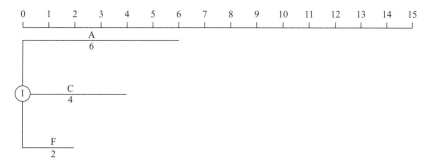

图 4-49　绘出工作 A、C、F

3）按照直接法的绘制步骤，绘出工作 B、D、G，如图 4-50 所示。

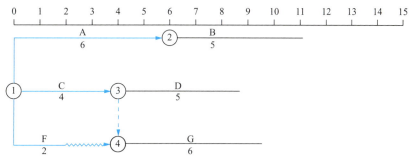

图 4-50　绘出工作 B、D、G

4）当某个节点的位置确定之后，即可绘制以该节点为开始节点的工作箭线。绘出工作 E、H，如图 4-51 所示。

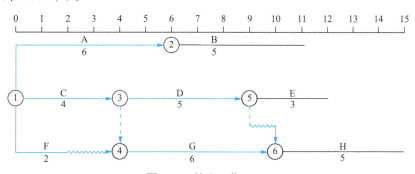

图 4-51　绘出工作 E、H

5）绘出所有工作，补足波形线及节点编号，并用双箭线标注出关键线路。双代号时标网络图（直接法）如图 4-52 所示。

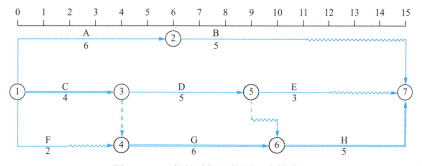

图 4-52　双代号时标网络图（直接法）

4.3.4 双代号时标网络计划的时间参数确定

双代号时标网络计划时间参数和关键线路的确定过程，实际上是一个阅读双代号时标网络计划的过程。本部分以图 4-52 为例来说明。

1. 关键线路和计算工期的确定

（1）关键线路的确定

从网络计划的终点节点开始，逆着箭线方向进行判定。凡自始至终不出现波形线的线路即为关键线路。因为不出现波形线，就说明在这条线路上相邻两项工作之间的时间间隔全部为 0，也就是在计算工期等于计划工期的前提下，这些工作的总时差和自由时差全部为 0。

在本例中，双箭线所示的线路①→③→④→⑥→⑦是关键线路。

（2）计算工期的确定

网络计划的计算工期应等于终点节点所对应的时标值与起点节点所对应的时标值之差（对于计算坐标体系而言）。

在本例中，双代号时标网络计划的计算工期为

$$T_c=15-0=15$$

2. 相邻两项工作之间的时间间隔的确定

工作与其紧后工作之间波形线的水平投影长度表示它们之间的时间间隔，一般分两种情况：其一，工作箭线右端波形线的水平投影长度表示工作与其紧后工作之间的时间间隔；其二，虚工作上的波形线水平投影长度表示与该虚工作相邻的前后工作之间的时间间隔。

在本例中，工作 F 与工作 G 之间的时间间隔为 2，工作 D 与工作 H 之间的时间间隔为 1，其余工作之间的时间间隔为 0。

3. 工作 6 个时间参数的确定

（1）工作最早开始时间与最早完成时间的确定

1）工作最早开始时间：工作箭线左端节点所对应的时标值为该工作最早开始时间。

2）工作最早完成时间：当工作箭线不存在波形线时，其右端节点所对应的时标值为最早完成时间；当工作箭线存在波形线时，其箭线实线部分右端点所对应的时标值为最早完成时间。

在本例中，工作 F 的最早开始时间为 0，最早完成时间为 2；工作 D 的最早开始时间为 4，最早完成时间为 9。

（2）工作自由时差的确定

1）以终点节点为完成节点的工作的自由时差：根据式（4-11）可知，等于计划工期与本工作最早完成时间之差。

当网络计划的计划工期等于计算工期时，结束工作波形线的水平投影长度即为该工作的自由时差。

在本例中，工作 B 的自由时差为 4，工作 E 的自由时差为 3，工作 H 的自由时差为 0。

2）其他工作的自由时差：根据式（4-12）可知，等于本工作与其紧后工作时间间隔的最小值。

在本例中，工作 F 的自由时差为 2，工作 D 的自由时差为 0。

（3）工作总时差的确定

工作总时差的确定应从网络计划的终点节点开始，逆着箭线方向依次进行。

1）以终点节点为完成节点的工作的总时差：根据式（4-9）可知，等于计划工期与本工作最早完成时间之差。

当网络计划的计划工期等于计算工期时，结束工作波形线的水平投影长度即为该工作的总时差。

在本例中，假设计划工期等于计算工期等于 15，则工作 B 的总时差为 4，工作 E 的总时差为 3，工作 H 的总时差为 0。

2）其他工作的总时差：根据式（4-10）可知，等于本工作最迟完成时间与最早完成时间之差，或本工作最迟开始时间与最早开始时间之差，也等于其紧后工作的总时差加本工作与该紧后工作之间的时间间隔所得之和的最小值，即

$$
\begin{aligned}
TF_{i\text{-}j} &= LF_{i\text{-}j} - EF_{i\text{-}j} \\
&= \min\{LS_{j\text{-}k}\} - EF_{i\text{-}j} \\
&= \min\{LF_{j\text{-}k} - D_{j\text{-}k}\} - EF_{i\text{-}j} \\
&= \min\{LF_{j\text{-}k} - (EF_{j\text{-}k} - ES_{j\text{-}k}) - EF_{i\text{-}j}\} \\
&= \min\{(LF_{j\text{-}k} - EF_{j\text{-}k}) + (ES_{j\text{-}k}) - EF_{i\text{-}j}\} \\
&= \min\{(LF_{j\text{-}k} - EF_{j\text{-}k}) + (ES_{j\text{-}k} - EF_{i\text{-}j})\} \\
&= \min\{TF_{j\text{-}k} + LAG_{i\text{-}j,\,j\text{-}k}\}
\end{aligned} \tag{4-27}
$$

在本例中，工作 1-2、工作 3-5 的总时差分别为

$$TF_{1\text{-}2} = \min\{TF_{2\text{-}7} + LAG_{1\text{-}2,2\text{-}7}\} = 4 + 0 = 4$$

$$TF_{3\text{-}5} = \min\{TF_{5\text{-}7} + LAG_{3\text{-}5,5\text{-}7},\ TF_{6\text{-}7} + LAG_{3\text{-}5,6\text{-}7}\} = \min\{3+0,0+1\} = \min\{3,1\} = 1$$

（4）工作最迟开始时间与最迟完成时间的确定

1）工作最迟开始时间：根据式（4-10）可知，等于本工作的最早开始时间与其总时差之和，即

$$LS_{i\text{-}j} = ES_{i\text{-}j} + TF_{i\text{-}j} \tag{4-28}$$

在本例中，工作 1-2、工作 3-5 的最迟开始时间分别为

$$LS_{1\text{-}2} = ES_{1\text{-}2} + TF_{1\text{-}2} = 0 + 4 = 4$$

$$LS_{3\text{-}5} = ES_{3\text{-}5} + TF_{3\text{-}5} = 4 + 1 = 5$$

2）工作最迟完成时间：根据式（4-10）可知，等于本工作的最早完成时间与其总时差之和，即

$$LF_{i\text{-}j} = EF_{i\text{-}j} + TF_{i\text{-}j} \tag{4-29}$$

在本例中，工作 1-2、工作 3-5 的最迟完成时间分别为

$$LF_{1\text{-}2} = EF_{1\text{-}2} + TF_{1\text{-}2} = 6 + 4 = 10$$

$$LF_{3\text{-}5} = EF_{3\text{-}5} + TF_{3\text{-}5} = 9 + 1 = 10$$

4.4 单代号网络图及单代号网络计划

在双代号网络图中，为了正确地表达网络计划中各项工作之间的逻辑关系，引入了虚工作这一概念，但是通过绘制和计算可以看到，引入虚工作不仅增加了工作量，还使图形

增大，使得计算更费时间。因此，人们在使用双代号网络图来表示计划的同时，也设想了第二种计划网络图——单代号网络图。

4.4.1 单代号网络图的构成与特点

1. 单代号网络图的构成

单代号网络图由节点、箭线和线路构成。构成单代号网络图的节点和箭线所代表的含义与构成双代号网络图的节点和箭线所代表的含义不同，它用一个圆圈或方框代表一项工作，将工作代号、工作名称和持续时间写在圆圈或方框之内，如图 4-53 所示，箭线仅用来表示工作之间的逻辑关系和先后顺序。单代号网络图如图 4-54 所示。

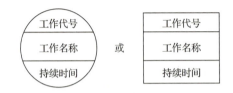

图 4-53　单代号网络图的节点

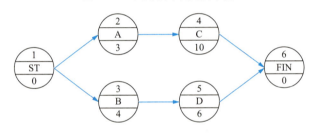

图 4-54　单代号网络图

（1）节点

1）在单代号网络图中，一个节点表示一项工作。

2）在单代号网络图中，节点必须编号，编号标注在节点内，编号顺序应该从小到大，可不连续，严禁重复，而且箭线的箭尾节点编号应小于箭头节点编号。一项工作应该只有唯一的节点及对应的编号。

（2）箭线

1）在单代号网络图中，箭线表示工作之间的逻辑关系和先后顺序，因此，它既不占空间，也不消耗资源。

2）在单代号网络图中，只有实箭线，没有虚箭线。

3）在单代号网络图中，箭线应画成水平直线、折线或斜线，箭线水平投影的方向应指向右，表示工作的进行方向。

（3）线路

单代号网络图中的线路与双代号网络图中的线路的含义相同，是从网络计划的起点节点到终点节点之间的若干通路。从网络计划的起点节点到终点节点之间持续时间最长的线路为关键线路，其余线路为非关键线路。

2. 单代号网络图的特点

1）单代号网络图绘制方便，逻辑关系明确，不必增加虚工作，没有虚箭线，画面简洁，弥补了双代号网络图的不足。

2）单代号网络图具有便于说明、容易被非专业人员理解和易于修改等特点，这对推广网络计划技术大为有益。

3）单代号网络图在表达进度计划时，不如双代号网络图形象，特别是在应用带时间坐标的网络图中。单代号网络图不能据图优化。

4）单代号网络图在应用电子计算机进行计算和优化的过程中，必须按工作逐个列出紧前工作和紧后工作，这在计算机中要占用更多的储存单元；而双代号网络图中用两个代号代表一项工作，可直接反映其紧前工作或紧后工作的关系。在此方面，双代号网络图显得更为简便。

4.4.2　单代号网络图的绘制

1. 绘制规则

单代号网络图的绘制规则与双代号网络图的绘制规则基本相同，但也有不同之处，主要区别在于：当单代号网络图中有多项工作同时开始或同时结束时，应增设一项虚拟的工作作为该网络图的起点节点或终点节点，即开始虚工作或结束虚工作。

2. 绘制方法和步骤

1）应从左向右逐个处理已经确定的逻辑关系。

2）当出现多个起点节点或多个终点节点时，应在单代号网络图的两端增设一项虚拟的起点节点或终点节点。

3）绘制完成后，应认真检查逻辑关系是否正确。

4）检查无误后，应进行节点编号。

4.4.3　单代号网络计划的时间参数计算

单代号网络计划时间参数的标注形式如图 4-55 所示。

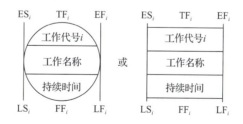

图 4-55　单代号网络计划时间参数的标注形式

单代号网络计划时间参数的概念同双代号网络计划时间参数。

1. 计算工作的最早开始时间和最早完成时间

计算时应从网络计划的起点节点开始，顺着箭线方向按节点编号从小到大的顺序依次进行。计算步骤如下。

1）工作的最早开始时间用 ES_i 表示。网络计划起点节点所代表的工作，其最早开始时间未规定时取值为 0，即 $ES_1 = 0$。

2）工作的最早完成时间用 EF_i 表示，即 $EF_i = ES_i + D_i$。

3）其他工作的最早开始时间应等于其紧前工作的最早完成时间的最大值，即 $ES_i = \max\{EF_i\}$。

4）网络计划的计算工期等于其终点节点所代表的工作的最早完成时间，即 $T_c = EF_n$。

2. 计算相邻两项工作之间的时间间隔

相邻两项工作之间的时间间隔用 $LAG_{i,j}$ 表示，是指其紧后工作的最早开始时间与本工作的最早完成时间的差值，即 $LAG_{i,j} = ES_j - EF_i$。

3. 确定网络计划的计划工期

网络计划的计划工期用 T_p 表示，仍按式（4-1）或式（4-2）确定。

4. 计算工作的总时差

工作的总时差用 TF_i 表示，计算时应从网络计划的终点节点开始，逆着箭线方向按节点编号从大到小的顺序依次进行。

1）网络计划终点节点 n 所代表的工作的总时差应等于计划工期与计算工期之差，即 $TF_n = T_p - T_c$。

当计划工期等于计算工期时，该工作的总时差为 0。

2）其他工作的总时差应等于本工作与其各紧后工作之间的时间间隔加该紧后工作的总时差所得之和的最小值，即 $TF_i = \min\{LAG_{i,j} + TF_j\}$。

5. 计算工作的自由时差

工作的自由时差用 FF_i 表示，计算工作的自由时差的规定如下。

1）网络计划终点节点 n 所代表的工作的自由时差等于计划工期与本工作的最早完成时间之差，即 $FF_n = T_p - EF_n$。

2）其他工作的自由时差等于本工作与其紧后工作之间的时间间隔的最小值，即 $FF_i = \min\{ES_j - EF_i\} = \min\{LAG_{i,j}\}$。

6. 计算工作的最迟完成时间和最迟开始时间

工作的最迟完成时间（LF_i）和最迟开始时间（LS_i）的计算可按以下两种方法进行。

（1）根据总时差计算

工作的最迟完成时间等于本工作的最早完成时间与其总时差之和，即 $LF_i = EF_i + TF_i$。

工作的最迟开始时间等于本工作的最早开始时间与其总时差之和，即 $LS_i = ES_i + TF_i$。

（2）根据计划工期计算

计算时应从网络计划终点节点开始，逆着箭线方向按节点编号从大到小的顺序依次进行。

1）网络计划终点节点 n 所代表的工作的最迟完成时间如下。

a. 若没有规定计划工期 T_p，则工作的最迟完成时间等于计算工期 T_c，即 $LF_n = T_c$。

b. 若已规定计划工期 T_p，则工作的最迟完成时间等于规定的计划工期 T_p，即 $LF_n = T_p$。

2）工作的最迟开始时间等于本工作的最迟完成时间与其持续时间之差，即

$LS_i = LF_i - D_i$。

3）其他工作的最迟完成时间等于该工作各紧后工作的最迟开始时间的最小值，即 $LF_i = \min\{LS_j\}$。

7. 确定网络计划的关键线路

（1）利用关键工作确定关键线路

已知，总时差最小的工作为关键工作。将这些关键工作相连，并保证相邻两项关键工作之间的时间间隔为 0 而构成的线路就是关键线路。

（2）利用相邻两项工作之间的时间间隔确定关键线路

从网络计划的终点节点开始，逆着箭线方向依次找出的相邻两项工作之间的时间间隔为 0 的线路就是关键线路。

【例 4-4】 某单代号网络图的逻辑关系如表 4-5 所示，试绘制单代号网络图，并计算各工作的时间参数，确定关键线路及关键工作。

表 4-5　某单代号网络图的逻辑关系

工作	A	B	C	D
紧前工作	—	—	A	A、B
持续时间	3	2	5	4

解析：

1）由表 4-5 可知：A、B 两项工作同时开始，C、D 两项工作同时结束，故要虚拟一个开始工作和一个完成工作。根据表中各工作的逻辑关系绘制的单代号网络图如图 4-56 所示。

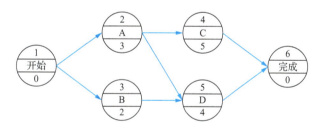

图 4-56　单代号网络图

2）利用各工作时间参数的计算公式计算各工作的时间参数。单代号网络图时间参数如图 4-57 所示。

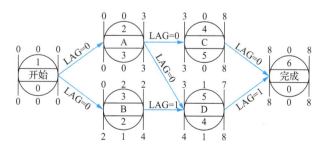

图 4-57　单代号网络图时间参数

3）根据单代号网络图时间参数可知：关键工作为 A、C；关键线路为①→②→④→⑥。

4.5　网络计划的优化

网络计划的优化是指在一定约束条件下，按既定目标对网络计划进行不断改进，以寻求满意方案的过程。

网络计划的优化目标应按计划任务的需要和条件选定，包括工期目标、费用目标和资源目标。根据优化目标的不同，网络计划的优化可分为工期优化、费用优化和资源优化3种。

4.5.1　工期优化

工期优化是指网络计划的计算工期大于要求工期时，通过压缩关键工作的持续时间以达到要求工期的过程。

1.　工期优化的基本原理

工期优化就是通过压缩计算工期以达到既定工期目标，或在一定约束条件下使工期最短的过程。

工期优化一般是通过压缩关键线路（关键工作）的持续时间来满足工期要求的。在优化过程中，要保证被压缩的关键工作不能变为非关键工作，使之仍能够控制工期。当出现多条关键线路时，如果需要压缩关键线路支路上的关键工作，则必须将各支路上对应关键工作的持续时间同步压缩某一数值。

2.　工期优化的方法

1）确定初始网络计划的计算工期和关键线路，求出计算工期 T_c。

2）按要求工期 T_r 计算应缩短的时间 ΔT，$\Delta T = T_c - T_r$。

3）选择应缩短持续时间的关键工作，具体选择方法：①选择缩短持续时间对质量和安全影响不大的工作；②选择有充足备用资源的工作；③选择缩短持续时间所需增加的费用最少的工作。

通常，优先压缩优选系数最小或组合优选系数最小的关键工作或其组合。

4）将所选定的关键工作的持续时间压缩至最短，并重新确定计算工期和关键线路。若被压缩的关键工作变成非关键工作，则应延长（或反弹）其持续时间，使之仍为关键工作。

5）当计算工期仍超过要求工期时，则重复步骤2）～4），直至计算工期小于等于要求工期或计算工期已不能再缩短为止。

6）当所有关键工作的持续时间都已达到其能缩短的极限而寻求不到继续缩短工期的方案，但网络计划的计算工期仍大于要求工期时，应对网络计划的原技术方案、组织方案进行调整，或对要求工期重新审定。

3. 工期优化示例

【**例 4-5**】已知某工程双代号网络图如图 4-58 所示，图中箭线下方括号外数字为工作的正常持续时间，括号内数字为最短持续时间；箭线上方括号内数字为优选系数，该系数通过综合考虑质量、安全和费用增加情况确定。选择关键工作压缩其持续时间时，应选择优选系数最小的关键工作。若需要同时压缩多个关键工作的持续时间，则它们的优选系数之和（组合优选系数）最小者应优先作为压缩对象。现假设要求工期为 15，试对该网络计划进行工期优化。

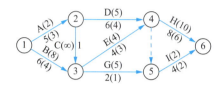

图 4-58　某工程双代号网络图

解析：该网络计划的工期优化可按以下步骤进行。

1）根据各项工作的正常持续时间，用标号计算法确定网络计划的计算工期和关键线路，如图 4-59 所示。此时关键线路为①→②→④→⑥。

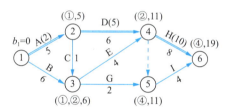

图 4-59　网络计划的计算工期和关键线路

2）计算应缩短的时间：

$$\Delta T = T_{\mathrm{c}} - T_{\mathrm{r}} = 19 - 15 = 4$$

3）此时关键工作为工作 A、D 和 H，而其中工作 A 的优选系数最小，故应将工作 A 作为优先压缩对象。

4）将工作 A 的持续时间压缩至最短持续时间 3，利用标号计算法确定新的计算工期和关键线路，如图 4-60 所示。

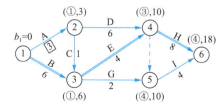

图 4-60　新的计算工期和关键线路

此时，工作 A 被压缩成非关键工作，故将其持续时间 3 延长为 4，使之成为关键工作。工作 A 恢复为关键工作之后，网络计划中出现两条关键线路，即①→②→④→⑥和①→③→④→⑥，如图 4-61 所示。

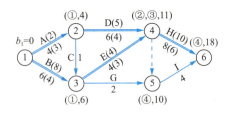

图 4-61　第一次压缩后的网络计划

5）此时计算工期为 18，仍大于要求工期，故需要继续压缩。需要缩短的时间：$\Delta T_1 = 18 - 15 = 3$。

在图 4-61 所示第一次压缩后的网络计划中，有以下 5 个压缩方案。

① 同时压缩工作 A 和工作 B，组合优选系数为 10（2+8）。

② 同时压缩工作 A 和工作 E，组合优选系数为 6（2+4）。

③ 同时压缩工作 B 和工作 D，组合优选系数为 13（8+5）。

④ 同时压缩工作 D 和工作 E，组合优选系数为 9（5+4）。

⑤ 压缩工作 H，优选系数为 10。

在 5 个压缩方案中，工作 A 和工作 E 的组合优选系数最小，故应选择同时压缩工作 A 和工作 E 的方案。先将这两项工作的持续时间各压缩 1（压缩至最短），再用标号计算法确定计算工期和关键线路，如图 4-62 所示。

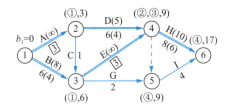

图 4-62　第二次压缩后的网络计划

此时，关键线路仍为两条，即①→②→④→⑥和①→③→④→⑥。关键工作 A 和 E 的持续时间已达最短，不能再压缩，它们的优选系数变为无穷大。

6）此时计算工期为 17，仍大于要求工期，故需要继续压缩。需要缩短的时间：$\Delta T_2 = 17 - 15 = 2$。

在图 4-62 所示第二次压缩后的网络计划中，有以下两个压缩方案。

① 同时压缩工作 B 和工作 D，组合优选系数为 13（8+5）。

② 压缩工作 H，优选系数为 10。

在两个压缩方案中，工作 H 的优选系数最小，故应选择压缩工作 H 的方案。先将工作 H 的持续时间缩短 2，再用标号计算法确定计算工期和关键线路，如图 4-63 所示。此时，计算工期为 15，等于要求工期，即工期优化完成。

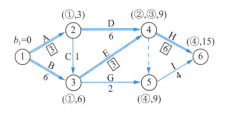

图 4-63　工期优化后的网络计划

▍4.5.2　费用优化

费用优化又称工期成本优化，是指寻求工程总成本最低时的工期安排，或按要求工期寻求最低成本的计划安排的过程。

1. 费用与时间的关系

（1）工程费用与工期的关系

工程总费用由直接费用和间接费用组成。

直接费用由人工费、材料费、施工机具使用费、措施费及现场经费等组成。施工方案不同，直接费用也就不同；如果施工方案一定，工期不同，那么直接费用也不同。直接费用随着工期的缩短而增加。

间接费用包括企业经营管理的全部费用，一般会随着工期的缩短而减少。在考虑工程总费用时，还应考虑工期变化带来的其他损益，包括效益增量和资金时间价值等。

因为直接费用随着工期的缩短而增加，间接费用随着工期的缩短而减少，所以必定有一个总费用最少的工期，这便是费用优化寻求的目标。

工程费用与工期的关系如图 4-64 所示。

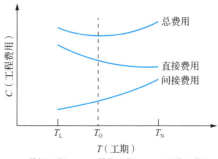

T_L—最短工期；T_O—最优工期；T_N—正常工期。

图 4-64　工程费用与工期的关系

（2）工作直接费用与持续时间的关系

由于网络计划的工期取决于关键工作的持续时间，为了进行费用优化，必须分析网络计划中各项工作的直接费用与持续时间的关系，这是网络计划费用优化的基础。

工作直接费用与持续时间的关系类似于工程直接费用与工期的关系，工作的直接费用随着持续时间的缩短而增加，如图 4-65 所示。为简化计算，工作直接费用与持续时间的关系被近似地认为是直线关系。当工作划分比较详细时，其计算结果是比较精确的。

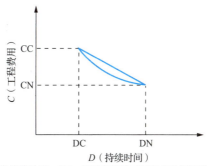

DN—工作的正常持续时间；CN—按正常持续时间完成工作时所需的直接费用；
DC—工作的最短持续时间；CC—按最短持续时间完成工作时所需的直接费用。

图 4-65　直接费用与持续时间的关系

工作持续时间每缩短单位时间而增加的直接费用称为直接费用率。直接费用率可按下式计算：

$$\Delta C_{i\text{-}j} = \frac{CC_{i\text{-}j} - CN_{i\text{-}j}}{DN_{i\text{-}j} - DC_{i\text{-}j}} \tag{4-30}$$

式中，$\Delta C_{i\text{-}j}$ 为工作 $i\text{-}j$ 的直接费用率；$CC_{i\text{-}j}$ 为按最短持续时间完成工作 $i\text{-}j$ 时所需的直接费用；$CN_{i\text{-}j}$ 为按正常持续时间完成工作 $i\text{-}j$ 时所需的直接费用；$DN_{i\text{-}j}$ 为工作 $i\text{-}j$ 的正常持续时间；$DC_{i\text{-}j}$ 为工作 $i\text{-}j$ 的最短持续时间。

从式（4-30）中可看出，工作的直接费用率越大，将该工作的持续时间缩短一个时间单位所需增加的直接费用就越多；反之，将该工作的持续时间缩短一个时间单位所需增加的直接费用就越少。因此，在压缩关键工作的持续时间以达到缩短工期的目的时，应将直接费用率最小的关键工作作为压缩对象。当有多条关键线路出现而需要同时压缩多个关键工作的持续时间时，应将它们的直接费用率之和（组合直接费用率）最小者作为压缩对象。

2. 费用优化的方法

费用优化的基本思路：不断地在网络计划中找出直接费用率（或组合直接费用率）最小的关键工作，缩短其持续时间，同时考虑间接费用随工期缩短而减少的数值，最后求得工程总成本最低时的最优工期安排或按要求工期求得最低成本的计划安排。

费用优化的方法如下。

1）按工作的正常持续时间确定计算工期和关键线路。

2）计算各项工作的直接费用率。

3）计算正常工期的网络计划的总费用（直接费用加间接费用）。

4）当只有一条关键线路时，应找出直接费用率最小的一项关键工作，将其作为缩短持续时间的对象；当有多条关键线路时，应找出组合直接费用率最小的一组关键工作，将其作为缩短持续时间的对象。

5）对于选定的压缩对象（一项关键工作或一组关键工作），首先比较其直接费用率或组合直接费用率与工程间接费用率的大小。

① 如果压缩对象的直接费用率或组合直接费用率大于工程间接费用率，则说明压缩关键工作的持续时间会使工程总费用增加，故应停止缩短关键工作的持续时间，在此之前的方案即为优化方案。

② 如果压缩对象的直接费用率或组合直接费用率等于工程间接费用率，则说明压缩关键工作的持续时间不会使工程总费用增加，故应缩短关键工作的持续时间。

③ 如果压缩对象的直接费用率或组合直接费用率小于工程间接费用率，则说明压缩关键工作的持续时间会使工程总费用减少，故应缩短关键工作的持续时间。

6）当需要缩短关键工作的持续时间时，其缩短值的确定必须符合下列两条原则。

① 缩短后工作的持续时间不能小于其最短持续时间。

② 缩短持续时间的工作不能变成非关键工作（但缩短关键工作的持续时间导致非关键工作变为关键工作可被接受，关键工作未经压缩而被动地变成了非关键工作也可被接受）。

7）计算关键工作持续时间缩短后相应增加的总费用。

8）重复步骤4）～7），直至计算工期小于等于要求工期，或者压缩对象的直接费用率或组合直接费用率大于工程间接费用率为止。

9）计算优化后的工程总费用。

3. 费用优化示例

【例 4-6】已知某工程双代号网络图如图 4-66 所示（费用单位为万元；时间单位为天），图中箭线下方括号外数字为工作的正常持续时间，括号内数字为最短持续时间；箭线上方括号外数字为工作按正常持续时间完成时所需的直接费用，括号内数字为工作按最短持续时间完成时所需的直接费用。该工程的间接费用率为 0.8 万元/天，试对其进行费用优化。

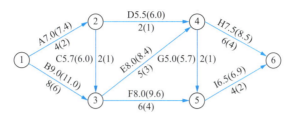

图 4-66　某工程双代号网络图

解析：该网络计划的费用优化可按以下步骤进行。

1）根据各项工作的正常持续时间，用标号计算法确定网络计划的计算工期和关键线路，如图 4-67 所示。计算工期为 19 天，关键线路有两条，即①→③→④→⑥和①→③→④→⑤→⑥。

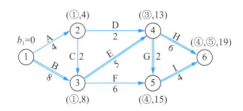

图 4-67　网络计划的计算工期和关键线路

2）计算各项工作的直接费用率。

$$\Delta C_{1\text{-}2} = \frac{CC_{1\text{-}2} - CN_{1\text{-}2}}{DN_{1\text{-}2} - DC_{1\text{-}2}} = \frac{7.4 - 7.0}{4 - 2} = 0.2 \ （万元/天）$$

$$\Delta C_{1\text{-}3} = \frac{CC_{1\text{-}3} - CN_{1\text{-}3}}{DN_{1\text{-}3} - DC_{1\text{-}3}} = \frac{11.0 - 9.0}{8 - 6} = 1.0 \ （万元/天）$$

$$\Delta C_{2\text{-}3} = \frac{CC_{2\text{-}3} - CN_{2\text{-}3}}{DN_{2\text{-}3} - DC_{2\text{-}3}} = \frac{6.0 - 5.7}{2 - 1} = 0.3 \ （万元/天）$$

$$\Delta C_{2\text{-}4} = \frac{CC_{2\text{-}4} - CN_{2\text{-}4}}{DN_{2\text{-}4} - DC_{2\text{-}4}} = \frac{6.0 - 5.5}{2 - 1} = 0.5 \ （万元/天）$$

$$\Delta C_{3\text{-}4} = \frac{CC_{3\text{-}4} - CN_{3\text{-}4}}{DN_{3\text{-}4} - DC_{3\text{-}4}} = \frac{8.4 - 8.0}{5 - 3} = 0.2 \ （万元/天）$$

$$\Delta C_{3\text{-}5} = \frac{CC_{3\text{-}5} - CN_{3\text{-}5}}{DN_{3\text{-}5} - DC_{3\text{-}5}} = \frac{9.6 - 8.0}{6 - 4} = 0.8 \ （万元/天）$$

$$\Delta C_{4\text{-}5} = \frac{CC_{4\text{-}5} - CN_{4\text{-}5}}{DN_{4\text{-}5} - DC_{4\text{-}5}} = \frac{5.7 - 5.0}{2 - 1} = 0.7 \ （万元/天）$$

$$\Delta C_{4-6} = \frac{CC_{4-6} - CN_{4-6}}{DN_{4-6} - DC_{4-6}} = \frac{8.5 - 7.5}{6 - 4} = 0.5 \text{（万元/天）}$$

$$\Delta C_{5-6} = \frac{CC_{5-6} - CN_{5-6}}{DN_{5-6} - DC_{5-6}} = \frac{6.9 - 6.5}{4 - 2} = 0.2 \text{（万元/天）}$$

3）计算工程总费用。

① 直接费用总和：C_d=7.0+9.0+5.7+5.5+8.0+8.0+5.0+7.5+6.5=62.2（万元）。

② 间接费用总和：C_i=0.8×19=15.2（万元）。

③ 工程总费用：C_t=C_d+C_i=62.2+15.2=77.4（万元）。

4）通过压缩关键工作的持续时间进行费用优化，优化过程如表4-6所示。

表4-6　优化过程

压缩次数	被压缩的工作代号	被压缩的工作名称	（组合）直接费用率/（万元/天）	费率差/（万元/天）	缩短时间/天	费用增加值/万元	总工期/天	总费用/万元
0	—	—	—	—	—	—	19	77.4
1	3-4	E	0.2	-0.6	1	-0.6	18	76.8
2	3-4 5-6	E、I	0.4	-0.4	1	-0.4	17	76.4
3	4-6 5-6	H、I	0.7	-0.1	1	-0.1	16	76.3
4	1-3	B	1.0	+0.2	—	—	—	—

注：费率差指工作的直接费用率与工程间接费用率之差，表示工期缩短单位时间时工程总费用增加的数值。

① 第一次压缩：由图4-67可知，该网络计划中有两条关键线路，为了同时缩短两条关键线路的总持续时间，有以下4个压缩方案。

a. 压缩工作B，直接费用率为1.0万元/天。

b. 压缩工作E，直接费用率为0.2万元/天。

c. 同时压缩工作H和工作G，组合直接费用率为0.5+0.7=1.2（万元/天）。

d. 同时压缩工作H和工作I，组合直接费用率为0.5+0.2=0.7（万元/天）。

在4个压缩方案中，工作E的直接费用率0.2万元/天为最小（小于间接费用率0.8万元/天），压缩工作E可使工程总费用降低，故应选择工作E作为压缩对象。将工作E的持续时间压缩至最短持续时间3天，利用标号计算法重新确定计算工期和关键线路，如图4-68所示。

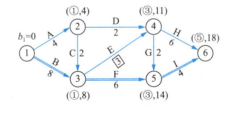

图4-68　工作E的持续时间压缩至最短时的计算工期和关键线路

此时，关键工作E被压缩成非关键工作，故将其持续时间延长（反弹）为4天，使之成为关键工作。第一次压缩后的网络计划如图4-69所示。图中箭线上方括号内数字为工作的直接费用率。

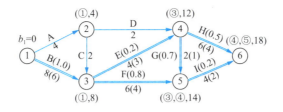

图 4-69　第一次压缩后的网络计划

② 第二次压缩：由图 4-69 可知，该网络计划中有 3 条关键线路，即①→③→④→⑥、①→③→④→⑤→⑥和①→③→⑤→⑥。为了同时缩短 3 条关键线路的总持续时间，有以下 5 个压缩方案。

a. 压缩工作 B，直接费用率为 1.0 万元/天。

b. 同时压缩工作 E 和工作 F，组合直接费用率为 0.2+0.8=1.0（万元/天）。

c. 同时压缩工作 E 和工作 I，组合直接费用率为 0.2+0.2=0.4（万元/天）。

d. 同时压缩工作 H、工作 G 和工作 F，组合直接费用率为 0.5+0.7+0.8=2.0（万元/天）。

e. 同时压缩工作 H 和工作 I，组合直接费用率为 0.5+0.2=0.7（万元/天）。

在 5 个压缩方案中，工作 E 和工作 I 的组合直接费用率 0.4 万元/天为最小（小于间接费用率 0.8 万元/天），同时压缩工作 E 和工作 I 可使工程总费用降低，故应选择工作 E 和工作 I 作为压缩对象。由于工作 E 的持续时间只能压缩 1 天，工作 I 的持续时间也只能随之压缩 1 天。工作 E 和工作 I 的持续时间同时压缩 1 天后，利用标号计算法重新确定计算工期和关键线路。此时，关键线路由压缩前的 3 条变为两条：①→③→④→⑥和①→③→⑤→⑥。原来的关键工作 G 未经压缩而被动地变成了非关键工作。第二次压缩后的网络计划如图 4-70 所示。此时，关键工作 E 的持续时间已达最短，不能再压缩，故其直接费用率变为无穷大。

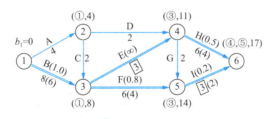

图 4-70　第二次压缩后的网络计划

③ 第三次压缩：由图 4-70 可知，工作 E 不能再压缩，而为了同时缩短两条关键线路①→③→④→⑥和①→③→⑤→⑥的总持续时间，有以下 3 个压缩方案。

a. 压缩工作 B，直接费用率为 1.0 万元/天。

b. 同时压缩工作 H 和工作 F，组合直接费用率为 0.5+0.8=1.3（万元/天）。

c. 同时压缩工作 H 和工作 I，组合直接费用率为 0.5+0.2=0.7（万元/天）。

在 3 个压缩方案中，工作 H 和工作 I 的组合直接费用率 0.7 万元/天为最小（小于间接费用率 0.8 万元/天），同时压缩工作 H 和工作 I 可使工程总费用降低，故应选择工作 H 和工作 I 作为压缩对象。由于工作 I 的持续时间只能压缩 1 天，工作 H 的持续时间也只能随之压缩 1 天。工作 H 和工作 I 的持续时间同时压缩 1 天后，利用标号计算法重新确定计算工期和关键线路。此时，关键线路仍然为两条，即①→③→④→⑥和①→③→⑤→⑥。第三次压缩后的网络计划如图 4-71 所示。此时，关键工作 I 的持续时间也已达最短，不能再压缩，故其直接费用率变为无穷大。

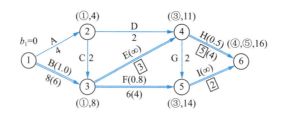

图 4-71　第三次压缩后的网络计划

④ 第四次压缩：由图 4-71 可知，工作 E 和工作 I 不能再压缩，而为了同时缩短两条关键线路①→③→④→⑥和①→③→⑤→⑥的总持续时间，有以下两个压缩方案。

a. 压缩工作 B，直接费用率为 1.0 万元/天。

b. 同时压缩工作 H 和工作 F，组合直接费用率为 0.5+0.8=1.3（万元/天）。

在两个压缩方案中，工作 B 的直接费用率 1.0 万元/天为最小，故应选择工作 B 作为压缩对象。但是，工作 B 的直接费用率大于间接费用率 0.8 万元/天，说明压缩工作 B 会使工程总费用增加。因此，不需要压缩工作 B，优化方案已得到。费用优化后的网络计划如图 4-72 所示，图中箭线上方括号内数字为工作的直接费用。

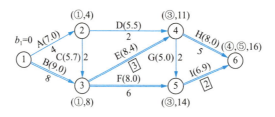

图 4-72　费用优化后的网络计划

5）计算优化后的工程总费用。

① 直接费用总和：C_d=7.0+9.0+5.7+5.5+8.4+8.0+5.0+8.0+6.9=63.5（万元）。

② 间接费用总和：C_i=0.8×16=12.8（万元）。

③ 工程总费用：C_t=C_d+C_i=63.5+12.8=76.3（万元）。

4.5.3　资源优化

资源是指为完成一项计划任务所需投入的人力、材料、机械设备和资金等。完成一项工程任务所需要的资源量基本上是不变的，不可能通过资源优化将其减少。资源优化的目的是通过改变工作的开始时间和完成时间，使资源按照时间的分布符合优化目标。

在通常情况下，网络计划的资源优化分为两种，即"资源有限、工期最短"的优化和"工期固定、资源均衡"的优化。前者是通过调整计划安排，在满足资源限制的条件下，使工期不延误或延长最少的过程；而后者是通过调整计划安排，在工期保持不变的条件下，使资源需用量尽可能均衡的过程。

资源优化的原则如下：①在优化过程中，不改变网络计划中各项工作之间的逻辑关系；②在优化过程中，不改变网络计划中各项工作的持续时间；③网络计划中各项工作的资源强度（单位时间所需资源数量）为常数；④除规定可中断的工作外，一般不允许中断工作，应保持其连续性。

为简化问题，这里假定网络计划中的所有工作需要同一种资源。

1. "资源有限、工期最短"的优化

优化步骤如下。

1) 按照各项工作的最早开始时间安排进度计划，并计算网络计划单位时间的资源需用量。

2) 从计划开始日期起，逐个检查每个时段（单位时间资源需用量相同的时段）的资源需用量是否超过所能供应的资源限量。如果在整个工期范围内每个时段的资源需用量均能满足资源限量的要求，则可认为优化方案编制完成。否则，必须转入下一步进行计划调整。

3) 分析超过资源限量的时段。如果在该时段内有几项工作平行作业，则采取将一项工作安排在与之平行的另一项工作之后进行的方法，以降低该时段的资源需用量。

对于两项平行作业的工作 m 和工作 n 来说，为了降低相应时段的资源需用量，现将工作 n 安排在工作 m 之后进行，如图 4-73 所示。

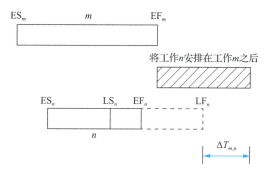

图 4-73　工作 m 和工作 n 的排序

如果将工作 n 安排在工作 m 之后进行，则网络计划的工期延长值为

$$\Delta T_{m,n} = EF_m + D_n - LF_n = EF_m - (LF_n - D_n) = EF_m - LS_n \qquad (4\text{-}31)$$

式中，$\Delta T_{m,n}$ 为将工作 n 安排在工作 m 之后进行时网络计划的工期延长值；EF_m 为工作 m 的最早完成时间；D_n 为工作 n 的持续时间；LF_n 为工作 n 的最迟完成时间；LS_n 为工作 n 的最迟开始时间。

这样，在有资源冲突的时段中，对平行作业的工作进行两两排序，即可得出若干 $\Delta T_{m,n}$，选择其中最小的 $\Delta T_{m,n}$，将相应的工作 n 安排在工作 m 之后进行，既可降低该时段的资源需用量，又使网络计划的工期延长最短。

4) 对调整后的网络计划安排，重新计算单位时间的资源需用量。

5) 重复步骤 2) ～4)，直至网络计划整个工期范围单位时间的资源需用量均满足资源限量为止。

【例 4-7】已知某工程双代号时标网络计划如图 4-74 所示（时间单位为天），图中箭线上方括号内数字为工作的资源强度，箭线下方数字为工作持续时间。假定资源限量 $R_a = 12$，试对其进行"资源有限、工期最短"的优化。

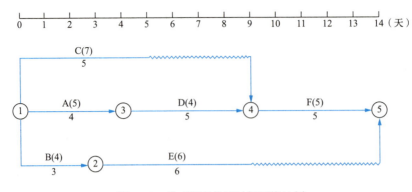

图 4-74　某工程双代号时标网络计划

解析：

1）计算资源需用量并绘制资源需用量曲线。初始网络计划及资源需用量曲线如图 4-75 所示。

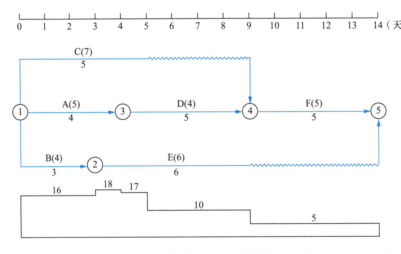

图 4-75　初始网络计划及资源需用量曲线

2）从计划开始日期起，经资源需用量曲线检查，首先发现第一个时段（第一、二、三天）存在资源冲突，即资源需用量超过资源限量，故应首先对该时段进行调整。

3）在第一个时段（第一、二、三天），工作 C、工作 A、工作 B 平行作业，对平行作业的工作进行两两排序，利用式（4-31）计算 ΔT 值，其计算结果如表 4-7 所示。

表 4-7　第一个时段的 ΔT 值

工作名称	工作序号	最早完成时间	最迟开始时间	$\Delta T_{1,2}$	$\Delta T_{1,3}$	$\Delta T_{2,1}$	$\Delta T_{2,3}$	$\Delta T_{3,1}$	$\Delta T_{3,2}$
C	1	5	4	5	0				
A	2	4	0			0	-1		
B	3	3	5					-1	3

由表 4-7 可知，工期增量 $\Delta T_{2,3} = \Delta T_{3,1}$，说明将 3 号工作（工作 B）安排在 2 号工作（工作 A）之后或将 1 号工作（工作 C）安排在 3 号工作之后工期不延长。但从资源强度来看，应选择将 3 号工作安排在 2 号工作（工作 A）之后进行，工期不变。

重新计算调整后的网络计划单位时间的资源需用量，绘制资源需用量曲线。第一次调整后网络计划及资源需用量曲线如图 4-76 所示。

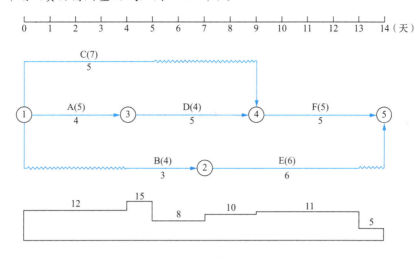

图 4-76　第一次调整后网络计划及资源需用量曲线

由图 4-76 可知，在第二个时段（第五天）存在资源冲突，故应调整该时段。

4）在第二个时段（第五天），工作 C、工作 D、工作 B 平行作业，对平行作业的工作进行两两排序，利用式（4-31）计算 ΔT 值，其计算结果如表 4-8 所示。

表 4-8　第二个时段的 ΔT 值

工作名称	工作序号	最早完成时间	最迟开始时间	$\Delta T_{1,2}$	$\Delta T_{1,3}$	$\Delta T_{2,1}$	$\Delta T_{2,3}$	$\Delta T_{3,1}$	$\Delta T_{3,2}$
C	1	5	4	1	0				
D	2	9	4			5	4		
B	3	7	5					3	3

选择表 4-8 中最小的 ΔT，即 $\Delta T_{1,3}=0$，说明将 3 号工作（工作 B）安排在 1 号工作（工作 C）之后工期不延长。

重新计算调整后的网络计划单位时间的资源需用量，绘制资源需用量曲线。第二次调整后网络计划及资源需用量曲线如图 4-77 所示。由于此网络计划整个工期范围内的资源需用量均未超过资源限量，即为资源优化后的最终网络计划，其最短工期为 14 天。

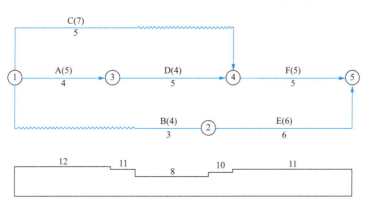

图 4-77　第二次调整后网络计划及资源需用量曲线

2. "工期固定、资源均衡" 的优化

在工期保持不变的条件下，尽量使资源需用量保持均衡，可大大减少施工现场各种生产临时设施（如仓库、堆场、加工场、临时供水供电设施等）和生活临时设施（如工人临时住房、办公室、食堂、卫浴等）的数量。这样既有利于工程施工组织与管理，又有利于降低工程施工费用。

（1）衡量资源均衡的指标

衡量资源均衡的指标主要有 3 个：不均衡系数、极差值、均方差值。

1）不均衡系数 K 的计算公式为

$$K = \frac{R_{max}}{R_m} \tag{4-32}$$

式中，R_{max} 为最大的资源需用量；R_m 为资源需用量平均值。

资源需用量平均值 R_m 的计算公式为

$$R_m = \frac{1}{T}(R_1 + R_2 + \cdots + R_t) = \frac{1}{T}\sum_{t=1}^{T} R_t \tag{4-33}$$

式中，T 为网络计划的计算工期；R_t 为第 t 个时间单位的资源需用量。

资源需用量不均衡系数越小，资源需用量均衡性越好。

2）极差值 ΔR 的计算公式为

$$\Delta R = \max\left[\left|R_t - R_m\right|\right] \tag{4-34}$$

资源需用量极差值越小，资源需用量均衡性越好。

3）均方差值 σ^2 的计算公式为

$$\sigma^2 = \frac{1}{T}\sum_{t=1}^{T}(R_t - R_m)^2 \tag{4-35}$$

式（4-35）可以简化为

$$\begin{aligned}
\sigma^2 &= \frac{1}{T}\sum_{t=1}^{T}(R_t - R_m)^2 \\
&= \frac{1}{T}\sum_{t=1}^{T}R_t^2 - \frac{2R_m}{T} \cdot \sum_{t=1}^{T}R_t + \frac{1}{T}\sum_{t=1}^{T}R_m^2 \\
&= \frac{1}{T}\sum_{t=1}^{T}R_t^2 - \frac{2R_m}{T} \cdot R_m + \frac{1}{T} \cdot T \cdot R_m^2 \\
&= \frac{1}{T}\sum_{t=1}^{T}R_t^2 - R_m^2
\end{aligned} \tag{4-36}$$

分析：若要使资源需用量尽可能均衡，则必须使 σ^2 为最小，而计算工期 T 和资源需用量平均值 R_m 均为常数，故应使 $\sum_{t=1}^{T}R_t^2$ 为最小。

对于网络计划中某项工作 K 而言，其资源强度为 γ_K。在调整网络计划前，工作从第 i 个时间单位开始，到第 j 个时间单位完成，则此时网络计划资源需用量的平方和为

$$\sum_{t=1}^{T}R_{t0}^2 = R_1^2 + R_2^2 + \cdots + R_i^2 + R_{i+1}^2 + \cdots + R_j^2 + R_{j+1}^2 + \cdots + R_T^2 \tag{4-37}$$

若将工作 K 的开始时间右移一个时间单位，即工作 K 从第 $i+1$ 个时间单位开始，到第 $j+1$ 个时间单位完成，则此时网络计划资源需用量的平方和为

$$\sum_{t=1}^{T}R_{t1}^2 = R_1^2 + R_2^2 + \cdots + (R_i - \gamma_K)^2 + R_{i+1}^2 + \cdots + R_j^2 + (R_{j+1} + \gamma_K)^2 + \cdots + R_T^2 \tag{4-38}$$

右移后的 $\sum_{t=1}^{T}R_{t1}^2$ 减去移动前的 $\sum_{t=1}^{T}R_{t0}^2$，可得网络计划资源需用量平方和的增量 Δ 为

$$\Delta = \sum_{t=1}^{T}R_{t1}^2 - \sum_{t=1}^{T}R_{t0}^2$$
$$= (R_i - \gamma_K)^2 - R_i^2 + (R_{j+1} + \gamma_K)^2 - R_{j+1}^2$$
$$= 2\gamma_K(R_{j+1} + \gamma_K - R_i) \tag{4-39}$$

如果资源需用量平方和的增量 Δ 为负值，则说明工作 K 的开始时间右移一个时间单位能使资源需用量的平方和减小，也就使资源需用量的方差减小，从而使资源需用量更均衡。因此，工作 K 的开始时间能够右移的判别式为

$$\Delta = 2\gamma_K(R_{j+1} + \gamma_K - R_i) \leqslant 0 \tag{4-40}$$

工作 K 的资源强度 γ_K 不可能为负值，故式（4-40）可以简化为

$$R_{j+1} + \gamma_K - R_i \leqslant 0$$

即

$$R_{j+1} + \gamma_K \leqslant R_i \tag{4-41}$$

式（4-41）表明，当网络计划中工作 K 完成时间之后的一个时间单位所对应的资源需用量 R_{j+1} 与工作 K 的资源强度 γ_K 之和不超过工作 K 开始时所对应的资源需用量 R_i 时，将工作 K 右移一个时间单位能使资源需用量更加均衡。这时，就应将工作 K 右移一个时间单位。

同理，如果下式成立，则说明将工作 K 左移一个时间单位能使资源需用量更加均衡，这时就应将工作 K 左移一个时间单位：

$$R_{i-1} + \gamma_K \leqslant R_j \tag{4-42}$$

如果工作 K 不满足式（4-41）或式（4-42），则说明工作 K 右移或左移一个时间单位不能使资源需用量更加均衡，这时可以考虑在其总时差允许的范围内，将工作 K 右移或左移数个时间单位。

向右移时，判别式为

$$[(R_{j+1} + \gamma_K) + (R_{j+2} + \gamma_K) + (R_{j+3} + \gamma_K) + \cdots] \leqslant [R_i + R_{i+1} + R_{i+2} + \cdots] \tag{4-43}$$

向左移时，判别式为

$$[(R_{i-1} + \gamma_K) + (R_{i-2} + \gamma_K) + (R_{i-3} + \gamma_K) + \cdots] \leqslant [R_j + R_{j-1} + R_{j-2} + \cdots] \tag{4-44}$$

（2）优化步骤

1）按照各项工作的最早开始时间安排进度计划，并计算网络计划每个时间单位的资源需用量。

2）在工期不变的情况下，通过利用非关键工作的总时差，调整工作的开始和结束时间，使资源需用量在工期范围内尽可能均衡。

3）从网络计划的终点节点开始，按工作完成节点编号从大到小的顺序依次进行调整。当某一节点同时作为多项工作的完成节点时，应先调整开始时间较迟的工作。

在调整工作时，一项工作能够右移的条件如下。

① 工作具有机动时间，在不影响工期的前提下能够右移，即被调整为非关键工作。

② 工作满足式（4-41）或式（4-42），或者满足式（4-43）或式（4-44）。

只有同时满足以上两个条件，才能调整该工作，将其右移至相应位置。

4）当所有工作均按顺序自右向左调整一次之后，为使资源需用量更加均衡，接着自右向左进行多次调整，直至所有工作不能右移为止。

【例4-8】已知某工程双代号时标网络计划如图4-78所示，图中箭线上方括号内数字为工作的资源强度，箭线下方数字为工作持续时间。试对其进行"工期固定、资源均衡"的优化。

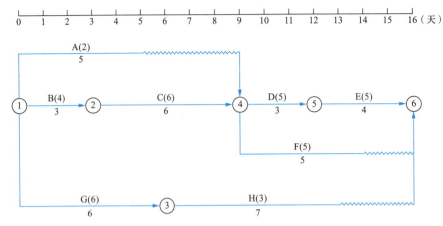

图4-78　某工程双代号时标网络计划

解析：

1）计算资源需用量并绘制资源需用量曲线。初始网络计划及资源需用量曲线如图4-79所示。

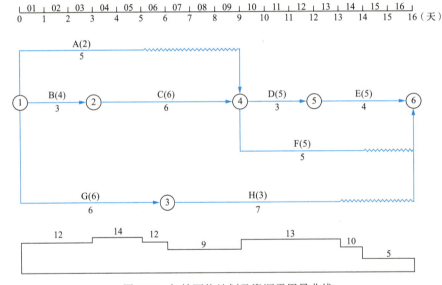

图4-79　初始网络计划及资源需用量曲线

工期为16天，资源需用量平均值为

$$R_m = \frac{1}{16}(12 \times 3 + 14 \times 2 + 12 \times 1 + 9 \times 3 + 13 \times 4 + 10 \times 1 + 5 \times 2) \approx 10.9$$

2）对以终点节点6为完成节点的非关键工作进行调整：以终点节点6为完成节点的非关键工作有工作4-6（工作F）和工作3-6（工作H），优先调整开始时间较迟的工作，即工作4-6。

根据右移工作判别式 $R_{j+1} + \gamma_K \leqslant R_i$，可得工作4-6的优化过程，如表4-9所示。

表 4-9　工作 4-6 的优化过程

工作	计算参数	判别式结果	能否右移
4-6	$R_{j+1} = R_{14+1} = 5$ $\gamma_{4-6} = 5$ $R_i = R_{10} = 13$	$R_{15} + \gamma_{4-6} < R_{10}$	能右移 1 天
	$R_{j+2} = R_{14+2} = 5$ $\gamma_{4-6} = 5$ $R_{i+1} = R_{11} = 13$	$R_{16} + \gamma_{4-6} < R_{11}$	能右移 2 天
结论		该工作能右移 2 天	

工作 4-6 右移 2 天的网络计划及资源需用量曲线如图 4-80 所示。

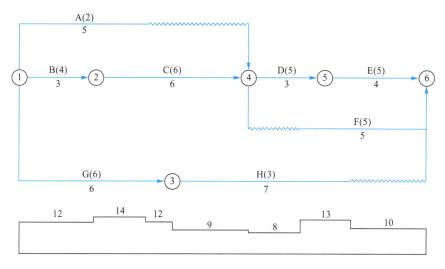

图 4-80　工作 4-6 右移 2 天的网络计划及资源需用量曲线

接着调整工作 3-6，根据右移工作判别式 $R_{j+1} + \gamma_K \leq R_i$，可得工作 3-6 的优化过程，如表 4-10 所示。

表 4-10　工作 3-6 的优化过程

工作	计算参数	判别式结果	能否右移
3-6	$R_{j+1} = R_{13+1} = 10$ $\gamma_{3-6} = 3$ $R_i = R_7 = 9$	$R_{14} + \gamma_{3-6} > R_7$	不能右移
	$R_{j+2} = R_{13+2} = 10$ $\gamma_{3-6} = 3$ $R_{i+1} = R_8 = 9$	$R_{15} + \gamma_{3-6} > R_8$	不能右移
	$R_{j+3} = R_{13+3} = 10$ $\gamma_{3-6} = 3$ $R_{i+2} = R_9 = 9$	$R_{16} + \gamma_{3-6} > R_9$	不能右移
结论		该工作不能右移	

3）对以终点节点 5 为完成节点的非关键工作进行调整：没有以终点节点 5 为完成节点

的非关键工作。

4）对以终点节点 4 为完成节点的非关键工作进行调整：以终点节点 4 为完成节点的非关键工作为工作 1-4（工作 A）。

根据右移工作判别式 $R_{j+1} + \gamma_K \leqslant R_i$，可得工作 1-4 的优化过程，如表 4-11 所示。

表 4-11　工作 1-4 的优化过程

工作	计算参数	判别式结果	能否右移
1-4	$R_{j+1} = R_{5+1} = 12$ $\gamma_{1-4} = 2$ $R_i = R_1 = 12$	$R_6 + \gamma_{1-4} > R_1$	不能右移
	$R_{j+2} = R_{5+2} = 9$ $\gamma_{1-4} = 2$ $R_{i+1} = R_2 = 12$	$R_7 + \gamma_{1-4} < R_2$	能右移 2 天
	$R_{j+3} = R_{5+3} = 9$ $\gamma_{1-4} = 2$ $R_{i+2} = R_3 = 12$	$R_8 + \gamma_{1-4} < R_3$	能右移 3 天
	$R_{j+4} = R_{5+4} = 9$ $\gamma_{1-4} = 2$ $R_{i+3} = R_4 = 14$	$R_9 + \gamma_{1-4} < R_4$	能右移 4 天
结论	该工作能右移 4 天		

工作 1-4 右移 4 天的网络计划及资源需用量曲线如图 4-81 所示。

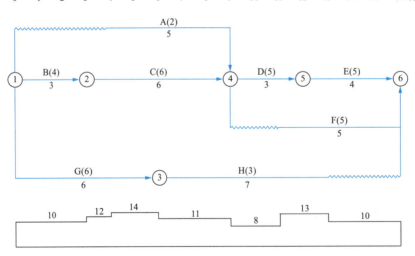

图 4-81　工作 1-4 右移 4 天的网络计划及资源需用量曲线

5）对以终点节点 3 为完成节点的非关键工作进行调整：没有以终点节点 3 为完成节点的非关键工作。

6）对以终点节点 2 为完成节点的非关键工作进行调整：没有以终点节点 2 为完成节点的非关键工作。

第一轮优化结束后，可以判定不再有工作可以移动，优化完毕，图 4-81 为最终的优化结果。

7）比较优化前后的资源均衡指标。

① 初始方案的不均衡系数 K、极差值 ΔR、均方差值 σ^2 分别为

$$K = \frac{R_{\max}}{R_m} = \frac{14}{10.9} \approx 1.28$$

$$\Delta R = \max\left[\left|R_t - R_m\right|\right] = \max\left[\left|14-10.9\right|, \left|5-10.9\right|\right] = 5.9$$

$$\sigma^2 = \frac{1}{T}\sum_{t=1}^{T}R_t^2 - R_m^2$$

$$= \frac{1}{16}(12^2 \times 3 + 14^2 \times 2 + 12^2 \times 1 + 9^2 \times 3 + 13^2 \times 4 + 10^2 \times 1 + 5^2 \times 2) - 10.9^2$$

$$\approx 8.5$$

② 优化方案的不均衡系数 K、极差值 ΔR、均方差值 σ^2 分别为

$$K = \frac{R_{\max}}{R_m} = \frac{14}{10.9} \approx 1.28$$

$$\Delta R = \max\left[\left|R_t - R_m\right|\right] = \max\left[\left|14-10.9\right|, \left|8-10.9\right|\right] = 3.1$$

$$\sigma^2 = \frac{1}{T}\sum_{t=1}^{T}R_t^2 - R_m^2$$

$$= \frac{1}{16}(10^2 \times 3 + 12^2 \times 1 + 14^2 \times 2 + 11^2 \times 3 + 8^2 \times 2 + 13^2 \times 2 + 10^2 \times 3) - 10.9^2$$

$$\approx 4.0$$

均方差值降低率为

$$\frac{8.5-4.0}{8.5} \times 100\% \approx 52.9\%$$

由此可见，调整后网络计划资源的均衡性较调整前有了较大幅度的提高。

4.6　施工进度控制

施工进度控制是根据进度总目标及资源优化配置原则，编制工程项目建设各阶段的工作内容、工作程序、持续时间和衔接关系计划并付诸实施的过程。在进度计划的实施过程中，需定期检查实际进度是否符合计划要求。对出现的偏差情况进行分析，采取补救措施或调整、修改原计划后再付诸实施。如此循环，直到建设工程竣工验收并交付使用。

4.6.1　施工进度控制概述

1. 施工进度控制的程序

施工进度控制是实现各项目标的重要工作，其任务是确保项目的工期或进度计划得以实现。施工进度控制的基本程序如图 4-82 所示（图中△为工作进度拖延的时间）。

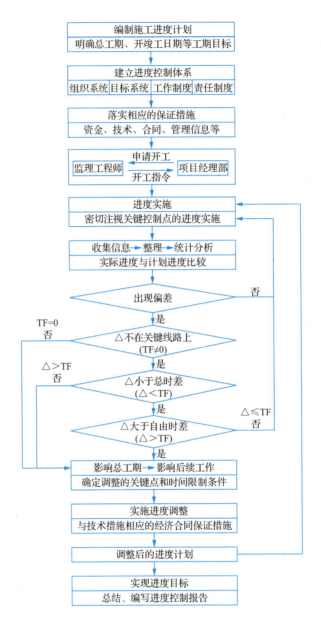

图 4-82 施工进度控制的基本程序

2. 施工进度控制的措施

施工进度控制的措施包括组织措施、经济措施、技术措施和管理措施，其中最重要的措施是组织措施，最有效的措施是经济措施。

（1）组织措施

施工进度控制的组织措施如下。

1）系统的目标决定了系统的组织，组织是目标能否实现的决定性因素，因此应首先建立项目的进度控制目标体系。

2）充分重视健全项目管理的组织体系，在项目组织结构中，应有专门的工作部门和符合进度控制岗位要求的专人负责进度控制工作。进度控制的主要工作任务包括分析和论证进度目标，编制进度计划，定期跟踪进度计划的执行情况，采取纠偏措施，以及调整进度计划。这些工作任务和相应的管理职能应在项目管理组织设计的任务分工表和管理职能分工表中标示并落实。

3）建立进度报告、进度信息沟通网络、进度计划审核、进度计划实施中的检查分析、图样审查、工程变更和设计变更管理等制度。

4）应编制项目进度控制的工作流程，如确定项目进度计划系统的组成，确定各类进度计划的编制程序、审批程序和计划调整程序等。

5）进度控制工作包含大量的组织和协调任务，而会议是实现组织和协调任务的重要手段。建立进度协调会议制度，应进行有关进度控制会议的组织设计，以明确会议的类型，各类会议的主持人及参与单位和人员，各类会议的召开时间、地点，以及各类会议文件的整理、分发和确认等。

（2）经济措施

施工进度控制的经济措施如下。

1）为确保进度目标的实现，应编制与进度计划相适应的资源需求计划（资源进度计划），包括资金需求计划和其他资源（人力和物力资源）需求计划，以反映工程实施的各时段所需要的资源。通过对资源需求的分析，可评估所编制进度计划实现的可能性，若不具备资源条件，则应调整进度计划；同时，考虑可能的资金总供应量、资金来源（自有资金和外来资金）及资金供应时间。

2）及时办理工程预付款及工程进度款支付手续。

3）在工程预算中，应考虑加快工程进度所需要的资金，其中包括为实现进度目标将要采取的经济激励措施所需要的费用，如对应急赶工情况给予的优厚的赶工费用及对工期提前情况给予的奖励等。

4）针对工程延误情形收取误期损失赔偿金。

（3）技术措施

施工进度控制的技术措施如下。

1）不同的设计理念、技术路线、设计方案会对工程进度产生不同的影响。在设计工作的前期，特别是在设计方案评审和选用时，应对设计技术与工程进度的关系做分析比较。

2）采用技术先进和经济合理的施工方案，改进施工工艺和施工技术、施工方法，选用更先进的施工机械。

（4）管理措施

建设工程项目施工进度控制的管理措施涉及管理观念、管理方法、管理手段、承发包模式、合同管理和风险管理等。在理顺组织的前提下，科学和严谨的管理显得十分重要。

针对施工进度控制采取相应的管理措施时，必须注意以下问题。

1）建设工程项目施工进度控制在管理观念方面存在的主要问题是：缺乏进度计划系统观念，分别编制各种独立而互不联系的计划，无法形成计划系统；缺乏动态控制的观念，只重视计划的编制，而不重视及时进行计划的动态调整；缺乏进度计划多方案比较和选优的观念。合理的进度计划应体现资源的合理使用与工作面的合理安排，这不仅有利于提高建设质量，促进文明施工，还有利于合理地缩短建设周期。因此，在建设工程项目施工进度控制中，必须树立科学的管理观念。

2）运用工程网络计划的方法编制施工进度计划，必须严谨地分析和考虑工作之间的逻辑关系。通过网络计划的计算，可以发现关键工作和关键路线，也可以了解非关键工作可利用的时差。

3）重视信息技术（包括相应的软件、局域网、互联网及数据处理设备）在施工进度控制中的应用。这些技术的应用有利于提高进度信息处理的效率和进度信息的透明度，促进进度信息的交流及项目各参与方之间的协同合作。

4）承发包模式的选择直接关系到工程实施的组织和协调。为了实现进度目标，应选择合理的合同结构，以避免过多的合同交界面影响工程的进展。

5）加强合同管理和索赔管理，协调合同工期与进度计划的关系，保证合同中进度目标的实现；同时，严格控制合同变更，尽量减少因合同变更引起的工期拖延。

6）为实现进度目标，不仅应进行施工进度控制，还应注意分析影响工程进度的风险，并在分析的基础上采取风险管理措施，以减少进度失控的风险量。常见的影响工程进度的风险有组织风险、管理风险、合同风险、资源（人力、物力和财力）风险及技术风险等。

4.6.2 施工进度计划的控制方法

常见的施工进度计划的控制方法有横道图比较法、S 曲线比较法、香蕉曲线比较法、前锋线比较法等。

1. 横道图比较法

横道图比较法是指将项目实施过程中检查实际进度所收集的数据进行加工整理后，直接用横道线平行绘制在原计划的横道线处，以便对实际进度与计划进度进行比较的方法。采用横道图比较法，可以形象、直观地反映实际进度与计划进度的比较情况。

例如，某基础工程的计划进度和截止到第 9 周末的实际进度如图 4-83 所示。从图中实际进度与计划进度的比较中可以看出：到第 9 周末进行实际进度检查时，挖土方和做垫层两项工作已经完成；支模板按计划也应该完成，但实际只完成 75%，任务量拖欠 25%；绑钢筋按计划应该完成 60%，而实际只完成 20%，任务量拖欠 40%。

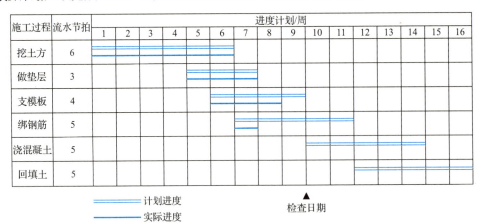

图 4-83　某基础工程的计划进度和截止到第 9 周末的实际进度

根据各项工作的进度偏差，进度控制人员可以采取相应的纠偏措施对施工进度计划进行调整，以确保该工程按期完成。

图 4-83 所表达的比较方法仅适用于工程项目中的各项工作的进展都是匀速的情况，即每项工作在单位时间内完成的任务量都相等。事实上，工程项目中各项工作的进展不一定

是匀速的。根据工程项目中各项工作的进展是否匀速，可分别采用以下两种方法进行实际进度与计划进度的比较。

（1）匀速进展横道图比较法

匀速进展是指在工程项目中，每项工作在单位时间内完成的任务量都是相等的，即工作的进展速度是均匀的。此时，每项工作累计完成任务量与时间呈线性关系，如图 4-84 所示。完成任务量可以用实物工程量、劳动消耗量或费用支出表示。为了便于比较，通常用这些物理量的百分比表示。

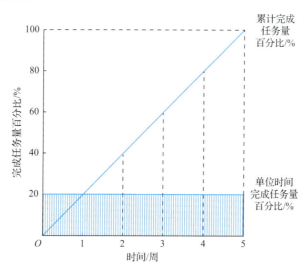

图 4-84　工作匀速进展时完成任务量与时间的关系

采用匀速进展横道图比较法时，其步骤如下。

1）编制横道图进度计划。

2）在进度计划上标出检查日期。

3）将检查收集到的实际进度数据经加工整理后，按比例用涂黑的粗线标于进度计划的下方。匀速进展横道图比较图如图 4-85 所示。

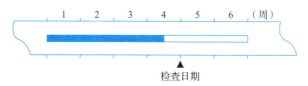

图 4-85　匀速进展横道图比较图

4）对比分析实际进度与计划进度：①如果涂黑的粗线右端落在检查日期左侧，则表明实际进度拖后；②如果涂黑的粗线右端落在检查日期右侧，则表明实际进度超前；③如果涂黑的粗线右端与检查日期重合，则表明实际进度与计划进度一致。

必须指出，匀速进展横道图比较法仅适用于工作从开始到结束的整个过程中，其进展速度均为固定不变的情况。如果工作的进展速度是变化的，则不能采用这种方法进行实际进度与计划进度的比较；否则，将会得出错误的结论。

（2）非匀速进展横道图比较法

当工作在不同单位时间里的进展速度不相等时，累计完成任务量与时间的关系就不可能是线性关系。此时，应采用非匀速进展横道图比较法进行工作实际进度与计划进度的比较。非匀速进展横道图比较法在用涂黑的粗线表示工作实际进度的同时，还要标出其对应时刻完成任务量的累计百分比，并将该百分比与其同时刻计划完成任务量累计百分比相比较，判断工作实际进度与计划进度之间的关系。

采用非匀速进展横道图比较法时，其步骤如下。

1）编制横道图进度计划。

2）在横道线上方标出各主要时间工作的计划完成任务量累计百分比。

3）在横道线下方标出相应时间工作的实际完成任务量累计百分比。

4）用涂黑的粗线标出工作的实际进度，从开始之日标起，同时反映出该工作在实施过程中的连续与间断情况。

5）通过比较同一时刻实际完成任务量累计百分比和计划完成任务量累计百分比，判断工作实际进度与计划进度之间的关系：①如果同一时刻横道线上方累计百分比大于横道线下方累计百分比，则表明实际进度拖后，拖欠的任务量为二者之差；②如果同一时刻横道线上方累计百分比小于横道线下方累计百分比，则表明实际进度超前，超前的任务量为二者之差；③如果同一时刻横道线上下方两个累计百分比相等，则表明实际进度与计划进度一致。

可以看出，因为工作进展速度是变化的，所以图中的横道线无论是计划的还是实际的，都只能表示工作的开始时间、完成时间和持续时间，并不表示计划完成的任务量和实际完成的任务量。此外，采用非匀速进展横道图比较法，不仅可以进行某一时刻（如检查日期）实际进度与计划进度的比较，还可以进行某一时间段实际进度与计划进度的比较。当然，这需要实施部门按规定的时间记录当时的任务完成情况。

【例4-9】某工程项目中的基槽开挖工作按施工进度计划安排需要7周时间完成，该工作任务量与时间的关系如图4-86所示。编制横道图进度计划，比较实际进度与计划进度。

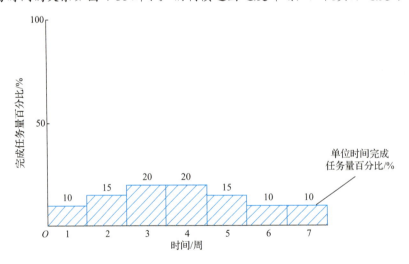

图4-86 基槽开挖工作任务量与时间的关系

解析：

1）编制横道图进度计划，非匀速进展横道图比较图如图4-87所示。

图 4-87   非匀速进展横道图比较图

2）在横道线上方标出基槽开挖工作每周计划完成任务量累计百分比，分别为 10%、25%、45%、65%、80%、90% 和 100%。

3）在横道线下方标出第 1 周至检查日期（第 4 周）每周实际完成任务量累计百分比，分别为 8%、22%、42% 和 60%。

4）用涂黑的粗线标出实际投入的时间。图 4-87 表明，该工作实际开始时间晚于计划开始时间，在开始后连续工作，没有中断。

5）比较实际进度与计划进度。从图 4-87 中可以看出，该工作在第 1 周实际进度比计划进度拖后 2%，以后各周末累计拖后分别为 3%、3% 和 5%。

横道图比较法虽有记录和比较简单、形象直观、易于掌握、使用方便等优点，但其以横道计划为基础，因而带有不可克服的局限性。在横道计划中，各项工作之间的逻辑关系表达不明确，关键工作和关键线路无法确定。一旦某些工作实际进度出现偏差，难以预测其对后续工作和项目总工期的影响，也就难以确定相应的进度计划调整方法。因此，横道图比较法主要用于工程项目中某些工作实际进度与计划进度的局部比较。

2．S 曲线比较法

S 曲线比较法是以横坐标表示时间，以纵坐标表示累计完成任务量，绘制一条按计划时间累计完成任务量的 S 曲线，然后将工程项目实施过程中各检查时间实际累计完成任务量的 S 曲线也绘制在同一坐标系中，以便进行实际进度与计划进度比较的一种方法。

（1）S 曲线的绘制方法

1）确定工程进展速度曲线。根据单位时间内完成的任务量（实物工程量、投入劳动量或费用），计算出单位时间的计划量值。

2）计算规定时间累计完成任务量。计算方法是将各单位时间完成的任务量累加求和。计算公式为

$$Q_j = \sum_{j=1}^{t} q_t \tag{4-45}$$

式中，Q_j 为 j 时刻的计划累计完成任务量；q_t 为单位时间计划完成任务量。

从整个工程项目实际进展全过程看，单位时间投入的资源量一般是开始和结束时较少，中间阶段较多。与其相对应，单位时间完成任务量也呈同样的变化规律，如图 4-88（a）所示。随着工程进展，累计完成任务量则呈 S 形变化，如图 4-88（b）所示，因其形似英文字母 "S"，故称为 S 曲线。

3）按各规定的时间及其对应的累计完成任务量 Q_j 绘制 S 曲线。

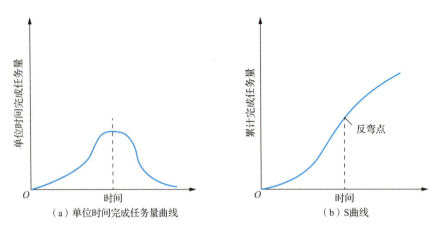

图 4-88　时间与任务量的完成关系曲线

（2）S 曲线的比较方法

1）S 曲线比较法同横道图比较法一样，都是在图上直观地对施工项目实际进度与计划进度进行比较。在一般情况下，计划进度控制人员在计划实施前绘制 S 曲线。在项目施工过程中，按规定时间将检查的实际完成情况与计划 S 曲线绘制在同一张图上，可得出实际进度 S 曲线。S 曲线比较图如图 4-89 所示。

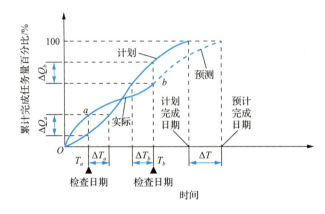

图 4-89　S 曲线比较图

2）比较两条 S 曲线，可以得到如下信息。

① 工程项目实际进展状况。如果工程实际进展点落在计划 S 曲线左侧，则表明此时实际进度超前，如图 4-89 中的 a 点；如果工程实际进展点落在计划 S 曲线右侧，则表明此时实际进度拖后，如图 4-89 中的 b 点；如果工程实际进展点正好落在计划 S 曲线上，则此时实际进度与计划进度一致。

② 工程项目实际进度超前或拖后的时间在 S 曲线比较图中可以直接读出。在图 4-89 中，ΔT_a 表示 T_a 时刻实际进度超前的时间，ΔT_b 表示 T_b 时刻实际进度拖后的时间。

③ 工程项目实际超额或拖欠的任务量在 S 曲线比较图中也可以直接读出。在图 4-89 中，ΔQ_a 表示 T_a 时刻超额完成的任务量，ΔQ_b 表示 T_b 时刻拖欠的任务量。

④ 后期工程进度预测。如果后期工程按原计划速度进行，则可画出后期工程计划 S 曲线，如图 4-89 中虚线所示，从而可以确定工期拖延预测值 ΔT。

【例 4-10】假设某工程项目施工总进度计划如表 4-12 所示，根据各施工子项的任务量

（施工产值）及其进度分布，可以画出计划 S 曲线。假定在工程开工后的每个月跟踪统计施工实际数据（表 4-13），并据此在同一图上画出实际 S 曲线，S 曲线比较图如图 4-90 所示，试进行实际进度和计划进度的比较分析。

表 4-12　某工程项目施工总进度计划

施工子项	任务量/万元	进度计划/万元									
		1 月	2 月	3 月	4 月	5 月	6 月	7 月	8 月	9 月	10 月
厂房土建	500	50	60	100	110	110	70				
厂房建筑设备	200				30	50	70	50			
办公楼	150						30	60	60		
仓库	100							20	40	40	
零星	50									20	30
合计	1000	50	60	100	140	160	170	130	100	60	30

表 4-13　施工实际数据

月份	1	2	3	4	5	6	…
当月完成任务量/万元	70	80	110	100	100	120	…
累计完成任务量/万元	70	150	260	360	460	580	…

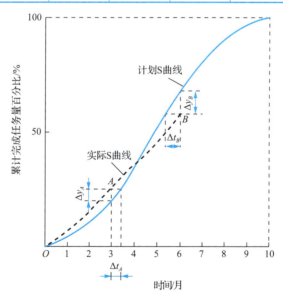

图 4-90　S 曲线比较图

解析：通过 S 曲线比较法，具体可获得如下信息。

1）实际工程进展情况。

2）进度超前或拖后情况。

3）工程量完成情况。

4）后期工程进度预测情况。

3.　香蕉曲线比较法

由 S 曲线比较法可知，工程项目累计完成任务量与计划时间的关系可以用一条 S 曲线表示。对于一个工程项目的网络计划来说，如果以其中各项工作的最早开始时间安排进度并绘制 S 曲线，则该曲线称为 ES 曲线；如果以其中各项工作的最迟开始时间安排进度并绘制 S 曲线，则该曲线称为 LS 曲线。两条 S 曲线具有相同的起点和终点，因此两条曲线是闭合的。香蕉曲线是由两条 S 曲线组合而成的闭合曲线，如图 4-91 所示。

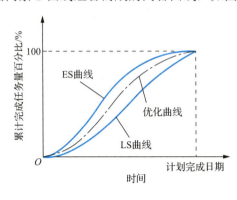

图 4-91　香蕉曲线

（1）香蕉曲线比较法的作用

1）合理安排工程项目进度计划。如果工程项目中的各项工作均按其最早开始时间安排进度，则将导致项目的成本增加；而如果工程项目中的各项工作均按其最迟开始时间安排进度，一旦受到影响因素的干扰，则将导致工期拖延，使工程进度风险增加。

2）定期比较工程项目的实际进度与计划进度。在工程项目的实施过程中，根据每次检查收集到的实际完成任务量，绘制出实际进度 S 曲线，随后便可以与计划进度进行比较。工程项目实施进度的理想状态是任一时刻工程实际进展点都落在香蕉曲线的范围之内。

如果工程实际进展点落在 ES 曲线的左侧，则表明此刻实际进度比各项工作按其最早开始时间安排的计划进度超前；如果工程实际进展点落在 LS 曲线的右侧，则表明此刻实际进度比各项工作按其最迟开始时间安排的计划进度拖后。

3）确定检查状态下后期工程的 S 曲线和 S 曲线的发展趋势。在工程项目实施过程中，定期更新并分析后期工程的 S 曲线是非常重要的。S 曲线用于表示实际进度与计划进度的差异，帮助项目管理人员了解项目进展情况。通过比较实际 S 曲线与计划 S 曲线，可以判断项目是否按预定进度推进，以及是否存在潜在的进度问题。

（2）香蕉曲线的绘制方法

香蕉曲线的绘制方法与 S 曲线的绘制方法基本相同，二者的不同之处在于，香蕉曲线是以工作按最早开始时间安排进度和按最迟开始时间安排进度分别绘制的两条 S 曲线组合而成的。

1）以工程项目的网络计划为基础，计算各项工作的最早开始时间和最迟开始时间。

2）确定各项工作在各单位时间的计划完成任务量，分别按以下两种情况考虑：①根据各项工作按最早开始时间安排的进度计划，确定各项工作在各单位时间的计划完成任务量；②根据各项工作按最迟开始时间安排的进度计划，确定各项工作在各单位时间的计划完成任务量。

3）计算工程项目总任务量，即对所有工作在各单位时间内计划完成任务量累加求和。

4）分别根据各项工作按最早开始时间、最迟开始时间安排的进度计划，确定工程项目在各单位时间计划完成任务量，即对各项工作在某一单位时间内计划完成任务量求和。

5）分别根据各项工作按最早开始时间、最迟开始时间安排的进度计划，确定工程项目在不同时间累计完成任务量或任务量百分比。

6）分别根据各项工作按最早开始时间、最迟开始时间安排的进度计划而确定的累计完成任务量或任务量百分比描绘各点，并分别连接相应各点得到 ES 曲线和 LS 曲线，由 ES 曲线和 LS 曲线组成香蕉曲线。

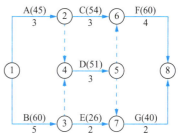

图 4-92　某工程项目网络图

【例 4-11】某工程项目网络图如图 4-92 所示。图中箭线上方括号内数字表示各项工作计划完成任务量，以劳动消耗量（工日）表示；箭线下方数字表示各项工作的持续时间（周）。试绘制香蕉曲线。

解析：假设各项工作均为匀速进展，即各项工作每周的劳动消耗量相等。

1）确定各项工作每周的劳动消耗量。

工作 A：45÷3=15（工日/周）　　工作 B：60÷5=12（工日/周）

工作 C：54÷3=18（工日/周）　　工作 D：51÷3=17（工日/周）

工作 E：26÷2=13（工日/周）　　工作 F：60÷4=15（工日/周）

工作 G：40÷2=20（工日/周）

2）计算工程项目劳动消耗总量 Q。

$$Q=45+60+54+51+26+60+40=336（工日）$$

3）根据各项工作按最早开始时间安排的进度计划，确定工程项目每周计划劳动消耗量及各周累计劳动消耗量，如图 4-93 所示。

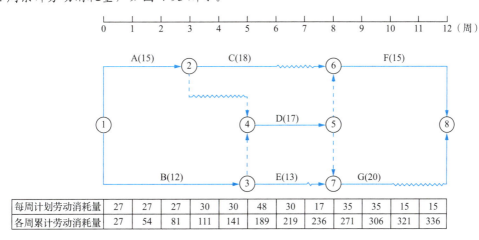

每周计划劳动消耗量	27	27	27	30	30	48	30	17	35	35	15	15
各周累计劳动消耗量	27	54	81	111	141	189	219	236	271	306	321	336

图 4-93　根据各项工作按最早开始时间安排的进度计划及劳动消耗量

4）根据各项工作按最迟开始时间安排的进度计划，确定工程项目每周计划劳动消耗量及各周累计劳动消耗量，如图 4-94 所示。

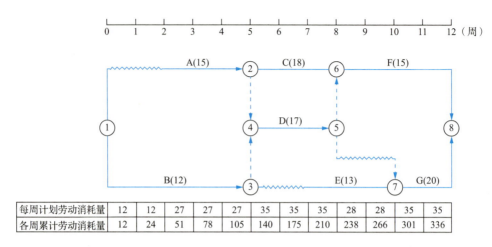

每周计划劳动消耗量	12	12	27	27	27	35	35	35	28	28	35	35
各周累计劳动消耗量	12	24	51	78	105	140	175	210	238	266	301	336

图 4-94　根据各项工作按最迟开始时间安排的进度计划及劳动消耗量

5）根据不同的累计劳动消耗量分别绘制 ES 曲线和 LS 曲线，得到香蕉曲线，如图 4-95 所示。

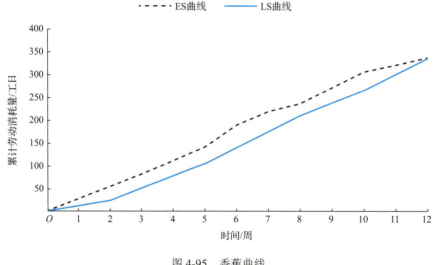

图 4-95　香蕉曲线

4. 前锋线比较法

前锋线比较法是通过绘制某检查时刻工程实际进度前锋线，进行工程实际进度与计划进度比较的方法，它主要适用于时标网络计划。所谓前锋线，是指在原时标网络计划上，从检查时刻的时标点出发，用点画线依次连接各项工作实际进展位置点所形成的折线。

前锋线比较法通过实际进度前锋线与原进度计划中各工作箭线交点的位置来判断工作实际进度与计划进度的偏差，进而判定该偏差对后续工作及项目总工期的影响程度。

前锋线比较法既适用于工作实际进度与计划进度之间的局部比较，又适用于分析和预测工程项目的整体进度状况。

采用前锋线比较法进行实际进度与计划进度的比较，其步骤如下。

（1）绘制时标网络图

工程项目实际进度前锋线是在时标网络图上标示的。为清楚起见，可在时标网络图的上方和下方各设一时间坐标。

（2）绘制实际进度前锋线

实际进度前锋线一般从时标网络图上方时间坐标的检查日期开始绘制，依次连接相邻工作实际进展位置点，最后与时标网络图下方坐标的检查日期相连接。

工作实际进展位置点的标定方法有两种。

1）按该工作已完成任务量比例进行标定：假设工程项目中各项工作均为匀速进展，根据实际进度检查时刻该工作已完成任务量占其计划完成总任务量的比例，在工作箭线上从左至右按相同的比例标定其实际进展位置点。

2）按尚需作业时间进行标定：当某些工作的持续时间难以按实物工程量来计算而只能凭经验估算时，可以首先估算出检查时刻到该工作全部完成尚需作业时间，然后在该工作箭线上从右向左逆向标定其实际进展位置点。

（3）进行实际进度与计划进度的比较

前锋线比较法可以直观地反映出检查日期有关工作实际进度与计划进度之间的关系。对某项工作来说，其实际进度与计划进度之间的关系可能存在以下 3 种情况。

1）工作实际进展位置点落在检查日期的左侧，表明该工作实际进度拖后，拖后的时间为二者之差。

2）工作实际进展位置点与检查日期重合，表明该工作实际进度与计划进度一致。

3）工作实际进展位置点落在检查日期的右侧，表明该工作实际进度超前，超前的时间为二者之差。

（4）预测进度偏差对后续工作及项目总工期的影响

通过实际进度与计划进度的比较确定进度偏差后，可根据工作的自由时差和总时差预测该进度偏差对后续工作及项目总工期的影响。

【例 4-12】某分部工程在第四天下班时检查其施工网络计划，工作 C 完成了该工作的部分工作量，工作 D 完成了该工作的部分工作量，工作 E 已完成该工作的全部工作量，则实际进度前锋线如图 4-96 上点画线构成的折线。试记录和比较进度情况。

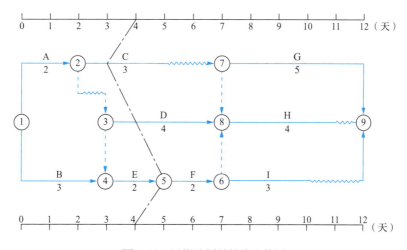

图 4-96　网络计划前锋线比较图

解析： 通过比较可以得出如下信息。

1）工作 C 实际进度拖后 1 天，其总时差和自由时差均为 2 天，既不影响总工期，也不影响其后续工作的正常进行。

2）工作 D 实际进度与计划进度相同，对总工期和后续工作均无影响。

3）工作 E 实际进度提前 1 天，对总工期无影响，将使其后续工作 F、I 的最早开始时间提前 1 天。

综上所述，该检查时刻各工作的实际进度对总工期无影响，将使工作 F、I 的最早开始时间提前 1 天。

4.6.3 施工进度计划的调整方法

1. 缩短某些工作的持续时间

缩短某些工作的持续时间的方法是在不改变工作之间的逻辑关系的基础上，缩短某些工作的持续时间，使施工进度加快，并保证实现计划工期的方法。这些被压缩持续时间的工作是因实际施工进度的拖延而引起总工期延长的关键线路和某些非关键线路上的工作。这种方法实际上就是网络计划优化中的工期优化和费用优化。

2. 改变某些工作之间的逻辑关系

当工程项目实施中产生的进度偏差影响到总工期，并且有关工作的逻辑关系允许改变时，则可以改变关键线路和超过计划工期的非关键线路上的有关工作之间的逻辑关系，以达到缩短工期的目的。这种方法通常可直接用于网络图，其调整一般可分为以下两种情况。

1）网络计划中某项工作进度拖延的时间在该项工作的总时差范围内和自由时差范围外。若用 △ 表示该项工作进度拖延的时间，FF 表示该项工作的自由时差，TF 表示该项工作的总时差，则有 FF<△<TF。此时并不会对总工期产生影响，而只对后续工作产生影响。因此，在进行调整前，须确定后续工作允许拖延的时间限制，并以此作为进度调整的限制条件。

当后续工作由多个平行的分包单位负责实施时，后续工作在时间上的拖延可能导致合同不能正常履行而使受损的一方提出索赔。因此，应注意寻找合理的调整方案，把对后续工作的影响降到最低。

2）网络计划中某项工作进度拖延的时间在该项工作的总时差范围外，即△>TF。此时，不管该项工作是否为关键工作，这种拖延都对后续工作和项目总工期产生影响。在这种情况下，进度计划的调整可分为以下 3 种情况。

① 项目总工期不允许拖延。此时只能通过缩短关键线路上后续工作的持续时间来保证总工期目标的实现。

② 项目总工期允许拖延。此时可用实际数据代替原始数据，重新计算网络计划有关参数。

③ 项目总工期允许拖延的时间有限。此时可以将总工期的限制时间作为规定工期，并对还未实施的网络计划进行工期优化，压缩网络计划中某些工作的持续时间，使总工期满足规定工期的要求。

3. 调整资源供应

对于因资源供应发生异常而引起的进度计划执行问题的情况，应采用调整资源供应（资源优化）的方法对计划进行调整，或采取应急措施，使其对工期的影响最小。

4. 增减施工内容

增减施工内容应做到不打乱原计划的逻辑关系，只对局部逻辑关系进行调整。在增减施工内容以后，应重新计算时间参数，分析对原网络计划的影响。当对工期有影响时，应采取调整措施，以保证计划工期不变。

5. 增减工程量

增减工程量主要指通过改变施工方案、施工方法，增加或减少工程量。

6. 改变起止时间

改变起止时间应在相应的工作时差范围内进行，如延长或缩短工作的持续时间，或将工作在最早开始时间和最迟完成时间范围内移动。每次调整都必须重新计算时间参数，观察该项调整对整个施工计划的影响。

拓展阅读：斑马进度计划软件
在建筑施工组织中的应用

直 击 工 考

一、单项选择题

1. 双代号时标网络图中不会出现（　　　）。
    A. 竖向工作　　　　B. 竖向虚工作　　　　C. 时标轴　　　　　　D. 波形线
2. 网络计划中一项工作的自由时差和总时差的关系是（　　　）。
    A. 自由时差等于总时差　　　　　　　　B. 自由时差不超过总时差
    C. 自由时差小于总时差　　　　　　　　D. 自由时差大于总时差
3. 关于工作的总时差与自由时差，下列说法正确的是（　　　）。
    A. 自由时差是指在不影响总工期的前提下，本工作可以利用的机动时间
    B. 自由时差等于其紧后工作最早开始时间与本工作最早完成时间的差值
    C. 总时差是指在不影响紧后工作最早开始时间的前提下，本工作可以利用的机动时间
    D. 总时差是指在不影响总工期的前提下，本工作可以利用的机动时间
4. 在建设工程常用网络计划中，双代号网络图中的虚箭线表示（　　　）。
    A. 自由时差关系　　　　　　　　　　　B. 工作持续时间
    C. 工作之间的逻辑关系　　　　　　　　D. 消耗时间但不消耗资源的工作
5. 当计划工期等于计算工期时，以关键节点为完成节点的工作（　　　）。
    A. 总时差等于自由时差　　　　　　　　B. 最早开始时间等于最迟开始时间
    C. 一定是关键工作　　　　　　　　　　D. 自由时差为 0
6. 在某工程单代号网络计划中，工作 E 的最早完成时间和最晚完成时间分别是 6 和 8，紧后工作 F 的最早开始时间和最晚开始时间分别是 7 和 10，工作 E 和 F 之间的时间间隔是

（　　）。

  A．1   B．2   C．3   D．4

  7．工作 A 有 B、C 两项紧后工作，A、B 之间的时间间隔为 3 天，A、C 之间的时间间隔为 2 天，则工作 A 的自由时差是（　　）天。

  A．1   B．2   C．3   D．5

  8．在工程网络计划中，关键工作是指（　　）的工作。

  A．自由时差为 0   B．持续时间最长

  C．总时差最小   D．与后续工作的时间间隔为 0

  9．某工程双代号网络图如图 4-97 所示，工作 D 的最早开始时间和最迟开始时间分别是（　　）。

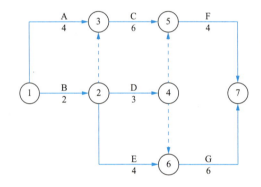

图 4-97　某工程双代号网络图 1

  A．2 和 5   B．4 和 5   C．2 和 7   D．4 和 7

  10．某工程双代号网络图如图 4-98 所示，工作 E 的自由时差和总时差分别是（　　）。

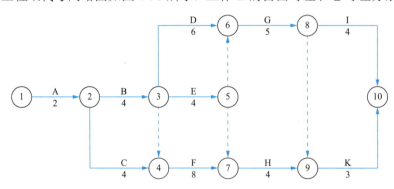

图 4-98　某工程双代号网络图 2

  A．1 和 2   B．2 和 2   C．3 和 4   D．4 和 4

  11．在双代号时标网络图中，波形线表示（　　）。

  A．工作的总时差   B．工作与其紧后工作之间的时间间隔

  C．工作的自由时差   D．工作与其紧后工作之间的时距

  12．某工程双代号时标网络图如图 4-99 所示，图中表明的正确信息是（　　）。

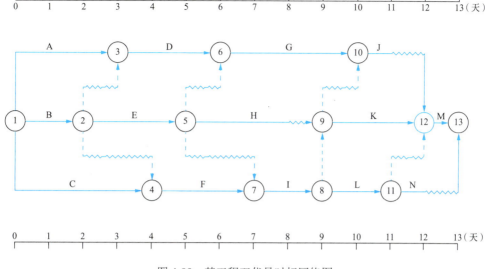

图 4-99　某工程双代号时标网络图

A．工作 D 的自由时差为 1 天　　　　　　B．工作 E 的总时差等于自由时差

C．工作 F 的总时差为 1 天　　　　　　　D．工作 H 的总时差为 1 天

13．单代号网络图中的（　　　）。

A．箭线表示工作及其进行的方向，节点表示工作之间的逻辑关系

B．节点表示工作，箭线表示工作进行的方向

C．箭线表示工作及其进行的方向，节点表示工作的开始或结束

D．节点表示工作，箭线表示工作之间的逻辑关系

14．单代号网络计划的自由时差等于（　　　）。

A．本工作与其紧前工作之间的时间间隔的最大值

B．本工作与其紧后工作之间的时间间隔的最大值

C．本工作与其紧前工作之间的时间间隔的最小值

D．本工作与其紧后工作之间的时间间隔的最小值

15．在单代号网络计划中，关键线路是指（　　　）的路线。

A．自始至终由关键节点组成　　　　　　B．自始至终由关键工作组成

C．相邻两项工作之间时间间隔为 0　　　D．相邻两项工作之间时距为 0

16．关于单代号网络图的绘图规则，下列说法错误的是（　　　）。

A．在单代号网络图中，不能出现双向箭线或无箭头的箭线

B．在单代号网络图中，不能出现没有箭尾节点的箭线和没有箭头节点的箭线

C．在单代号网络图中，不允许出现循环回路

D．单代号网络图中的 1 项工作，必须用 1 个圆形节点表示

17．在某工程单代号网络计划中，下列说法错误的是（　　　）。

A．关键线路只有一条

B．在计划实施过程中，关键线路可以改变

C．关键工作的机动时间最少

D．相邻关键工作之间的时间间隔为 0

18．工程网络计划工期优化的基本方法是通过（　　　）来达到优化目标的。

A．组织关键工作流水作业　　　　　　B．组织关键工作平行作业

C．压缩关键工作的持续时间　　　　D．压缩非关键工作的持续时间

19．工程网络计划优化中的资源优化是指（　　）的优化。

A．资源有限、工期最短　　　　　　B．资源均衡、费用最少

C．资源有限、工期固定　　　　　　D．资源均衡、资源需用量最少

20．在工程网络计划实施中，因实际进度拖后而需要通过压缩某些工作的持续时间来调整计划时，应选择（　　）的工作压缩其持续时间。

A．持续时间最长　　　　　　　　　B．自由时差最小

C．总时差最小　　　　　　　　　　D．时间间隔最大

21．当工程网络计划中某项工作的实际进度偏差影响到总工期而需要通过缩短某些工作的持续时间调整进度计划时，这些工作是指（　　）的可被压缩的工作。

A．关键线路和超过计划工期的非关键线路上

B．关键线路上资源消耗量比较少

C．关键线路上持续时间比较长

D．施工工艺及采用技术比较简单

22．在网络计划的优化中，工程成本由直接费用及间接费用两个部分组成，如果缩短工期，则它们的变化是（　　）。

A．直接费用增加、间接费用增加　　B．直接费用增加、间接费用减少

C．直接费用减少、间接费用增加　　D．直接费用减少、间接费用减少

23．某工程横道计划如图 4-100 所示，图中表明的正确信息是（　　）。

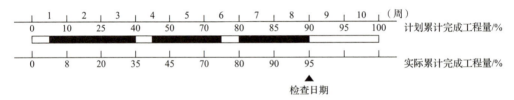

图 4-100　某工程横道计划

A．截至检查日期，进度超前　　　　B．前 3 周连续施工，进度正常

C．第 4 周中断施工，进度拖后　　　D．前 6 周连续施工，进度正常

24．在工程网络计划中，某工作的总时差和自由时差均为 2 周。计划实施过程中经检查发现，该工作实际进度拖后 1 周。该工作实际进度偏差对后续工作及总工期的影响是（　　）。

A．对后续工作及总工期均有影响　　B．对后续工作及总工期均无影响

C．影响后续工作，但不影响总工期　D．影响总工期，但不影响后续工作

二、多项选择题

1．在建设工程网络计划中，工作之间的逻辑关系包括（　　）。

A．搭接关系　　　　　　　　　　　B．工艺关系

C．平行关系　　　　　　　　　　　D．组织关系

E．先后关系

2．网络计划的关键线路是（　　）。

A．总持续时间最长的线路

B．双代号网络计划中全部由关键工作组成的线路

C．时标网络计划中无波形线的线路

D．相邻两项工作之间的时间间隔全部为 0 的线路

E．双代号网络计划中全部由关键节点组成的线路

3．已知某工程双代号网络计划的计划工期等于计算工期，并且工作 M 的开始节点和完成节点均为关键节点，则关于工作 M，下列说法正确的是（　　）。

A．一定是关键工作　　　　　　　　　B．总时差大于自由时差

C．总时差等于自由时差　　　　　　　D．自由时差为 0

E．开始节点和完成节点的最早时间等于最迟时间

4．双代号网络计划的计算工期等于计划工期时，关于关键节点和关键工作，下列说法正确的是（　　）。

A．关键工作两端节点必为关键节点

B．两端为关键节点的工作必为关键工作

C．完成节点为关键节点的工作必为关键工作

D．两端为关键节点的工作的总时差等于自由时差

E．开始节点为关键节点的工作必为关键工作

5．关于关键线路和关键工作，下列说法正确的是（　　）。

A．关键线路上相邻工作的时间间隔为 0

B．关键工作的总时差一定为 0

C．关键工作的最早开始时间等于最迟开始时间

D．关键线路上各工作持续时间之和最长

E．关键线路可能有多条

6．在工程网络计划中，关键线路是指（　　）的线路。

A．在双代号时标网络计划中无波形线

B．在单代号网络计划中时间间隔均为 0

C．在双代号网络计划中由关键节点组成

D．在单代号网络计划中由关键工作组成

E．在双代号时代网络计划中无虚箭线

7．某工程双代号网络图如图 4-101 所示，下列说法错误的是（　　）。

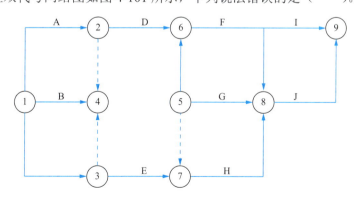

图 4-101　某工程双代号网络图 3

A．存在多个起点节点　　　　　　　　B．存在多个终点节点

C．存在循环回路　　　　　　　　　　D．箭线上引出箭线

E．存在无箭头的工作

8．某工程双代号网络图如图 4-102 所示，试标出③、⑤、⑥ 3 个节点的最早时间和最

迟时间，该双代号网络图表明（   ）。

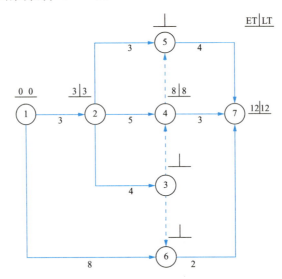

图 4-102　某工程双代号网络图 4

A．关键线路有 2 条
B．工作 4-7 与工作 5-7 均为关键工作
C．工作 2-3 的总时差为 1
D．工作 2-3 与工作 2-5 的最迟完成时间相等
E．工作 1-6 的自由时差为 0

9．某工程双代号网络图如图 4-103 所示，下列说法正确的是（   ）。

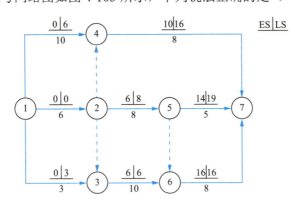

图 4-103　某工程双代号网络图 5

A．工作 1-3 的总时差等于自由时差
B．工作 1-4 的总时差等于自由时差
C．工作 2-5 的自由时差为 0
D．工作 5-7 为关键工作
E．工作 6-7 为关键工作

10．在工程网络计划工期优化中，应选择（   ）的关键工作作为压缩对象。
A．资源强度最小　　　　　　　　B．所需资源种类最少
C．有充足备用资源　　　　　　　D．缩短持续时间所须增加费用最少
E．缩短持续时间对质量和安全影响不大

11. 当计算工期超过计划工期时，可压缩关键工作的持续时间以满足要求。在确定缩短持续时间的关键工作时，宜选择（　　）。

　　A．有多项紧前工作的工作

　　B．缩短持续时间而不影响质量和安全的工作

　　C．有充足备用资源的工作

　　D．缩短持续时间所增加的费用相对较少的工作

　　E．单位时间消耗资源量大的工作

12. 工程网络计划优化的目的是（　　）。

　　A．使计算工期满足要求工期

　　B．按要求工期寻求资源需用量最小的计划安排

　　C．在工期不变的条件下使资源强度最小

　　D．寻求工程总成本最低的工期安排

　　E．在工期不变的条件下使资源需用量尽可能均衡

13. 费用优化包括（　　）。

　　A．在要求工期内寻求最合理的资源安排

　　B．在要求工期内寻求最低成本

　　C．寻求工程总成本最低的工期安排

　　D．寻求最短工期以实现效益最大化

　　E．寻求最短工期内的最低成本

14. 采用 S 曲线比较工程实际进度与计划进度，可获得（　　）。

　　A．工程实际拥有的总时差

　　B．工程实际进展情况

　　C．工程实际进度超前或拖后的时间

　　D．工程实际超额或拖欠完成的任务量

　　E．后期工程进度预测值

15. 某工程进度计划执行到第六个月底、第九个月底的实际进度前锋线如图 4-104 所示，下列说法正确的是（　　）。

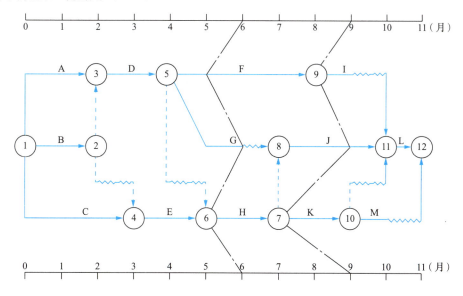

图 4-104　某工程进度计划执行到第六个月底、第九个月底的实际进度前锋线

A. 工作 F 在第六个月底检查时拖后 1 个月，不影响工期
B. 工作 G 在第六个月底检查时正常，不影响工期
C. 工作 H 在第六个月底检查时拖后 1 个月，不影响工期
D. 工作 I 在第九个月底检查时拖后 1 个月，不影响工期
E. 工作 K 在第九个月底检查时拖后 2 个月，影响 1 个月的工期

三、判断题

1. 在网络计划中不允许出现循环回路。　　　　　　　　　　　　　（　　）
2. 虚工作既不占用时间，也不消耗资源，在实际工作中不存在，在网络计划中是可有可无的。　　　　　　　　　　　　　　　　　　　　　　　　　　　　　（　　）
3. 同一施工段上的有关施工过程按水平方向排列，施工段按垂直方向排列的网络图属于按施工过程排列的网络图。　　　　　　　　　　　　　　　　　　　　　　（　　）
4. 在网络计划中，若某项工作使用了全部或部分总时差，则将引起通过该工作的线路上所有工作总时差的重新分配。　　　　　　　　　　　　　　　　　　　　　（　　）
5. 关键线路上相邻两项工作之间的时间间隔必为 0。　　　　　　　（　　）
6. 在网络计划中，根据时间参数计算得到的工期是计算工期。　　　（　　）
7. 计算网络计划时间参数的目的主要是确定总工期，做到工程进度心中有数。（　　）
8. 网络图中的箭线可以画成直线、折线、斜线、曲线或垂直线。　　（　　）
9. 在双代号网络计划中，两个关键节点之间的工作一定是关键工作。（　　）
10. 在单代号网络计划中，节点表示工作之间的逻辑关系。　　　　（　　）

四、简答题

1. 网络计划从不同角度如何进行分类？
2. 横道计划与网络计划的优缺点分别是什么？
3. 实工作和虚工作有什么不同？虚工作有什么作用？试举例说明。
4. 双代号网络图的绘制规则是什么？
5. 工作的 6 个时间参数的含义分别是什么？相邻两项工作之间的时间间隔的含义是什么？
6. 简述双代号时标网络图的绘制方法（间接法、直接法）。
7. 简述单代号网络图的绘制方法。
8. 双代号网络计划、双代号时标网络计划及单代号网络计划分别如何确定关键线路和关键工作？
9. 工期优化、费用优化和资源优化的含义分别是什么？
10. 常见的施工进度计划控制方法有哪些？

五、分析作图题

1. 根据下列工序，绘制双代号网络图。
1）工序 C 和 D 都紧跟在工序 A 的后面。
2）工序 E 紧跟在工序 C 的后面，工序 F 紧跟在工序 D 的后面。
3）工序 B 紧跟在工序 E 和 F 的后面。
2. 已知工作之间的逻辑关系如表 4-14 所示，试绘制双代号网络图。

表 4-14　工作之间的逻辑关系 1

工作名称	A	B	C	D	E	F	G	H	I
紧前工作	—	A	A	B、C	B	C	D、E	D、F	G、H

3．已知工作之间的逻辑关系如表 4-15 所示，试绘制双代号网络图，并分别应用工作计算法、节点计算法、标号计算法 3 种方法进行时间参数的计算，确定关键线路和关键工期。

表 4-15　工作之间的逻辑关系 2

工作名称	A	B	C	D	E	F	G	H	I
紧前工作	—	—	—	B	B	A、D	A、D	A、C、D	E、F
持续时间	4	3	6	2	4	7	6	8	3

4．已知工作之间的逻辑关系如表 4-16 所示，试绘制双代号时标网络图，读图确定其关键线路，并在图中标出 6 个时间参数。

表 4-16　工作之间的逻辑关系 3

工作名称	A	B	C	D	E	G	H
持续时间	9	4	2	5	6	4	5
紧前工作	—	—	—	B	B、C	D	D、E
紧后工作	—	D、E	E	G、H	H	—	—

5．已知工作之间的逻辑关系如表 4-17 所示，试绘制单代号网络图，并在图中标出 6 个时间参数、关键线路（双箭线）及相邻两项工作之间的时间间隔。

表 4-17　工作之间的逻辑关系 4

工作名称	A	B	C	D	E	G
紧前工作	—	—	—	B	B	C、D
持续时间	12	10	5	7	6	4

6．已知某工程计划网络图如图 4-105 所示。箭线下方括号外数字为工作的正常持续时间，括号内数字为工作的最短持续时间；箭线上方括号内数字为优选系数。根据实际情况考虑并选择优选系数（或组合优选系数）最小的关键工作作为压缩对象，缩短其持续时间。假定要求工期 $T_r = 19$ 天，试对其进行工期优化。

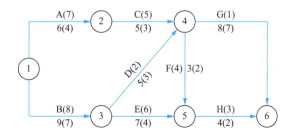

图 4-105　某工程计划网络图 1

7．已知某工程计划网络图如图 4-106 所示。箭线下方括号外数字为工作的正常持续时间，括号内数字为工作的最短持续时间；箭线上方括号外数字为工作按正常持续时间完成时所需的直接费用，括号内数字为工作按最短持续时间完成时所需的直接费用。该工程的间接费用率为 0.35 万元/天。试对其进行费用优化，并求出费用最少的相应工期。

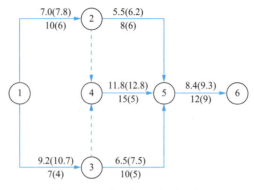

图 4-106　某工程计划网络图 2

8．已知某工程计划网络图如图 4-107 所示，箭线上方数字为需要的工人数，箭线下方数字为工作持续时间（天）。假定每天只有 10 个工人可供使用，请进行资源优化。

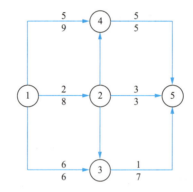

图 4-107　某工程计划网络图 3

9．已知某工程计划网络图如图 4-108 所示，箭线上方括号内数字为工作的资源强度，箭线下方数字为工作持续时间（天）。试确定"工期固定、资源均衡"的优化方案。

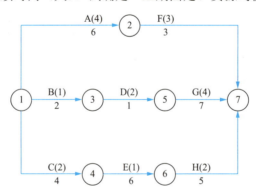

图 4-108　某工程计划网络图 4

10．某工程计划网络图如图 4-109 所示，在施工过程中发生下列事件：工作 A 因业主原因晚开工 2 天；工作 B 承包商用了 21 天才完成；工作 H 由于不可抗力影响晚开工 3 天；工作 G 由于业主指令延误晚开工 5 天。

试问：承包商可向业主索赔的工期为多少天？

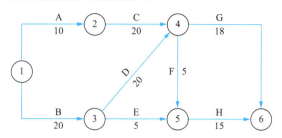

图 4-109 某工程计划网络图 5

C 工作领域

施工组织设计

【内容导读】

我国建筑业发展迅猛，建筑类型多样，按建筑用途的不同，可分为民用建筑（居住建筑、公共建筑）、工业建筑、农业建筑；按建筑物使用材料类型的不同，可分为木结构建筑、混合结构（砖石结构、砖木结构、砖混结构等）建筑、钢筋混凝土结构建筑、钢与混凝土组合结构建筑、钢结构建筑；按结构平面布置情况的不同，可分为框架结构建筑、剪力墙结构建筑、框架-剪力墙结构建筑、框-支结构建筑、筒体结构建筑、框筒结构建筑、无梁楼盖结构建筑。

通过学习本工作领域，就不同建筑类型，从整个建设项目的全局出发，结合实际的施工条件，有针对性地对施工现场的整体布局、施工方案、顺序、施工进度计划、施工资源配置等进行全面、系统的组织设计，并按照客观规律施工，以确保工程质量、施工安全和文明施工。

【学习目标】

通过本工作领域的学习，要达成以下学习目标。

知识目标	能力目标	职业素养目标
1. 了解施工组织总设计的作用、编制依据和编制原则。 2. 掌握施工进度计划、资源需用量计划的编制方法	1. 能根据相关资料编写具有一定深度的施工组织总设计。 2. 能结合工程实际编写工程施工组织设计文件	1. 培养凝神聚力、精益求精、追求极致的职业品质。 2. 强化安全意识、规范意识、质量意识、标准意识，全面提升工程素养。 3. 培养全局思维、辩证思维，善于透过现象看本质
对接 1+X 建筑工程施工工艺实施与管理职业技能等级（初级、中级、高级）证书的知识要求和技能要求		

工作任务

施工组织总设计

任务导读

施工组织总设计（也称施工总体规划）以整个建设项目或群体工程为对象编制，是整个建设项目或群体工程进行施工准备和施工的全局性、指导性文件。本工作任务将概述施工组织总设计的编制原则、编制依据、编制内容及程序；施工组织总部署的主要内容；施工总进度计划编制的原则、步骤和方法；施工总平面图的设计原则、设计步骤和科学管理；技术经济评价的方法。

任务目标

1. 了解施工组织总设计的编制原则、编制依据和编制内容。

2. 熟悉施工总进度计划编制的原则、步骤、方法，以及施工总平面图的设计原则、设计依据和设计步骤。

3. 能根据相关资料编写具有一定深度的施工组织总设计。

工程 案例

某住宅小区建筑面积为 21.3 万平方米，最高建筑为 33 层（女儿墙距室外地坪 95.6 米），根据施工总进度计划确定施工高峰和用水高峰在第三季度，主要工程量和施工人数如下：日最大混凝土浇筑量为 2000 立方米，施工现场高峰人数为 1300 人，临时用房面积为 3850 平方米。

讨论：

1）如何进行施工组织总设计？

2）本案例还需要考虑哪些数据？

在进行施工组织设计的过程中，要根据工程的具体情况进行全面考虑，切忌盲目照抄和照搬。

5.1 施工组织总设计的编制

施工组织总设计是为施工生产建立施工条件、集结施工力量、组织物资资源、进行现场生产、规划生活临时设施的依据，也是施工企业编制年度施工计划和单位工程施工组织设计的依据，是实现建筑企业科学管理和保证最优完成施工任务的有效措施。

▌5.1.1 施工组织总设计的编制原则

编制施工组织总设计应遵照以下基本原则。

1）严格遵守工期定额和合同规定的工程竣工及交付使用期限。总工期较长的大型建设项目，应根据生产的需要，安排分期分批建设，配套投产或交付使用，从实质上缩短工期，尽早地发挥建设投资的经济效益。

在确定分期分批施工的项目时，必须注意使每期交工的一套项目可以独立地发挥效用，使主要的项目同有关的附属辅助项目同时完工，以便完工后可以立即交付使用。

2）合理安排施工程序与顺序。建筑施工遵循自身的客观规律，按照反映这种规律的程序组织施工，能够确保各项施工活动相互促进、紧密衔接，避免不必要的重复工作，有利于加快施工速度，缩短工期。

3）贯彻技术政策。贯彻多层次技术结构的技术政策，因时制宜、因地制宜地促进技术进步和建筑工业化的发展。

4）平衡资源，均衡施工。从实际出发，做好人力、物力的综合平衡，组织均衡施工。

5）节约成本，有效利用。尽量利用正式工程、原有或就近的已有设施，以减少各种暂设工程；尽量利用当地资源，合理安排运输、装卸与储存作业，减少物资运输量，避免二次搬运；精心进行场地规划布置，节约施工用地，不占或少占农田，防止施工事故，做到文明施工。

6）实施目标管理。编制施工组织总设计的过程，也就是提出施工项目目标及实现办法的规划过程。因此，必须遵循目标管理的原则，使目标分解得当，决策科学，实施有法。

7）与施工项目管理相结合。进行施工项目管理，必须事先进行规划，使管理工作按规划有序地进行。施工项目管理规划的内容应在施工组织总设计的基础上进行扩展，使施工组织总设计不仅服务于施工和施工准备，还服务于经营管理和施工管理。

▌5.1.2 施工组织总设计的编制依据

为了确保施工组织总设计的编制工作顺利进行，并提高其编制水平和质量，使施工组织总设计能更结合实际、切实可行，并能更好地发挥其指导施工安排、控制施工进度的作用，应以如下资料作为编制依据。

1. 计划批准文件及有关合同的规定

计划批准文件及有关合同的规定包括国家或有关部门批准的基本建设及技术改造项目

的计划、可行性研究报告、工程项目一览表、分批分期施工的项目和投资计划；建设地点所在地区主管部门有关批件；施工单位上级主管部门下达的施工任务计划；招投标文件及签订的工程承包合同中的有关施工要求的规定；工程所需材料、设备的订货合同，以及引进材料、设备的供货合同等。

2. 设计文件及有关规定

设计文件及有关规定包括批准的初步设计或扩大初步设计、设计说明书、总概算或修正总概算和已批准的计划任务书等。

3. 建设地区的工程勘察资料和调查资料

建设地区的工程勘察资料主要包括地形、地貌、水文、地质、气象等自然条件；调查资料主要包括可能为建设项目服务的建筑安装企业、预制加工企业的人力、设备、技术与管理水平等情况，工程材料的来源与供应情况、交通运输情况及水电供应情况等建设地区的技术经济条件，当地政治、经济、文化、科技、宗教等的社会调查资料。

4. 现行的规范、规程和有关技术标准

现行的规范、规程和有关技术标准主要包括施工及验收规范、质量标准、工艺操作规程、概算指标、概预算定额、技术规定和技术经济指标等。

5. 类似资料

类似资料包括类似、相似或近似建设项目的施工组织总设计实例、施工经验的总结资料及有关的参考数据等。

5.1.3　施工组织总设计的编制内容及程序

根据工程性质、工程规模、建筑结构特点、施工复杂程度和施工条件的不同，施工组织总设计的编制内容也有所不同，但一般应包括以下主要内容。

1）工程概况。

2）施工部署和主要工程项目施工方案。

3）施工总进度计划。

4）施工准备工作计划。

5）施工资源需用量计划。

6）施工总平面图。

7）主要技术组织措施。

8）主要技术经济指标。

施工组织总设计是整个建设项目或群体工程全面性和全局性的指导施工准备和组织施工的技术文件，通常应该遵循如图 5-1 所示的编制程序。

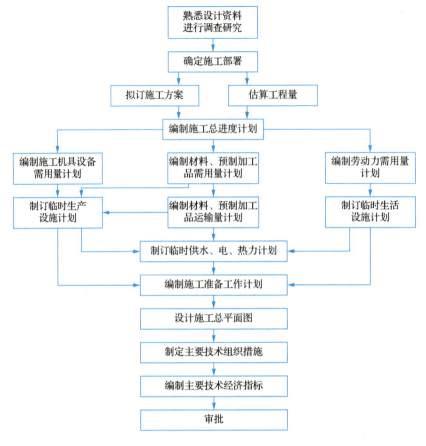

图 5-1 施工组织总设计编制程序

5.2 施工组织总部署

施工组织总部署是在充分了解工程情况、施工条件和建设要求的基础上，对整个建设工程进行全面安排和解决工程施工中的重大问题的方案，是编制施工总进度计划的前提。它主要包括工程概况、施工部署和主要工程项目施工方案。

5.2.1 工程概况

施工组织总设计中的工程概况实际上是一个总的说明，是对拟建工程或建筑群体工程所做的简明扼要、重点突出的文字介绍，一般包括以下内容。

1. 建设项目特点

建设项目特点主要包括建设地点、工程性质、建设规模、总占地面积、总建筑面积、总工期、分期分批投入使用的项目及期限；主要工种工程量、设备安装及其吨位；总投资额、建筑安装工作量、工厂区与生活区的工程量；生产流程和工艺特点；建筑结构类型与特点，新技术与新材料的特点及应用情况等各项内容。为了更清晰地反映这些内容，可利用附图或表格等形式对其予以说明。内容可参照表 5-1～表 5-3。

表 5-1　建筑安装工程项目一览表

| 序号 | 工程名称 | 建筑面积/平方米 | 建安工作量/万元 | | 吊装和安装工程量/吨或件 | | 建筑结构 |
			土建	安装	吊装	安装	

注："建筑结构"栏填混合结构、砖木结构、钢结构、钢筋混凝土结构及层数。

表 5-2　主要建（构）筑物一览表

序号	工程名称	建筑结构特征	建筑面积/平方米	占地面积/平方米	建筑体积/立方米	备注

注："建筑结构特征"栏说明其基础、墙、柱、屋盖的结构构造。

表 5-3　生产车间、管（网）线、生活福利设施一览表

| 序号 | 工程名称 | 单位 | 合计 | 生产车间 | | | 仓库及运输 | | | | 管网 | | | | 生活福利 | | 大型暂设设施 | | 备注 |
				××车间	……	……	仓库	铁路	公路	……	供电	供水	排水	供热	宿舍	文化福利	生产	生活	

注："生产车间"栏按主要生产车间、辅助生产车间、动力车间次序填写。

2．建设地区特征

建设地区特征主要包括建设地区的自然条件和技术经济条件。例如，地形、地貌、水文、地质和气象资料等自然条件，地区的施工力量情况、地方企业情况、地方资源供应情况、水电供应和其他动力供应等技术经济条件。

3．施工条件及其他方面的情况

施工条件主要包括施工企业的生产能力，技术装备和管理水平，市场竞争力和完成指标的情况，主要设备、材料、特殊物资等的供应情况，以及上级主管部门或建设单位对施工的某些要求等。

其他方面的情况是指与建设项目实施有关的重要情况，主要包括有关建设项目的决议和协议，土地的征用范围、数量和居民搬迁时间，等等。

5.2.2　施工部署和主要工程项目施工方案

施工部署和主要工程项目施工方案的内容与侧重点，根据建设项目的性质、规模和客观条件不同而有所不同，一般包括以下内容。

1. 明确施工任务分工和组织安排

施工部署和主要工程项目施工方案的编制应首先明确施工项目的管理机构、体制，划分各参与施工单位的任务，明确各承包单位之间的关系，建立施工现场统一的组织领导机构及其职能部门，确定综合、专业的施工队伍，划分施工阶段，确定各单位分期分批的主攻项目和穿插项目。

2. 编制施工准备工作计划

施工准备是确保项目建设任务顺利完成的关键阶段，需要从思想、组织、技术和物资供应等方面做好充分准备，并编制详细的施工准备工作计划。施工准备工作计划的主要内容如下。

1）基础设施安排。规划和组织场内外运输、施工用主干道，确定水电气来源及其引入方案。

2）场地处理。确定场地平整方案及全场性的排水和防洪设施。

3）生产、生活设施规划。根据地区情况和施工单位需求，规划混凝土构件预制、钢木结构制品及其他构配件的加工、仓库及职工生活设施等。

4）材料管理。确定材料的库房和堆场用地，确保材料货源供应及运输畅通。

5）季节性施工准备。针对冬期、雨期和暑期施工做好特别准备。

6）现场标志。设置场区内的宣传标志，为测量放线做好准备。

3. 拟订主要工程项目施工方案

施工组织总设计要对一些主要工程项目和特殊分项工程项目的施工方案予以拟订。这些项目通常是建设项目中工程量大、施工难度大、工期长、在整个建设项目中起关键作用的单位工程项目及影响全局的特殊分项工程项目。为了进行技术和资源的准备工作，以及施工进程的顺利开展和现场的合理布置，拟订主要工程项目施工方案是必要的。主要工程项目施工方案的内容如下。

1）施工方法：要求兼顾技术的先进性和经济的合理性。

2）工程量：要求对资源进行合理安排。

3）施工工艺流程：要求兼顾各工种、各施工段的合理搭接。

4）施工机械设备：要求既能使主导机械满足工程需要，又能发挥其效能，使各大型机械在各工程上进行综合流水作业，减少装、拆、运的次数，辅助配套机械的性能应与主导机械相适应。

其中，施工方法和施工机械设备应重点组织安排。

4. 确定工程开展程序

根据建设项目总目标的要求，确定合理的工程开展程序，主要考虑以下几个方面。

1）在保证工期的前提下，实行分期分批建设。这样既可以使每个具体项目迅速建成，尽早投入使用，又可在全局上保证施工的连续性和均衡性，以减少暂设工程数量，降低工程成本，充分发挥项目建设投资的效果。

一般大型工业建设项目都应在保证工期的前提下实行分期分批建设。这些项目的各个车间不是孤立的，它们分别组成若干生产系统。在建造时，需要分几期施工，各期工程包括哪些项目，要根据生产工艺要求、建设部门要求、工程规模大小、施工难易程度、资金状况、技术资源情况等确定。同一期工程应是一个完整的系统，以保证各生产系统能够按期投入生产。例如，某大型发电厂工程因技术、资金、原料供应等而分两期建设。一期工程安装两台 20 万千瓦国产汽轮机组和建设各种与之相适应的辅助生产、交通、生活福利设施。建成后投入使用，两年之后再进行二期工程建设，安装一台 60 万千瓦国产汽轮机组，最终形成 100 万千瓦的发电能力。

2）各类项目的施工应统筹安排，保证重点，确保工程项目按期投产。在一般情况下，应优先考虑的项目是：①按生产工艺要求，需要先期投入生产或起主导作用的工程项目；②工程量大、施工难度大、工期长的项目；③运输系统、动力系统相关项目，如厂内外道路、铁路和变电站；④供施工使用的工程项目，如各种加工厂、搅拌站和其他为施工服务的临时设施；⑤在生产上优先使用的机修、车库、办公及家属宿舍等生活设施。

3）一般工程项目均应按先地下后地上、先深后浅、先干线后支线的原则进行安排。例如，针对铺设地下管线和筑路的程序，应先铺管线后筑路。

4）应考虑季节对施工的影响。例如，大规模土方和深基础土方施工一般要避开雨季；寒冷地区应尽量使房屋在入冬前封闭，以便在冬季转入室内进行作业和设备安装。

5.3 施工总进度计划

施工总进度计划是以拟建工程交付使用时间为目标而确定的控制性施工进度计划，它是控制整个建设项目的施工工期及其各单位工程工期和相互搭接关系的依据。正确地编制施工总进度计划，是保证各个系统及整个建设项目如期交付使用、充分发挥投资效果、降低建筑成本的重要条件。

施工总进度计划的编制一般按下述步骤进行。

1. 计算工程项目及全工地性工程的工程量

施工总进度计划主要起控制总工期的作用，因此在制作工程项目一览表时，项目划分不宜过细。通常按分期分批投产顺序和工程开展顺序列出工程项目，并突出每个交工系统中的主要工程项目。一些附属项目及临时设施可以合并列出。

根据批准的总承建工程项目一览表，按工程开展程序和单位工程计算主要实物工程量。此时，计算工程量的目的是：选择施工方案和主要的施工运输机械；初步规划主要施工过程和流水施工；估算各项目的完成时间；计算劳动力及技术物资的需用量。针对这些工程量，只需粗略地计算。

计算工程量可按初步（或扩大初步）设计图纸及各种定额手册进行。常用的定额资料如下。

（1）万元、十万元投资工程量

万元、十万元投资工程量定额规定了某一种结构类型建筑每万元或十万元投资中的劳动力消耗数量和主要材料消耗量。根据图纸中的结构类型，即可估算出拟建工程分项需要的劳动力及材料消耗量。

（2）概算指标和扩大结构定额

概算指标和扩大结构定额都是预计定额的进一步扩大（概算指标以建筑物的每 100 立方米为单位；扩大结构定额以建筑物的每 100 平方米为单位）。

查定额时，分别按建筑物的结构类型、跨度、高度分类，查出这种建筑物所需的劳动力和各项主要材料消耗量，从而推出拟计算项目所需要的劳动力及材料消耗量。

（3）已建房屋、构筑物的资料

在缺少定额手册的情况下，可根据已建类似工程实际劳动力及材料消耗量，按比例估算拟建工程的劳动力及材料消耗量。但是，和拟建工程完全相同的已建工程是比较少见的，因此在利用已建工程的资料时，一般应进行必要的调整。

除建设项目本身外，还必须计算主要的全工地性工程的工程量，如铁路及道路长度、地下管线长度、场地平整面积等，这些数据可以从建筑总平面图上求得。

将计算得出的工程量填入统一的工程项目一览表，如表 5-4 所示。

表 5-4　工程项目一览表

工程分类	工程项目名称	结构类型	建筑面积/平方千米	栋数/栋	概算投资/万元	主要实物工程量							
						场地平整/平方千米	土方工程/立方千米	铁路铺设/千米	……	砖石工程/立方千米	钢筋混凝土工程/立方千米	……	装饰工程/平方千米	……
全工地性工程													
主体项目													
辅助项目													
永久住宅													
临时建筑													
合计													

2. 确定各单位工程（或单个建筑物）的工期

单位工程的工期可参阅工期定额（指标）予以确定。工期定额是根据我国各部门多年来的经验，经分析汇总而成的。单位工程的工期与建筑类型、结构特征、施工方法、施工技术、管理水平及现场的施工条件等因素有关，故确定工期时应予以综合考虑。

3. 确定单位工程的开竣工时间和相互搭接关系

在施工部署中已确定了总的施工程序和各系统的控制期限及搭接时间，但对每栋建筑物何时开工、何时竣工尚未确定。在解决这一问题时，主要考虑下述因素。

1）同一时期的开工项目不宜过多，以免分散人力与物力。

2）尽量使劳动力和技术物资消耗量在全工程中保持均衡。

3）在时间上，做到土建施工、设备安装和试生产的综合安排，以及每个项目和整个建设项目的合理安排。

4）确定一些次要工程作为后备项目，用以调剂主要项目的施工进度。

4. 绘制施工总进度计划相关图表

施工总进度计划可以用横道图表达，也可以用网络图表达。用网络图表达时，应优先采用时标网络图。时标网络图比横道图更加直观、易懂且逻辑关系明确，并能利用电子计算机进行编制、调整和优化，明确统计资源消耗数量，绘制并输出各种图表，因此应广泛推广使用时标网络图。

施工总进度计划只是起控制各单位工程或各分部工程的开竣工时间的作用，因此不必列举得过细，以单位工程或分部工程作为施工项目名称即可，否则会给计划的编制和调整带来不便。

首先，根据施工项目的工期和相互搭接时间，编制施工总进度计划的初步方案；其次，在进度计划的下面绘制投资、工作量、劳动力等主要资源消耗动态曲线图，并对施工总进度计划进行综合平衡、调整，使之趋于均衡；最后，绘制成正式的施工总进度计划，可参照表 5-5 和表 5-6。

表 5-5　施工总进度计划

序号	施工项目	建筑指标		设备安装指标/吨	总劳动量/工日	施工总进度							
		单位	数量			第一年				第二年			
						1	2	3	4	1	2	3	4

表 5-6　某群体工程施工总进度计划

区域及单位工程		第一年				第二年				第三年				第四年			
		1	2	3	4	1	2	3	4	1	2	3	4	1	2	3	4
A 区会议厅	土方、基础、结构																
	机电、管线安装																
	装修																
B 区宾馆	地下室、结构																
	机电、管线安装																
	装修																
C 区中展厅	土方、基础、结构																
	机电、管线安装																
	装修																

续表

区域及单位工程		第一年				第二年				第三年				第四年			
		1	2	3	4	1	2	3	4	1	2	3	4	1	2	3	4
D区办公塔楼	地下室、结构																
	钢结构、防火喷涂																
	玻璃幕墙																
	机电、管线安装																
	装修																
E区花园	基础、地下室结构																
	机电、管线安装																
	装修																
F区大展厅	地下室、结构																
	机电、管线安装																
	装修																
锅炉房	土方、结构、装修																
	机电安装																
室外工程	地下管线、竖井																
	道路、室外、围墙																

5.4 施工准备工作计划与施工资源需用量计划

　　依据施工组织总部署、施工总进度计划可以编制施工准备工作计划和施工中各种资源的需用量计划，以确保工程按期开工及资源的组织和供应，从而使项目施工能顺利进行。

5.4.1 施工准备工作计划

　　为确保工程按期开工和施工总进度计划的如期完成，应根据建设项目的施工部署、工程施工的展开程序和主要工程项目的施工方案，及时编制好全场性的施工准备工作计划，其形式如表 5-7 所示。

表 5-7　施工准备工作计划

序号	施工准备工作内容	负责单位	涉及单位	要求完成日期	备注

施工准备工作的主要内容如下。

1）测量与控制。按照建筑总平面图建立现场测量控制网。

2）用地准备。完成土地征用、居民迁移及各类障碍物的拆除或迁移工作。

3）基础设施安排。完善场内外运输道路、水、电、气的引入方案，并规划场地平整及全场性排水、防洪设施的使用。

4）生产、生活设施规划。规划和建设搅拌站、预制构件加工厂、钢筋加工厂等生产设施，以及各种生活福利设施。

5）材料与设备管理。制订建筑材料、预制构件、加工品、半成品和施工机具的订购、运输、存储等计划。

6）技术与培训。编制施工组织总设计，制定施工技术措施，并规划新技术、新材料、新工艺、新结构的试制、试验计划，以及职工技术培训计划。

7）季节性施工准备。制订冬期、雨期、暑期施工的技术组织措施和准备工作计划。

5.4.2　施工资源需用量计划

根据建设项目施工总进度计划，汇总主要实物工程量，编制工程量进度计划，然后根据工程量汇总表（可参照表 5-8）计算主要劳动力及施工技术物资需用量。

表 5-8　工程量汇总表

顺次	工程名称	计算单位	全部工程	其中包括的各项工程					工程量进度计划					
									1				2	3
				1	2	3	4	5	季度					
									一	二	三	四		
1	土方工程													
1.1	挖土													
1.2	填土													
2	砖石工程													
3	整体式钢筋混凝土结构													
4	整体式混凝土结构													
5	结构安装													
6	……													
7	门窗工程													
7.1	门													
7.2	窗													
8	隔墙													
9	地面工程													
10	屋面工程													

1. 劳动力需用量及使用计划

首先，根据施工总进度计划，套用概算定额或经验资料分别计算出一年四季（或各月）所需劳动力数量；其次，按表汇总成劳动力需用量及使用计划（可参照表 5-9），同时解决劳动力不足的问题。

表 5-9　劳动力需用量及使用计划

序号	工种名称	劳动量/工日	全工地性工程						生活设施		仓库、加工厂等暂设工程	用工时间													
			主厂房工程	辅助车间工程	道路工程	铁路工程	给排水管道工程	电气工程	永久性住宅	临时性住宅		年								年					
													5	6	7	8	9	10	11	12	1	2	3	4	5	6
1	钢筋工																								
2	木工																								
3	混凝土工																								
4	……																								

2. 主要施工及运输机械需用量汇总表

根据施工总进度计划、主要建筑物施工方案和工程量/套用机械产量定额，即可得到主要施工及运输机械需用量。辅助机械可根据安装工程概算指标求得，从而编制出机械需用量计划。根据施工部署和主要工程项目施工方案、技术措施及施工总进度计划的要求，即可得出必需的主要施工机具的数量及进场日期。这样可使所需机具按计划进场，还可为计算施工用电、选择变压器容量等提供计算依据。主要施工及运输机械需用量汇总表如表 5-10 所示。

表 5-10　主要施工及运输机械需用量汇总表

序号	机械名称	简要说明（型号、生产率等）	电动机功率/千瓦	数量	需用量计划											
					年						年					
					7	8	9	10	11	12	1	2	3	4	5	6

3. 建设项目各种物资需用量计划

根据工种工程量汇总表和施工总进度计划的要求，通过查概算指标即可得出各单位工程所需的物资需用量，从而编制出物资需用量计划。建设项目各种物资需用量计划如表 5-11 所示。

表 5-11　建设项目各种物资需用量计划

序号	类别	材料名称	单位	全工地性工程						生活设施		其他暂设工程	需用量计划											
				主厂房工程	辅助车间工程	道路工程	铁路工程	给排水管道工程	电气工程	永久性住宅	临时性住宅		年						年					
													7	8	9	10	11	12	1	2	3	4	5	6
1	构件类	预制桩 预制梁 预制板 ……																						
2	主要材料	钢筋 水泥 砖 石灰 ……																						
3	半成品类	砂浆 混凝土 木门窗 ……																						

5.5　施工总平面图

施工总平面图是在拟建工程施工场地范围内，按照施工布置和施工总进度计划的要求，将拟建工程和各种临时设施进行合理部署的总体布置图，是施工组织总设计的重要内容，也是现场文明施工、节约施工用地、减少各种临时设施数量、降低工程费用的先决条件。

5.5.1　施工总平面图的内容

施工总平面图一般包含以下内容。

1）建设项目的建筑总平面图上一切地上、地下的已有和拟建建（构）筑物及其他设施的位置与尺寸。

2）一切为全工地施工服务的临时设施的布置位置，包括：①施工用地范围、施工用道路位置；②加工厂及有关施工机械的位置；③各种材料仓库、堆场及取土弃土位置；④办公室、宿舍、文化福利设施等建筑的位置；⑤水源、电源、变压器、临时给排水管线、通信设施、供电线路及动力设施位置；⑥机械站、车库位置；⑦一切安全、消防设施位置。

3）永久性及半永久性坐标位置。

5.5.2　施工总平面图的设计原则

施工总平面图总的设计原则是平面紧凑合理，方便施工流程，运输方便畅通，降低临建费用，便于生产生活，保护生态环境，并保证安全可靠。具体内容如下。

1）平面紧凑合理指少占农田、减少施工用地，充分调配各方面的布置位置，使其合理有序。

2）方便施工流程指施工区域的划分应尽量减少各工种之间的相互干扰，充分调配人力、物力和场地，保持施工均衡、连续、有序。

3）运输方便畅通指合理组织运输，减少运输费用，保证水平运输和垂直运输畅通无阻，保证不间断施工。

4）降低临建费用指充分利用现有建筑，可将其作为办公、生活福利用房等，应尽量少建临时性设施。

5）便于生产生活指尽量为生产工人提供方便的生产生活条件。

6）保护生态环境指在施工过程中要注意保护施工现场及周围环境。例如，能保留的树木应尽量保留，对文物及有价值的物品应采取保护措施，对周围的水源不应造成污染，垃圾、废土、废料、废水不乱堆、乱放、乱泄等，做到文明施工。

7）保证安全可靠指安全防火、安全施工，尤其不要出现影响人身安全的事故。

5.5.3 施工总平面图的设计依据

1）设计资料，包括建筑总平面图、地形地貌图、区域规划图、建设项目范围内有关的一切已有的和拟建的各种地上、地下设施及位置图。

2）建设地区资料，包括当地的自然条件和经济技术条件，当地的资源供应情况和运输条件等。

3）建设项目的建设概况，包括施工方案和施工进度计划，以便了解各施工阶段情况，合理规划施工现场。

4）物资需求资料，包括建筑材料、构件、加工品、施工机械、运输工具等物资的需用量表，以规划现场内部的运输线路和材料堆场等的位置。

5）各构件加工厂、仓库、临时性建筑的位置和尺寸。

5.5.4 施工总平面图的设计步骤

1. 垂直运输设备的布置

1）确定垂直运输设备（塔吊、井字架、门架）的位置，其受现场工作面的限制，同时也影响现场材料仓库、材料堆场、搅拌站、水、电、道路的布置。

2）在多层建筑施工（3～7 层）中，可以用轻型塔吊，这类塔吊的位置可以移动，按照建筑物的长边布置可以控制更加广阔的工作面，尽量减少死角，将材料和构件控制在塔吊的工作范围之内。

3）在高层建筑施工（12 层以上或大于 24 米）中，可以布置自升式或爬升式塔吊，其位置固定，具有较大的工作半径（30～60 米），同时一般配置若干台固定升降机配合作业。当主体结构建造完毕时，塔吊可以拆除。

4）在多层房屋施工中，固定的垂直运输设备布置在施工段附近。当建筑物的高度不同时，布置在高低分界处。如果条件允许，则尽可能布置在有窗口的地方，以避免墙体的留槎和拆除后的修补工作。固定的垂直运输设备中卷扬机的位置不能靠升降机太近，以确保司机视线开阔。

5）材料堆场、仓库、搅拌站应尽量设置在起重机的半径范围之内，并且便于运输和装卸，其位置选择主要取决于垂直运输设备的位置。

6）对于少量、轻型的材料可以堆放得远一点，以不影响施工为宜，减少二次搬运。

2. 运输线路的布置

设计全工地性的施工总平面图，首先应确定大宗材料进入工地的运输方式。例如，铁路运输须将铁轨引入工地，水路运输须考虑增设码头、仓储和转运问题，公路运输须考虑运输路线的布置问题，等等。

（1）铁路运输

一般大型工业企业设有永久性铁路专用线，这些专用线通常提前修建，以便为工程项目施工服务。铁路的引入会对场内施工的运输和安全产生重大影响，因此，一般先将铁路引入工地两侧。只有当整个工程进展到一定程度、可分为若干独立施工区域时，才可以把铁路引到工地中心区。此时铁路对每个独立的施工区都不应有干扰，位于各施工区的外侧。

（2）水路运输

当大量物资由水路运输时，就应充分利用原有码头的吞吐能力。当原有码头吞吐能力不足时，应考虑增设码头，其码头的数量不应少于两个，并且宽度应大于 2.5 米，一般采用石结构或钢筋混凝土结构建造。

一般码头距工程项目施工现场有一定距离，故应考虑在码头修建仓储库房及从码头到工地的运输问题。

（3）公路运输

公路布置较为灵活，当大量物资由公路运进现场时，一般将仓库、加工厂等生产性临时设施布置在最方便、最经济合理的地方，而后布置通向场外的公路线。

3. 仓库与材料堆场的布置

仓库与材料堆场通常布置在运输方便、位置适中、运距较短且安全防火的地方，同时，材料、设备和运输方式不同，布置位置也不同。

仓库与材料堆场的布置应考虑下列因素。

1）尽量利用永久性仓储库房，以便于节约成本。

2）仓库与材料堆场位置应尽量接近使用地，以减少二次搬运的工作。

3）当有铁路时，尽量布置在铁路线旁边，并留够装卸前线，而且应设在靠工地一侧，避免内部运输跨越铁路。

4）根据材料用途设置仓库与材料堆场。

砂、石、水泥等布置在搅拌站附近；钢筋、木材、金属结构等布置在相应加工厂附近；油库、氧气库等布置在相对僻静、安全的地方；设备（尤其是笨重设备）尽量布置在车间附近；砖、瓦和预制构件等直接使用材料布置在施工现场、吊车控制半径范围之内。

4. 加工厂的布置

加工厂一般包括搅拌站、预制构件加工厂、钢筋加工厂、木材加工厂、金属结构加工厂等。布置这些加工厂时主要考虑的问题是：来料加工和成品（半成品）运往需要地点的总运输费用最小；加工厂的生产和工程项目的施工互不干扰。

1）搅拌站布置。根据工程的具体情况，可采用集中、分散或集中与分散相结合 3 种方式布置搅拌站。当现浇混凝土量大时，宜在工地设置现场混凝土搅拌站；当运输条件较好时，采用集中搅拌最有利；当运输条件较差时，则宜采用分散搅拌。若采用商品混凝土，则现场混凝土采用泵送方式，设置混凝土输送泵，现场还需要设置搅拌机负责垫层混凝土及零星混凝土、砂浆的搅拌，搅拌区要设置在场地施工道路旁，并且在塔吊吊装范围内。

2）预制构件加工厂布置。此种加工厂一般建在空闲区域，既能安全生产，又不影响现场施工。

3）钢筋加工厂布置。根据不同情况，可采用集中或分散的方式布置钢筋加工厂。对于需要冷加工、对焊、点焊的钢筋网等宜集中布置钢筋加工厂（即设置中心加工厂），其位置应靠近预制构件加工厂；对于小型加工件、利用简单机具即可加工的钢筋，可在靠近使用地的位置分散布置加工棚。

4）木材加工厂布置。根据木材加工的性质、数量，选择集中或分散布置。一般原木加工批量生产的产品等加工量大的应集中布置在铁路、公路附近，简单的小型加工件可分散布置在施工现场（搭设几个临时加工棚）。

5）金属结构加工厂布置。由于金属结构加工在生产上联系密切，应尽量集中布置在一起。

5. 内部运输道路的布置

根据各加工厂、仓库及各施工对象的相对位置，对货物周转运行图进行反复研究，区分主要道路和次要道路，进行道路的整体规划，以确保运输畅通、车辆行驶安全，同时节省造价。在布置内部运输道路时应考虑以下几点。

1）尽量利用拟建的永久性道路。应提前修建，或先修路基，铺设简易路面，项目完成后再铺路面。

2）确保运输畅通。道路应设两个以上的进出口，避免与铁路交叉。一般厂内主干道应设成环形，其主干道应为双车道，宽度不小于 6 米；次要道路为单车道，宽度不小于 3 米。

3）合理规划拟建道路与地下管网的施工顺序。在修建拟建永久性道路时，应考虑道路下的地下管网，避免将来重复开挖，尽量做到一次性到位，节约投资。

6. 消防设施的布置

根据工程防火要求，应设立消防站，一般布置在易燃建筑物（木材、仓库等）附近，并且必须有畅通的出口和消防车道，其宽度不宜小于 6 米，与拟建房屋的距离不得大于 25 米，也不得小于 5 米。沿道路布置消火栓时，其间距不得大于 10 米，消火栓到路边的距离不得大于 2 米。

7. 行政与生活临时设施的布置

（1）临时性房屋布置原则

临时性房屋一般有办公室、门卫室、工人宿舍、浴室、食堂、商店、俱乐部等。布置时应考虑以下几点。

1）全工地性管理用房（办公室、门卫室等）应布置在工地入口处。

2）工人生活福利设施（商店、俱乐部、浴室等）应布置在工人较集中的地方。

3）食堂可布置在工地内部或工地与生活区之间。

4）工人宿舍应布置在工地以外的生活区，一般以距工地 500～1000 米为宜。

（2）办公及福利设施的规划

在工程项目建设中，办公及福利设施的规划应根据工程项目建设中的用人情况来确定。

1）确定人员数量。在一般情况下，直接生产工人（基本工人）数的计算公式为

$$R = n \times \frac{T}{t} \times K_2 \qquad (5\text{-}1)$$

式中，R 为直接生产工人数；n 为直接生产的基本工人数；T 为工程项目年（季）度所需总工作日；t 为年（季）度有效工作日；K_2 为年（季）度施工不均衡系数，取 1.1～1.2。

非生产人员数参照国家规定的比例计算，如表 5-12 所示。

表 5-12　非生产人员比例表

序号	企业类别	非生产人员比例/%	管理人员比例/%	服务人员比例/%	折算为占生产人员比例/%
1	中央省市自治区属	16～18	9～11	6～8	19～22
2	省辖市、地区属	8～10	8～10	5～7	16.3～19
3	县（市）企业	10～14	7～9	4～6	13.6～16.3

注：①工程分散、职工数较大者取上限；②新辟地区、当地服务网点尚未建立时应增加服务人员 5%～10%；③大城市、大工业区服务人员应减少 2%～4%。

家属安排视工程情况而定：工期短、工地距离近的工程，可少安排些家属；工期长、工地距离远的工程，则可多安排些家属。

2）确定办公及福利设施的临时建筑面积。当工地人员数量确定后，可按实际人数确定建筑面积：

$$S = N \times P \qquad (5\text{-}2)$$

式中，S 为建筑面积（平方米）；N 为工地人员实际数；P 为建筑面积指标，按表 5-13 取定。

表 5-13　临时建筑面积参考指标

序号	临时建筑名称	指标使用方法	参考指标	序号	临时建筑名称	指标使用方法	参考指标
一	办公室	按使用人数	3～4 平方米/人	3	理发室	按高峰年平均人数	0.01～0.03 平方米/人
二	工人宿舍			4	俱乐部	按高峰年平均人数	0.1 平方米/人
1	单层通铺	按高峰年（季）平均人数	2.5～3 平方米/人	5	小卖部	按高峰年平均人数	0.03 平方米/人
2	双层床	不包括工地人数	2～2.5 平方米/人	6	招待所	按高峰年平均人数	0.06 平方米/人
3	单层床	不包括工地人数	3.5～4 平方米/人	7	托儿所	按高峰年平均人数	0.03～0.06 平方米/人
三	家属宿舍		16～25 平方米/户	8	子弟校	按高峰年平均人数	0.06～0.08 平方米/人
四	食堂	按高峰年平均人数	0.5～0.8 平方米/人	9	其他公用建筑	按高峰年平均人数	0.05～0.1 平方米/人
	食堂兼礼堂	按高峰年平均人数	0.6～0.9 平方米/人	六	临时建筑	按高峰年平均人数	
五	其他合计	按高峰年平均人数	0.5～0.6 平方米/人	1	开水房		10～40 平方米/人
1	医务所	按高峰年平均人数	0.05～0.07 平方米/人	2	厕所	按工地平均人数	0.02～0.07 平方米/人
2	浴室	按高峰年平均人数	0.07～0.1 平方米/人	3	工人休息室	按工地平均人数	0.15 平方米/人

8. 工地临时供水系统的布置

设置临时性水电管网时，应尽量利用可用的水源、电源。一般排水干管沿主干道布置；水池、水塔等储水设施应布置在地势较高处；消防站应布置在工地出入口附近，消火栓沿道路布置；过冬的管网要采取保温措施。

工地用水主要有 3 种类型：生产用水、生活用水和消防用水。

（1）确定用水量

1）确定生产用水量。生产用水包括施工工程用水和施工机械用水。

① 施工工程用水量的计算公式为

$$q_1 = K_1 \sum \frac{Q_1 \times N_1}{t_1 \times b} \times \frac{K_2}{8 \times 3600} \qquad (5-3)$$

式中，q_1 为施工工程用水量（升/秒）；K_1 为未预见的施工用水系数（1.05～1.15）；Q_1 为年（季）度工程量（以实物计量单位表示）；N_1 为施工工程用水定额，按表 5-14 取定；t_1 为年（季）度有效工作日（天）；b 为每天工作班数（次）；K_2 为施工用水不均衡系数，按表 5-15 取定。

表 5-14 施工工程用水定额参考表

序号	用水对象	单位	施工工程用水定额/升	备注
1	浇注混凝土	立方米	1700～2400	
2	搅拌普通混凝土	立方米	250	实测数据
3	搅拌轻质混凝土	立方米	300～350	
4	搅拌泡沫混凝土	立方米	300～400	
5	搅拌热混凝土	立方米	300～350	
6	混凝土养护（自然养护）	立方米	200～400	
7	混凝土养护（蒸汽养护）	立方米	500～700	
8	冲洗模板	平方米	5	
9	搅拌机清洗	台班	600	实测数据
10	人工冲洗石子	立方米	1000	
11	机械冲洗石子	立方米	600	
12	洗砂	立方米	1000	
13	砌砖工程	立方米	150～250	
14	砌石工程	立方米	50～80	
15	粉刷工程	立方米	30	
16	砌耐火砖砌体	立方米	100～150	包括砂浆搅拌
17	洗砖	千块	200～250	
18	洗硅酸盐砌块	立方米	300～350	
19	抹面	平方米	4～6	不包括调制用水
20	楼地面	平方米	190	找平层同
21	搅拌砂浆	立方米	300	
22	石灰消化	吨	3000	

表 5-15　施工用水不均衡系数表

K	用水名称	系数
K_2	施工工程用水	1.5
	生产企业用水	1.25
K_3	施工机械用水	2
	动力设备用水	1.05～1.1
K_4	施工现场生活用水	1.3～1.5
K_5	居民区生活用水	2～2.5

② 施工机械用水量的计算公式为

$$q_2 = K_1 \sum Q_2 \times N_2 \times \frac{K_3}{8 \times 3600} \tag{5-4}$$

式中，q_2 为施工机械用水量（升/秒）；Q_2 为同种机械台数（台）；N_2 为施工机械用水定额，按表 5-16 取定；K_3 为施工用水不均衡系数，按表 5-15 取定。

表 5-16　施工机械用水定额参考表

序号	用水对象	单位	施工机械用水定额/升	备注
1	内燃挖土机	台班·立方米	200～300	以斗容量立方米计
2	内燃起重机	台班·吨	15～18	以起重吨数计
3	蒸汽起重机	台班·吨	300～400	以起重吨数计
4	蒸汽打桩机	台班·吨	1 000～1 200	以锤重吨数计
5	蒸汽压路机	台班·吨	100～150	以压路机吨数计
6	内燃压路机	台班·吨	12～15	以压路机吨数计
7	拖拉机	昼夜·台	200～300	
8	汽车	昼夜·台	400～700	
9	标准轨蒸汽机车	昼夜·台	10 000～20 000	
10	窄轨蒸汽机车	昼夜·台	4 000～7 000	
11	空气压缩机	台班·（立方米/分）	40～80	以压缩空气机排气量（立方米/分）计
12	内燃机动力装置（直流水）	台班·马力	120～300	
13	内燃机动力装置（循环水）	台班·马力	25～40	
14	锅驼机	台班·马力	80～160	不利用凝结水
15	锅炉	时·吨	1 000	以小时蒸发量计
16	锅炉	时·平方米	15～30	以受热面积计
17	点焊机 25 型	时	100	实测数据
18	点焊机 50 型	时	150～200	实测数据
19	点焊机 75 型	时	250～350	实测数据
20	点焊机 100 型	时	—	
21	冷拔机	时	300	
22	对焊机	时	300	
23	凿岩机 01-30（CM-56）	分	3	
24	凿岩机 01-45（TN-4）	分	5	
25	凿岩机 01-38（KⅡM-4）	分	8	
26	凿岩机 YQ-100	分	8～12	

2）确定生活用水量。生活用水包括施工现场生活用水和生活区生活用水。

①　施工现场生活用水量的计算公式为

$$q_3 = \frac{P_1 \times N_3 \times K_4}{b \times 3 \times 3600} \tag{5-5}$$

式中，q_3 为施工现场生活用水量（升/秒）；P_1 为高峰人数（人）；N_3 为施工现场生活用水定额，视当地气候、工种而定，一般取 100～120 升/（人·昼夜）；K_4 为施工用水不均衡系数，按表 5-15 取定；b 为每天工作班数（次）。

②　生活区生活用水量的计算公式为

$$q_4 = \frac{P_2 \times N_4 \times K_5}{24 \times 3600} \tag{5-6}$$

式中，q_4 为生活区生活用水量（升/秒）；P_2 为居民人数（人）；N_4 为生活区生活用水定额，按表 5-17 取定；K_5 为施工用水不均衡系数，按表 5-15 取定。

表 5-17　生活区生活用水定额参考表

序号	用水对象	单位	生活区生活用水定额/升	备注
1	工地全部生活用水	人·日	100～120	
2	生活用水（盥洗、饮用）	人·日	25～30	
3	食堂	人·日	15～20	
4	浴室（淋浴）	人·次	50	
5	淋浴带大池	人·次	30～50	
6	洗衣	人	30～35	
7	理发室	人·次	15	
8	小学校	人·日	12～15	
9	幼儿园/托儿所	人·日	75～90	
10	医院病房	病床·日	100～150	

3）确定消防用水量。消防用水包括生活区消防用水和施工现场消防用水，消防用水量（q_5）应根据工程项目大小及居住人数的多少来确定。消防用水量表如表 5-18 所示。

表 5-18　消防用水量表

用水场所	规模	火灾同时发生次数/次	单位	用水量/（立方米/公顷）
生活区消防用水	5 000 人以内	1	升/秒	10
	10 000 人以内	2	升/秒	10～15
	25 000 人以内	2	升/秒	15～20
施工现场消防用水	施工现场面积在 25 公顷以内	1	升/秒	10～15（每增加 25 公顷递增 5 立方米）

注：1 公顷=10^4 平方米。

4）确定总用水量。因为生产用水、生活用水和消防用水不同时使用，日常只有生产用水和生活用水，消防用水是在特殊情况下产生的，所以确定总用水量（Q）不能简单地将几项相加，而应考虑有效组合。也就是说，既要满足生产用水和生活用水需求，又要有消防储备。总用水量的确定一般有以下 3 种情形：

当 $q_1 + q_2 + q_3 + q_4 \leqslant q_5$ 时，取 $Q = q_5 + \frac{1}{2}(q_1 + q_2 + q_3 + q_4)$；

当 $q_1+q_2+q_3+q_4>q_5$ 时，取 $Q=q_1+q_2+q_3+q_4$；

当工地面积小于 5 公顷，并且 $q_1-q_2+q_3+q_4<q_5$ 时，取 $Q=q_5$。

当总用水量确定后，还应增加 10%，以补偿不可避免的水管漏水等损失，即

$$Q_总=1.1Q \tag{5-7}$$

（2）选择水源

工程项目工地临时供水有供水管道供水和天然水源供水两种方式。最好的方式是采用附近居民区现有的供水管道供水。只有当工地附近没有现成的供水管道或现成的供水管道无法使用及供水量难以满足施工要求时，才使用天然水源（如江、河、湖、井等）供水。

选择水源应考虑的因素有：水量是否充足、可靠，能否满足最大需用量要求；能否满足生活饮用水、生产用水的水质要求；取水、输水、净水设施是否安全、可靠；施工、运转、管理和维护是否方便。

（3）确定供水系统

供水系统由取水设施、净水设施、储水构筑物、输水管道、配水管道等组成。在通常情况下，综合工程项目的首建工程应是永久性供水系统。只有在工程项目的工期紧迫时，才修建临时供水系统。如果已有供水系统，则可以直接从供水源接入输水管道。

（4）确定取水设施

取水设施一般由取水口、进水管和水泵组成。取水口距河底（或井底）一般为 0.25～0.9 米，距冰层下部边缘的距离不小于 0.25 米。给水工程一般使用离心泵、隔膜泵和活塞泵 3 种。所用的水泵应具有足够的抽水能力和扬程。

（5）确定贮水构筑物

贮水构筑物一般有水池、水塔和水箱。在临时供水时，如果水泵不能连续供水，则须设置贮水构筑物，其容量根据每小时的消防用水量确定，但不得少于 10 立方米。

贮水构筑物的高度应根据供水范围、供水对象位置及水塔本身位置来确定。

（6）确定供水管径

供水管径的计算公式为

$$D=\sqrt{\frac{4Q\times1000}{\pi\times v}} \tag{5-8}$$

式中，D 为配水管内径（米）；v 为管网中水流速度（米/秒），按表 5-19 取定。

表 5-19　临时水管经济流速表

管径	流速/（米/秒）	
	正常时间	消防时间
支管 $D<0.10$ 米	2	>3
生产消防管道 $D=0.1\sim0.3$ 米	1.3	>3
生产消防管道 $D>0.3$ 米	1.5～1.7	2.5
生产用水管道 $D>0.3$ 米	1.5～2.5	3

根据已确定的管径和水压的大小，可选择配水管，一般干管为钢管或铸铁管，支管为钢管。

9. 工地临时供电系统的布置

工地临时供电系统的布置包括计算用电量、选择供电方式、确定变压器、设置配电线

路和确定导线。此处主要介绍计算用电量、选择供电方式和确定导线 3 个环节。

（1）计算用电量

施工现场用电一般可分为动力用电和照明用电。在计算用电量时，应考虑以下因素：①全工地动力用电功率；②全工地照明用电功率；③施工高峰用电量。

供电设备用电量的计算公式为

$$P = 1.05 \sim 1.10\left(K_1\frac{\sum P_1}{\cos\varphi} + K_2\sum P_2 + K_3\sum P_3 + K_4\sum P_4 \right) \tag{5-9}$$

式中，P 为供电设备用电量（千伏安）；P_1 为电动机额定功率（千瓦）；P_2 为电焊机额定功率（千伏安）；P_3 为室内照明容量（千瓦）；P_4 为室外照明容量（千瓦）；$\cos\varphi$ 为电动机的平均功率因数（在施工现场最高为 0.78，一般为 0.65～0.75）；K_1、K_2、K_3、K_4 为需要系数，按表 5-20 取定。

表 5-20　需要系数表

用电名称	数量/台	需要系数				备注
		K_1	K_2	K_3	K_4	
电动机	3～10	0.7				当施工上需要电热时，将其用电量计算进去。各动力照明用电应根据不同工作性质分类计算
	11～30	0.6				
	30 以上	0.5				
加工厂动力设备	—	0.5				
电焊机	3～10		0.6			
	10 以上		0.5			
室内照明	—			0.8		
室外照明	—				1.0	

其他机械动力设备及工具用电可参考有关定额。

照明用电量远小于动力用电量，故当单班施工时，其用电总量可以不考虑照明用电。

（2）选择供电方式

供电方式有以下几种。

1）完全由工地附近的电力系统供电。

2）若工地附近的电力系统供电量不够，则工地须增设临时电站以补充不足部分。

3）如果工地属于新开发地区，附近没有供电系统，则应由工地自备临时动力设施供电。

根据实际情况确定供电方案。一般是将工地附近的高压电网引入工地的变压器进行调配。变压器的功率的计算公式为

$$P = K\left(\frac{\sum P_{\max}}{\cos\varphi} \right) \tag{5-10}$$

式中，P 为变压器的功率（千伏安）；K 为功率损失系数，取 1.05；$\sum P_{\max}$ 为各施工区的最大计算负荷（千瓦）。

根据计算结果，选取略大于该结果的变压器。

（3）确定导线

导线的自身强度必须能防止因受拉或机械性损伤而折断，导线必须耐受因电流通过而产生的温升，还应使电压损失保持在允许范围之内。只有这样，导线才能正常传输电流，保证各方用电的需要。

确定导线应考虑如下因素。

1）机械强度。导线在各种敷设方式下，应按其强度需要，保证必需的最小截面，以防因拉、折而断。可根据有关资料进行确定。

2）电压降。导线应满足所需要的允许电压，其本身引起的电压降必须限制在一定范围内，导线承受负荷电流长时间通过所引起的温升，其自身电阻越小越好，以确保电流通畅，从而降低温度。因此，导线的截面是关键因素，导线截面面积的计算公式为

$$S = K\left(\frac{\sum P \times L}{C \times \varepsilon}\right) \tag{5-11}$$

式中，S 为导线截面面积（平方毫米）；P 为负荷电功率或线路输送的电功率（千瓦）；L 为输送电线路的距离（米）；C 为系数，视导线材料、送电电压及调配方式而定，按表 5-21 取定；ε 为容许的相对电压降（即线路的电压损失），一般为 2.5%～5%，其中，电动机电压降应为 ±5%，临时供电电压降应为 ±8%。

表 5-21　按允许电压降计算时的 C 值

线路额定电压/伏	线路系统及电流种类	C 值	
		铜线	铝线
380/220	三相四线	77	46.3
220	—	12.8	7.75
110	—	3.2	1.9
36	—	0.34	0.21

3）负荷电流。三相四线制线路上的电流的计算公式为

$$I = \frac{P}{3 \times V \times \cos\varphi} \tag{5-12}$$

式中，I 为电流值（安）；P 为功率（瓦）；V 为电压（伏）。

导线制造厂家根据导线的容许温升，制定了各类导线在不同敷设条件下的持续容许电流值。在选择导线时，导线中的电流不得超过此值。

根据以上 3 个条件确定的导线，取截面面积最大的作为现场使用的导线。在确定导线时，通常先计算负荷电流，再根据其机械强度和允许电压损失值进行复核。

综上所述，垂直运输设备、运输线路、仓库与材料堆场、加工厂、内部运输道路、消防设施、行政与生活临时设施、工地临时供水系统、工地临时供电系统等的布置应系统考虑，将多种方案进行比较，确定之后采用标准图绘制在总平面图上，比例一般为 1∶1000 或 1∶2000。应该指出，各设计步骤不是截然分开、各自孤立进行的，而是相互联系、相互制约的，只有综合考虑、反复修正才能确定下来。当有几种方案时，应进行方案比较。

5.5.5　施工总平面图的科学管理

施工总平面图设计完成后，应认真贯彻其设计意图，发挥其应有作用，因此，现场对施工总平面图的科学管理显得非常重要，否则将难以保证施工的顺利进行。施工总平面图的科学管理包括以下几个方面。

1）建立统一的施工总平面图管理制度。划分施工总平面图的使用管理范围，做到责任到人，严格控制材料、构件、机具等物资占用的位置、时间和面积，不准乱堆乱放。

2）对水源、电源、交通等公共项目实行统一管理。不得随意挖路断道，不得擅自拆迁建

筑物和水电线路。当工程需要断水、断电、断路时，要申请，经批准后方可着手进行。

3）对施工总平面图实行动态管理。在施工布置中，由于特殊情况或事先未预测到的情况需要变更原方案时，应根据现场实际情况，统一协调，修正不合理的地方。

4）做好清理、维护、检修及分工。做好现场的清理和维护工作，经常性检修各种临时性设施，明确负责部门和人员。

5.6 技术经济评价

施工组织总设计编制质量的高低对工程建设的进度、质量和经济效益影响较大。因此，应对施工组织总设计进行技术经济评价。技术经济评价的目的是对施工组织总设计进行定性及定量的计算分析，论证其在技术上是否可行、在经济上是否合理。根据相应的同类型工程的技术经济指标，评估所编制的施工组织总设计的最终效果。这些指标应体现在施工组织总设计文件中，作为对施工组织总设计进行考核和上级审批的依据。

5.6.1　技术经济评价的指标体系

施工组织总设计中常用的技术经济评价指标有工期指标、质量指标、劳动指标、机械化施工程度、工厂化施工程度、材料使用指标、降低成本指标、临时工程投资比例等。施工组织总设计技术经济指标体系如表 5-22 所示。

表 5-22　施工组织总设计技术经济指标体系

施工组织总设计技术经济指标体系	工期指标	总工期/天			
		施工准备期/天			
		部分投产期/天			
		±0.00 以上工期/天			
		分部工程工期/天	基础工期		
			结构工期		
			装修工期		
	质量指标	优良品率/%			
	劳动指标	劳动力均衡系数/%			
		用工	总工日/工日		
			各分部工程用工/工日		
			单方用工/（工日/平方米）	工程项目单方用工日	
				分部工程单方用工日	基础
					结构
					装修
		劳动生产率/（元/工日）	生产工人日产值		
			建安工人日产值		
		节约工日总量/工日			

续表

施工组织总设计技术经济指标体系		机械化施工程度/%		
		工厂化施工程度/%		
	材料使用指标	主要材料节约量	钢材/吨	
			木材/立方米	
			水泥/吨	
		主要材料节约率/%		
	降低成本指标	降低成本额/元		
		降低成本率/%		
	临时工程投资比例/%			
	其他指标			

施工组织总设计技术经济指标体系中主要指标的计算方式如下。

1. 工期指标

关于工期指标，此处主要介绍总工期、施工准备期和部分投产期。

1）总工期是指从工程破土动工到竣工的全部日历天数。

2）施工准备期是指从施工准备开始到主要项目开工的全部日历天数。

3）部分投产期是指从主要项目开工到第一批项目投产使用的全部日历天数。

2. 质量指标

优良品率是施工组织设计中确定的质量控制目标，其计算公式为

$$优良品率 = \frac{优良工程个数（或面积）}{施工项目总个数（或总面积）} \times 100\% \tag{5-13}$$

3. 劳动指标

关于劳动指标，此处主要介绍劳动力均衡系数、单方用工和劳动生产率。

1）劳动力均衡系数是指整个施工期间使用劳动力的均衡程度，其计算公式为

$$劳动力均衡系数 = \frac{施工高峰人数}{施工期平均人数} \times 100\% \tag{5-14}$$

2）单方用工是指劳动的使用和消耗水平，其计算公式为

$$单方用工 = \frac{总工数}{建筑面积} \tag{5-15}$$

3）劳动生产率是指每个生产工人或建安工人每工日所完成的工作量，其计算公式为

$$劳动生产率 = \frac{总工作量}{总工数} \tag{5-16}$$

4. 机械化施工程度

机械化施工程度用机械化施工完成的工作量与总工作量之比来表示，其计算公式为

$$机械化施工程度 = \frac{机械化施工完成的工作量}{总工作量} \times 100\% \tag{5-17}$$

5. 工厂化施工程度

工厂化施工程度是指在预制加工厂里施工完成的工作量与总工作量之比，其计算公式为

$$工厂化施工程度 = \frac{预制加工厂完成的工作量}{总工作量} \times 100\% \tag{5-18}$$

6. 材料使用指标

1）主要材料节约量是指靠施工技术组织措施实现的材料节约量，其计算公式为

$$主要材料节约量 = 预算用量 - 施工组织设计计划用量 \tag{5-19}$$

2）主要材料节约率是指主要材料节约量和主要材料预算用量之比，通常用百分比表示，其计算公式为

$$主要材料节约率 = \frac{主要材料节约量}{主要材料预算用量} \times 100\% \tag{5-20}$$

7. 降低成本指标

1）降低成本额是指靠施工技术组织措施实现的降低成本金额。

2）降低成本率是指降低成本额与总工作量之比，通常用百分比表示，其计算公式为

$$降低成本率 = \frac{降低成本额}{总工作量} \times 100\% \tag{5-21}$$

8. 临时工程投资比例

临时工程投资比例是指全部临时工程投资额与总工作量之比，表示临时设施费用的支出情况，其计算公式为

$$临时工程投资比例 = \frac{全部临时工程投资额}{总工作量} \times 100\% \tag{5-22}$$

5.6.2　技术经济评价的方法

每项施工活动都可以采用不同的施工方法和应用不同的施工机械，不同的施工方法和施工机械对工程的工期、质量和成本费用等的影响不同。因此，在编制施工组织总设计时，首先应根据现有的及可能获得的技术和机械情况，拟订几个不同的施工方案，然后从技术上、经济上进行分析比较，从中选出最合理的方案。把技术上的可能性与经济上的合理性统一起来，以最少的资源消耗获得最佳的经济效果，多快好省地完成施工任务。

对施工组织设计进行技术经济评价，常用的方法有两种：定性分析法和定量分析法。施工组织总设计的技术经济评价以定性分析为主，以定量分析为辅。

1. 定性分析法

定性分析法指根据实际施工经验对不同施工方案进行分析比较。该方法主要凭借经验进行分析、评价，虽比较方便，但精确度不高，也不能优化，决策易受主观因素的制约，一般常在施工实践经验比较丰富的情况下采用。

2. 定量分析法

定量分析法指对不同的施工方案进行一定的数学计算，将计算结果进行优劣比较。若有多个计算指标，为便于分析、评价，则常常对多个计算指标进行加工，形成单一（综合）指标，然后进行优劣比较。

拓展阅读：《建筑施工组织设计规范》
（GB T 50502—2009）施工组织总设计

直 击 工 考

一、单项选择题

1. 施工组织总设计的编制依据不包括（　　）。
   A. 计划批准文件及有关合同的规定
   B. 设计文件及有关规定
   C. 建设地区的工程勘察资料
   D. 施工组织单项设计

2. 施工部署不包括（　　）。
   A. 施工总目标　　　　　　　　B. 施工管理组织
   C. 施工总体安排　　　　　　　D. 制定管理程序

二、多项选择题

1. 编制施工总进度计划的基础要求是（　　）。
   A. 保证工程按期完成　　　　　B. 改善施工环境
   C. 加快施工进度　　　　　　　D. 发挥投资效益
   E. 节约施工费用

2. 在施工总平面图的设计步骤中，各种加工厂的布置原则包括（　　）。
   A. 方便使用　　　　　　　　　B. 安全防火
   C. 布置分散　　　　　　　　　D. 运输费用
   E. 靠近工地出入口

三、填空题

1. 确定工程开展程序应保证_____。
2. 资源需用量计划包括_____、_____、_____。

四、判断题

1. 设计施工总平面图一般应先考虑场外交通的引入。　　　　　　（　　）
2. 施工组织总设计是在施工图设计完成后编制的。　　　　　　（　　）

五、简答题

1. 简述施工组织总设计的编制原则和编制依据。
2. 如何拟订主要工程项目施工方案？
3. 简述施工总进度计划的编制步骤。
4. 简述技术经济评价的方法。
5. 简述施工总平面图的内容和设计原则。

工作任务

单位工程施工组织设计

▌任务导读

本工作任务主要介绍单位工程施工组织设计的作用、编制依据、编制原则和编制内容，工程概况的编制目的和内容，施工方案选择，施工进度计划的编制步骤，各项资源需用量计划，施工平面图的设计内容、设计步骤和要点。

▌任务目标

1. 了解单位工程施工组织设计的作用、编制依据和编制原则。
2. 掌握施工进度计划、资源需用量计划的编制方法。
3. 能结合工程实际编写工程施工组织设计文件。

工程 案例

本工程为某学院多层砖混结构教工住宅楼，地下 1 层，地上 6 层，建筑面积为 6180 平方米，总长度为 75 米，总宽度为 15 米，建筑高度为 19.3 米，耐火等级为二级，抗震设防烈度为 7 度。设有灰土挤密桩基和筏片基础。地下室层高为 2.5 米，标准层层高为 3 米，屋顶局部为坡屋面造型。冬期施工期限为 11 月 2 日至次年 3 月 4 日，雨期施工期限为 6—9 月。要求工期：2024 年 10 月 20 日开工，2025 年 10 月 20 日竣工。

讨论：

1）如何建立工程项目组织机构？

2）施工准备工作应包括哪些内容？

施工组织设计是对工程建设项目的整个施工过程的构思设想和具体安排。编制施工组织设计的目的是使工程建设速度快、质量好、效益高，使整个工程在建筑施工中获得相对的最优效果。

6.1 单位工程施工组织设计概述

单位工程施工组织设计是以单位（子单位）工程为主要对象编制的，用以指导单位工程施工的技术、经济和管理的综合性文件。单位工程施工组织设计是拟建工程的"战术安排"，是施工单位年度施工计划和施工组织总设计的具体化。它的编制既要体现国家有关法律、法规和施工图的要求，又要符合施工活动的客观规律。

单位工程施工组织设计的任务是根据单位工程的具体特点、建设要求、施工条件和企业施工管理水平，确定主要项目的施工顺序、施工段划分和施工流向，选择主要施工方法、技术措施，规划施工进度计划、施工准备工作计划、技术资源计划，考核主要技术经济指标，绘制施工平面图，提出保证工程质量和安全施工的措施等，对人力、资金、材料、机械和施工方法 5 个主要方面进行全面、科学、合理的安排，从而实现优质、低耗、快速的施工目标。

微课：单位工程
施工组织设计综述

编制单位工程施工组织设计要做到合理安排施工顺序，采用先进的施工技术和施工组织措施，专业工种的合理搭接和密切配合，对多种施工方案进行技术经济分析，确保工程质量和施工安全。

6.1.1　单位工程施工组织设计的作用

在施工前，施工企业应针对每个施工项目编制详细的施工组织设计。单位工程施工组织设计的作用如下。

1）对施工准备工作做详细安排。施工准备是单位工程施工组织设计的一项重要内容。单位工程施工组织设计对各项施工准备工作提出明确的要求或做出详细、具体的安排。

2）对项目施工过程中的技术管理做具体安排。单位工程施工组织设计是指导施工的技术文件，可以针对很多方面的技术方案和技术措施做出详细的安排，用以指导施工。

6.1.2　单位工程施工组织设计的编制依据

单位工程施工组织设计的编制依据如下。
1）工程施工合同。
2）施工组织总设计对该工程的有关规定和安排。
3）施工图及设计单位对施工的要求。
4）施工企业年度生产计划对该工程的安排和规定的有关指标。
5）建设单位可能提供的条件，包括水、电等的供应情况。
6）各种资源的配备情况。
7）施工现场的自然条件和技术经济条件资料。
8）预算或报价文件。
9）有关现行规范、规程等资料。

6.1.3　单位工程施工组织设计的编制原则

单位工程施工组织设计的编制应遵循以下原则。

1）符合施工组织总设计的要求。若单位工程属于群体工程中的一部分，则此单位工程施工组织设计在编制时应满足施工组织总设计对工期、质量及成本目标的要求。

2）合理划分施工段和安排施工顺序。为合理组织施工，满足流水施工的要求，应将施工对象划分成若干施工段。同时，按照施工的客观规律和建筑产品的工艺要求安排施工顺序是编制单位工程施工组织设计的重要原则。

3）采用先进的施工技术和施工组织措施。先进的施工技术和施工组织措施是提高劳动生产率、保证工程质量、加快施工进度、降低施工成本、减轻劳动强度的重要途径。但是，在选用新的施工技术和施工组织措施时，应从企业实际出发，在调查研究的基础上，以实事求是的态度进行科学分析和技术经济论证，不仅仅要考虑其先进性，更要考虑其适用性和经济性。

4）专业工种的合理搭接和密切配合。由于建筑施工对象趋于复杂化、高技术化，完成一个工程的施工所需要的工种将越来越多，它们相互之间的影响及对工程施工进度的影响也将越来越大，这就需要各工种之间密切配合，以确保工程能够顺利进行。

5）应对施工方案做技术经济比较。首先对主要工程的施工方案和主要施工机械的选择方案进行论证及技术经济分析，以选择经济上合理、技术上先进，并且切合现场实际、适合本项目的施工方案。

6）确保工程质量、施工安全和文明施工。在单位工程施工组织设计中，应根据工程条件拟定保证质量、降低成本和安全施工的措施，务必切合实际、有的放矢，同时提出文明施工及保护环境的措施。

6.1.4　单位工程施工组织设计的编制程序

单位工程施工组织设计的编制程序如图 6-1 所示。

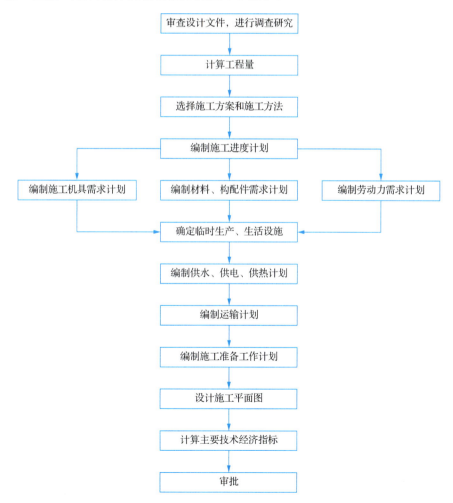

图 6-1　单位工程施工组织设计的编制程序

6.1.5 单位工程施工组织设计的编制内容

根据工程性质、规模、结构特点、技术繁简程度的不同，单位工程施工组织设计的内容、深度和广度要求也应不同。但内容必须具体、实用、简明扼要、有针对性，使其能真正起到指导现场施工的作用。

1. 工程概况

工程概况包括拟建工程的性质、规模、建筑和结构特点、建设条件、施工条件、建设单位及上级的要求等。

2. 施工方案

施工方案是施工单位在工程概况及特点分析的基础上，将自身的人力、材料、机械、资金和可采用的施工方法等生产因素进行相应的优化组合，先全面、具体地布置施工任务，再对拟建工程可能采用的几个方案进行技术和经济上的对比分析，从而选择的最佳方案。

3. 施工进度计划

施工进度计划是工程进度的依据，反映了施工方案在时间上的安排。它具体包括划分施工过程、计算工程量、计算劳动量或机械量、确定工作天数及相应的作业人数或机械台数、编制进度计划表并检查与调整等。

4. 施工准备工作计划与各项资源需用量计划

施工准备工作计划主要明确施工前应完成的施工准备工作的内容、起止期限、质量要求等。各项资源需用量计划主要包括资金、劳动力、施工机具、主要材料、半成品的需用量及加工供应计划。

5. 施工平面图

施工平面图是施工方案和施工进度计划在空间上的全面安排。它主要包括各种主要材料、构件、半成品的堆放安排，施工机具的布置，各种必需的临时设施及道路、水、电等的安排与布置。

6. 主要技术经济指标

应对确定的施工方案、施工进度计划及施工平面图的技术经济效益进行全面的评价。主要技术经济指标有施工工期、全员劳动生产率、资源利用系数、机械台班数等。

小贴士

对于一般常见的建筑结构类型和规模不大的单位工程，施工组织设计可以编写得简单一些，其内容一般为"一案、一图、一表"。其中，"一案"即施工方案；"一图"即施工平面图；"一表"即施工进度计划表，并辅以简明扼要的文字说明。

6.2 工 程 概 况

6.2.1　工程建设、设计与施工概况

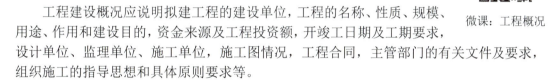

微课：工程概况

1. 工程建设概况

工程建设概况应说明拟建工程的建设单位，工程的名称、性质、规模、用途、作用和建设目的，资金来源及工程投资额，开竣工日期及工期要求，设计单位、监理单位、施工单位，施工图情况，工程合同，主管部门的有关文件及要求，组织施工的指导思想和具体原则要求等。

2. 工程设计概况

（1）建筑设计

建筑设计主要说明拟建工程的平面形状，平面组合和使用功能的划分，平面尺寸、建筑面积、层数、层高、总高度，室内外装饰的构造及做法等，并可附有拟建工程的平面、立面和剖面简图。

（2）结构设计

结构设计主要说明拟建工程的基础类型与构造、埋置深度、土方开挖及支护要求，主体结构类型，墙体、柱、梁板等主要构件的类型、截面尺寸、材料及安装位置等，新材料、新结构的应用要求，工程抗震设防等级等。

（3）设备安装设计

设备安装设计主要说明拟建工程的建筑给排水、采暖、建筑电气、通信、通风与空调、消防系统、电梯安装等方面的设计参数和要求。

3. 工程施工概况

工程施工概况应指出拟建工程的施工特点、施工重点与难点，以便在施工准备工作、施工方案、施工进度、资源配置及施工现场管理等方面制定相应的措施。

6.2.2　建设地点特征

建设地点特征主要包括：拟建工程的位置、地形，工程地质和水文地质条件；不同深度的土壤特征；冻结期与冻土深度；地下水位与水质；气温；冬雨期起止时间；主导风向与风力；地震烈度；等等。

6.2.3　施工条件

施工条件主要包括：水、电、道路及场地平整情况，施工现场及周围环境情况；当地的交通运输条件；材料、预制构件的生产及供应情况；施工机械设备的落实情况；劳动力（特别是主要施工项目技术工种）的落实情况；内部承包方式、劳动组织形式及施工管理水平；现场临时设施的解决；等等。

6.3 施 工 方 案

　　施工方案是单位工程施工组织设计的核心，直接影响工程的质量、工期、造价、施工效率等，应选择技术上先进、经济上合理且符合施工现场和施工单位实际情况的方案。施工方案主要解决的问题是确定施工程序、划分施工段、确定施工起点和流向、确定施工顺序、选择施工方法和施工机械。

6.3.1　确定施工程序

　　施工程序是指在单位工程施工过程中，各分部工程或各施工阶段的先后次序及相互制约关系。

微课：确定施工程序

　　单位工程施工组织设计应结合具体工程的结构特征、施工条件和建设要求，合理确定该建筑物的各分部工程之间或各施工阶段之间的施工程序。一般施工程序如下。

　　1. "先地下、后地上"

　　"先地下、后地上"指首先进行管道、管线等地下设施工程、土方工程和基础工程施工，然后开始地上工程施工。对于地下工程，应按先深后浅的程序进行，以免造成返工或对上部工程的干扰，使施工不便，影响质量，造成浪费。但"逆作法"施工除外。

知识窗

"逆作法"施工流程

　　首先沿建筑物地下室轴线、周围施工地下连续墙（或其他支护结构）、建筑物内部的有关位置浇筑或打下中间支撑桩和柱，然后对地面一层的梁板楼面结构进行施工，最后逐层向下开挖土方和浇筑各层地下结构，直至底板封底。由于地面一层的楼面结构已完成，在地下结构施工的同时，可以向上逐层进行地上结构的施工。如此地面上、下同时进行施工，直至工程结束。

　　2. "先主体、后围护"

　　"先主体、后围护"指施工时首先进行框架主体结构施工，然后进行围护结构施工。例如，针对单层工业厂房，应先进行结构吊装工程的施工，再进行柱间的砖墙砌筑。对于高层建筑，应组织主体结构与围护结构平行搭接施工，以有效地节约时间，缩短工期。

　　3. "先结构、后装饰"

　　"先结构、后装饰"指首先进行结构工程施工，然后进行装饰工程施工。但是必须指出，有时为了缩短工期，会出现结构工程先施工一段时间之后，装饰工程随后搭接进行施工的情况。例如，有些商业建筑在上部结构工程施工的同时，下部一层或数层即进行装饰工程，以便尽早开门营业。另外，随着新型建筑体系的不断涌现和建筑工业化水平的提高，某些结构与装饰构件均在工厂完成，此时结构工程施工与装饰工程施工同时完成。

4. "先土建、后设备"

"先土建、后设备"指针对一般的土建工程与水暖电卫工程等的总体施工程序，首先进行土建工程施工，然后进行水暖电卫等建筑设备的施工。至于设备安装的某一工序要穿插在土建的哪一工序之前，实际属于施工顺序问题。工业建筑的土建工程与设备安装工程之间的程序，主要取决于工业建筑的种类。例如，针对精密仪器厂房，一般要求在土建、装饰工程完成后再安装工艺设备；针对重型工业厂房（如冶金车间、发电厂的主厂房、水泥厂的主车间等），一般先安装工艺设备，再建设厂房，或者设备安装与土建施工同时进行。

在编制施工方案时，应按照施工程序的要求，结合工程的具体情况，明确各施工阶段的主要工作内容及顺序。

▋6.3.2　划分施工段

现代工程项目规模较大、时间较长。为了达到平行搭接施工、节省时间的目的，需要将整个施工现场分成平面上或空间上的若干区段，组织工业化流水作业，在同一时间段内安排不同的项目、专业工种在不同区域同时施工。

1. 大型工业项目施工段的划分

大型工业项目按照产品的生产工艺过程划分施工段。大型工业项目一般有生产系统、辅助系统和附属生产系统。生产系统是由一系列的建筑物组成的。因此，把每个生产系统的建筑工程分别称为主体建筑工程、辅助建筑工程及附属建筑工程。

某多跨单层装配式工业厂房示意图如图 6-2 所示，其生产工艺的顺序如图中罗马数字所示。单纯从施工角度来看，可根据建筑物结构特征、现场周围环境、道路等状况，选择从厂房的某一端开始施工，可以有多个选择。但是按照生产工艺流程进行施工，可以保证设备安装工程分期有序进行，从而实现分期完工、分期投产，提前发挥基本建设投资的效益。因此在确定各个单元（跨）的施工顺序、划分施工段时，除了应该考虑工期、建筑物结构特征等因素，还应该熟悉工厂的生产工艺过程，将生产工艺流程作为划分施工段的重要因素进行考虑。

图 6-2　某多跨单层装配式工业厂房示意图

2. 大型公共项目施工段的划分

大型公共项目按照其功能设施和使用要求划分施工段。例如，飞机场可以分为航站工程、飞行区工程、综合配套工程、货运食品工程、航油工程、导航通信工程等施工段；火车站可以分为主站层、行李房、邮政转运、铁路路轨、站台、通信信号、人行隧道、公共广场等施工段。

3. 民用住宅及商业办公建筑施工段的划分

民用住宅及商业办公建筑按照现场条件、建筑特点、交付时间及配套设施等情况划分施工段。

例如，某工程为高层公寓小区，由 9 栋高层公寓和地下车库、热力变电站、餐厅、幼儿园、物业管理楼、垃圾站等服务用房组成。由于该工程为群体工程，工期比较长，按合同要求 9 栋高层公寓分三期交付使用，即每年竣工 3 栋。在组织施工时，以 3 栋高层公寓和配套的地下车库为一个施工区，分三期施工。在每期工程施工中，以 3 栋高层公寓配备 1 套大模板组织流水施工，适当安排配套工程。在结构阶段，每栋公寓楼在平面上又分成 5 个流水施工段，常温天气每天完成一段，5 天完成一层。这样既保证了工程均衡流水施工，又确保了施工工期的实现。

在实际施工时，基础工程和主体工程一般进行分段流水作业，施工段的划分可相同也可不同，为了便于组织施工，基础工程和主体工程施工段的数目和位置基本一致。进行屋面工程施工时，若没有高低层，或没有设置变形缝，则一般不分段施工，而是采用依次施工的方式组织施工。装饰工程平面上一般不分段，立面上分层施工，一个结构层可作为一个施工层。

6.3.3 确定施工起点和流向

施工起点和流向是指单位工程在平面和空间上开始施工的部位及其流动的方向。确定施工起点和流向主要取决于生产需要、缩短工期要求和保证质量要求等。一般来说，对于单层建筑物，只需按其跨间分区分段地确定平面上的施工起点和流向；对于多层建筑物，除须确定每层平面上的施工起点和流向外，还须确定其竖向空间的施工流向。

微课：确定施工起点和流向

1. 确定施工起点和流向应考虑的因素

1）车间的生产工艺流程。对于工业建筑，其生产工艺流程往往是确定施工起点和流向的关键因素。从生产工艺上考虑，工艺流程上应先期投入生产或先期投入使用者应先施工。

2）建设单位的要求。根据建设单位对生产和使用的要求，在生产或使用上要求急的工段或部位应先施工。

3）平面上各部分施工繁简程度。技术复杂、工期较长的分部（分项）工程应先施工，如地下工程等。

4）当有高低跨并列时，应从并列跨处开始施工。例如，柱的吊装应从高低跨并列处开始；屋面防水层应按先高后低的顺序施工；基础有深浅时，应按先深后浅的顺序施工。

5）工程现场条件和施工方案。施工场地的大小、道路布置，以及施工方案中采用的施工方法和机械，是确定施工起点和流向的主要因素。如果土方工程边开挖边余土外运，则施工起点应确定在离道路远的部位，由远及近进行施工。

6）分部（分项）工程的特点及其相互关系。例如，多层建筑的室内装饰工程除了应确定平面上的起点和流向，还应确定竖向上的流向，且竖向流向的确定更为重要。针对密切相关的分部（分项）工程的起点和流向，如果前导施工过程的起点和流向已确定，则后续施工过程也应随其而定。例如，单层工业厂房的挖土工程的起点和流向决定柱基础施工过程及某些预制、吊装施工过程的起点和流向。

7）主导施工机械的工作效益和主导施工过程的分段情况。例如，装配式工业厂房可按其主导施工过程确定施工起点和流向，包括基础施工、钢结构安装、屋面结构安装、室内装修等。

8）施工现场内施工和运输的畅通。例如，针对单层工业厂房预制构件施工，宜从离混凝土搅拌机最远处开始，吊装时应考虑起重机退场等因素。

9）划分施工层、施工段的部位。例如，伸缩缝、沉降缝、施工缝等可决定施工起点和流向。

在流水施工中，施工起点和流向决定了各施工段的施工顺序。因此确定施工起点和流向的同时，应当将施工段的划分和编号也确定下来。除上述因素外，组织施工的方式、施工工期等因素也会对确定施工起点和流向有影响。

2. 施工流向的种类

每个建筑的施工可以有多种施工起点和流向，应根据工程和工期要求、结构特征、垂直运输机械和劳动力供应等具体情况进行选择。此处以多层或高层建筑的室内装修工程施工为例，说明施工流向的种类。

（1）自上而下的施工流向

在室内装修工程中，自上而下的施工流向指屋面防水层完工后，装修从顶层至底层逐层向下进行，可分为水平向下和垂直向下两种形式，如图 6-3 所示。通常采用水平向下的施工流向。

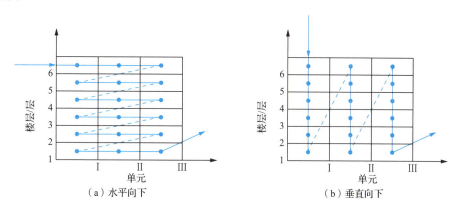

（a）水平向下　　　　（b）垂直向下

图 6-3　室内装修工程自上而下的施工流向

自上而下的施工流向的优点：房屋主体结构完成后，建筑物有足够的沉降和收缩期，沉降变化趋于稳定；屋面防水层做好后，可保证屋面防水工程质量，防止渗漏，也可保证室内装修质量；可以减少或避免各工种操作相互交叉，便于组织施工，有利于施工安全，且自上而下进行楼层清理也较为便利。自上而下的施工流向的缺点：不能与主体结构施工搭接，故总工期相对较长。

（2）自下而上的施工流向

在室内装修工程中，自下而上的施工流向指主体结构施工到 3 层及 3 层以上（有两层楼板，以确保底层施工安全）时，装修从底层开始逐层向上进行，与主体结构平行搭接施工，可分为水平向上和垂直向上两种形式，如图 6-4 所示。通常采用水平向上的施工流向。

为了防止雨水或施工用水从上层楼板渗漏，应先做好上层楼板的面层，再进行本层顶棚、墙面、楼地面的饰面。

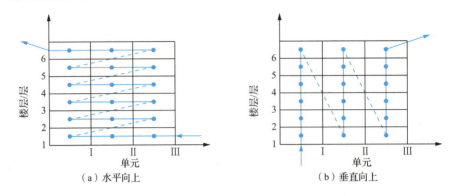

图 6-4 室内装修工程自下而上的施工流向

自下而上的施工流向的优点：可以与主体结构平行搭接施工，从而缩短工期。自下而上的施工流向的缺点：工种操作相互交叉，不利于施工安全；资源供应集中，现场施工组织和管理比较复杂。因此，只有当工期紧迫时，室内装修工程才考虑采用自下而上的施工流向。

（3）自中而下再自上而中的施工流向

在室内装修工程中，自中而下再自上而中的施工流向指在主体结构进行到一半时，主体继续向上施工，室内装修由上向下施工，使装修工序离主体结构的工作面越来越远，相互之间的影响越来越小。当主体结构封顶后，室内装修再从上而中，完成全部室内装修施工，如图 6-5 所示。这种施工流向常用于层数较多而工期较紧的工程施工。

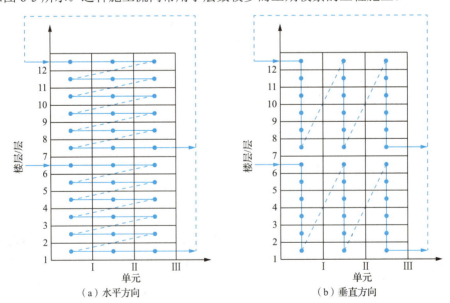

图 6-5 室内装修工程自中而下再自上而中的施工流向

6.3.4 确定施工顺序

施工顺序是指单位工程内部各个分部（分项）工程之间的先后施工次序。施工顺序合理与否，将直接影响工种间配合程度、工程质量、施工安全、工程成本和施工速度，因此，必须科学合理地确定单位工程施工顺序。

1. 确定施工顺序的主要原则

各分部（分项）工程之间有着客观联系，但并非一成不变，确定施工顺序有以下原则。

微课：确定施工顺序

1）符合施工工艺及构造的要求，如支模—浇筑混凝土，安装门框—墙地抹灰。

2）与选用的施工方法及施工机械相协调，如外贴法与内贴法的顺序，发挥主导施工机械效能的顺序。

3）符合施工组织的要求（工期要求、人员要求、机械要求），如地面灰土垫层是在砌墙前施工还是在砌墙后施工。

4）有利于保证施工质量和成品保护，如地面、顶棚、墙面抹灰顺序。

5）考虑当地的气候条件合理安排施工顺序，如建筑装饰装修施工顺序，其一般有先室外后室内、先室内后室外及室内室外同时进行 3 种情况。

2. 房屋建筑主要分项工程的施工顺序

房屋建筑一般可分为地基与基础工程、主体结构工程、屋面工程、装饰装修工程。其中主要的分项工程的施工顺序如下。

（1）地基与基础工程

浅基础的施工顺序：清除地下障碍物—软弱地基处理（需要时）—挖土—垫层—砌筑（或浇筑）基础—回填土。砖基础的砌筑有时要穿插进行地梁施工，砖基础顶面还要浇筑防潮层。钢筋混凝土基础的施工顺序：绑扎钢筋—支撑模板—浇筑混凝土—养护—拆模。如果基础开挖深度较大、地下水位较高，则在挖土前进行土壁支护及降（排）水工作。

桩基础的施工顺序：沉桩（或灌注桩）—挖土—垫层—承台—回填土。承台的施工顺序与钢筋混凝土浅基础的施工顺序类似。

（2）主体结构工程

主体结构工程常用的结构形式有混合结构，装配式钢筋混凝土结构（单层厂房居多），现浇框架、剪力墙、筒体等结构（钢筋混凝土结构），等等。

混合结构的主导工程是砌墙和安装楼板。混合结构标准层的施工顺序：弹线—砌筑墙体—过梁及圈梁施工—板底找平—安装楼板（现浇楼板）。

装配式钢筋混凝土结构的主导工程是结构安装。单层厂房的柱和屋架一般在现场预制，预制构件达到设计要求的强度后可进行吊装。单层厂房结构安装可以采用分件吊装法或综合吊装法，但基本安装顺序是相同的，即吊装柱—吊装基础梁、连系梁、吊车梁等—扶直屋架—吊装屋架、天窗架、屋面架，支撑系统穿插在其中进行。

现浇框架、剪力墙、筒体等结构的主导工程均是现浇钢筋混凝土。标准层的施工顺序：弹线—绑扎柱、墙体钢筋—支柱、墙体模板—浇筑柱、墙体混凝土—拆除柱、墙体模板—支梁板模板—绑扎梁板钢筋—浇筑梁板混凝土。其中，绑扎柱、墙体钢筋在支模之前完成，而绑扎梁板钢筋则在支模之后进行。柱、墙体混凝土与梁板混凝土可以一起浇筑。此外，施工中应考虑技术间歇时间。

（3）屋面工程

屋面工程一般包括屋面找平施工、屋面防水层施工等。卷材屋面防水层的施工顺序：

铺保温层（需要时）—铺找平层—刷冷底子油—铺卷材—铺隔热层。屋面工程在主体结构工程完成后开始，并应尽快完成，为进行室内装饰装修工程创造条件。

（4）装饰装修工程

装饰装修工程一般包括抹灰、勾缝、饰面、喷浆、门窗安装、玻璃安装、油漆等。装饰装修工程没有严格的顺序，同一楼层内的施工顺序一般为地面—天棚—墙面，有时也可以采用天棚—墙面—地面的顺序。内外装饰装修施工的相互干扰很小，可以先外后内，也可以先内后外，或两者同时进行。

6.3.5　选择施工方法和施工机械

选择施工方法和施工机械是施工方案中的关键问题，直接影响施工进度、质量和安全，以及工程成本。必须根据建筑结构的特点、工程量大小、工期长短、资源供应情况、施工现场情况和周围环境等因素，制定出几个可行方案，在此基础上进行技术经济分析比较，确定最优施工方案。

1. 选择施工方法

在单位工程施工组织设计中，主要项目的施工方法是根据工程特点在具体施工条件下拟定的，其内容要求简明扼要。在描述施工方法时，应选择比较重要的分部（分项）工程，针对施工技术复杂或采用新技术、新工艺的项目，以及工人在操作上还不够熟练的项目，应制定详细而具体的施工组织设计，有时还必须单独编制施工组织设计。针对按常规做法进行和工人熟练的项目，不必详细拟定施工组织设计，只要提出这些项目在本工程中的一些特殊要求即可。选择施工方法时，通常应着重考虑的内容如下。

（1）基础工程

挖基槽（坑）土方是基础工程的主要施工过程之一，其施工方法涉及下列若干问题，须研究确定。

1）挖土方法。如果采用机械挖土，则应确定挖土机的型号与数量和机械开挖的方向与路线，并考虑在机械开挖时，人工如何配合修整槽（坑）底坡。

2）挖土顺序。根据基础施工流向及基础挖土中基底标高，确定挖土顺序。

3）挖土技术措施。根据基础平面尺寸、深度、土壤类别等，确定挖土技术措施。具体内容：确定基坑是单个挖土还是按柱列轴线连通大开挖；明确是否留工作面及确定放坡系数；如果基础尺寸不大也不深，则可考虑按垫层平面尺寸直壁开挖，以减少土方量、节约垫层支模；如果有可能出现地下水，则应考虑采取排水或降低地下水的技术措施；确定排除地面水的方法，以及沟渠、集水井的布置和所需设备；确定冬期及雨期的有关技术与组织措施；等等。

4）运、填、夯实机械的型号和数量。基础工程中的挖土、垫层、扎筋、支模、浇筑混凝土、养护、拆模、回填土等工序应采用流水作业连续施工。也就是说，基础工程施工方法的选择，除了要考虑技术方法的选择，还必须对组织方法（即施工段的划分）做出合理的选择。

（2）混凝土和钢筋混凝土工程

1）模板的类型和支模方法。根据不同的结构类型、现场条件确定现浇和预制用的各种模板（如工具式钢模、木模、翻转模、土胎模等）、各种支模构造（如钢结构、木质结构、桁架式结构及其他构造方式等）和各种施工方法（如分节脱模、重叠支模、滑模等），并分别列出采用的项目、部位和数量，明确加工制作的分工及隔离剂的选用。

2）钢筋的加工、运输和安装方法。在加工厂或现场的加工范围内，明确除锈、调直、切断、弯曲、成型的方法，钢筋冷拉方法，焊接方法，以及运输和安装的方法，从而提出加工申请计划和机具设备需用量计划。

3）混凝土搅拌和运输方法。确定混凝土的搅拌方式（集中搅拌或分散搅拌），砂石筛洗、计量和后台上料的方法，混凝土的运输方法，选用搅拌机的型号，以及所需的掺合料、外加剂的品种数量，提出所需材料机具设备数量。确定混凝土的浇筑顺序、施工缝位置、分层高度、工作班制、振捣方法和养护制度等。

（3）预制工程

装配式单层工业厂房的柱子和屋架等大型的在现场预制的构件，应根据厂房的平面尺寸、柱与屋架数量及其尺寸、吊装路线及选用的起重吊装机械的型号、吊装方法等因素，确定柱与屋架现场预制平面布置图。构件现场预制的平面布置应按照吊装工程的布置原则进行，并在图上标出上下层叠浇时柱与屋架的编号，这与构件的翻转、就位次序和方式有密切的关系。在进行预应力屋架布置时，应考虑预应力筋孔的留设方法，采取钢管抽芯法时，应考虑拔出预留孔钢管及穿预应力筋所需的空间。

（4）结构吊装工程

吊装机械的选择应考虑建筑物的外形尺寸，所吊装构件的外形尺寸、位置及重量，工程量与工期，现场条件，吊装工地的拥挤程度与吊装机械通向建筑工地的可能性，工地上可能获得的吊装机械类型，并与吊装机械的参数和技术特性加以比较，选出最适当的机械类型和所需的数量。确定吊装方法（分件吊装法、综合吊装法），吊装顺序，机械位置，行驶路线，构件拼装方法和场地，构件的运输、装卸、堆放方法，以及所需机具设备（如平板拖车、载重汽车、卷扬机及架子车等）的型号、数量和对运输道路的要求。

（5）砌砖工程

针对砌砖工程，应确定运输方式（垂直运输方式、水平运输方式）。在砖混结构建筑中，还应对砌砖与吊装楼板如何组织流水作业施工做出安排，以及明确砌砖与搭架子的配合方式。选择垂直运输方式时，应结合吊装机械的选择并充分利用构件吊装机械做一部分材料的运输。当吊装机械不能满足运输量的要求时，一般可采用井字架、龙门架等垂直运输设施，并确定其型号、数量及设置的位置。选择水平运输方式时，确定各种运输车（手推车、机动小翻斗车、架子车、构件安装小车等）的型号与数量。为提高运输效率，还应确定配套使用的专用工具设备，如砖笼、混凝土及砂浆料斗等，并综合安排各种运输设施的任务和服务范围，如划分运送砖、砌块、构件、砂浆、混凝土的时间和工作班次，做到合理分工。

（6）装修工程

针对装修工程，应确定抹灰工程的机械化施工方法和要求。根据抹灰工程的机械化施工方法，明确所需的机具设备（如灰浆的制备及喷灰机械、地面抹光及磨光机械等）的型号和数量；确定工艺流程和施工组织，组织流水施工。

2. 选择施工机械

选择施工方法必然涉及施工机械的选择问题。机械化施工是改变建筑工业生产落后面貌、实现建筑工业化的基础。选择施工机械时，应着重考虑以下几个方面。

1）选择施工机械时，首先应根据工程特点，选择适宜主导工程的施工机械。例如，在选择装配式单层工业厂房结构安装用的起重机时，当工程量较大且集中时，采用生产效率较高的塔式起重机；而当工程量较小或工程量虽大却相当分散时，则采用无轨自行式起重机较为经济。在确定起重机型号时，应使起重机在起重臂外伸长度一定的条件下，能满足起重量及安装高度的要求。

2）各种辅助机械或运输工具应与主导机械的生产能力协调配套，以充分发挥主导机械的效率。例如，土方工程施工中采用汽车运土时，汽车的载重量应为挖土机斗容量的整数倍，汽车数量的确定应以保证挖土机的连续工作为原则。

3）在同一工地上，应尽量减少建筑机械的种类和型号，以利于机械管理。因此，当工程量大且分散时，宜采用多用途机械施工。例如，挖土机既可用于挖土，又可用于装卸、起重和打桩。

4）施工机械的选择还应考虑充分发挥施工单位现有机械的能力。当本单位的机械能力不能满足工程需要时，则应购置或租赁所需的新型机械或多用途机械。

小贴士

要综合考虑使用机械的各项费用（如运输费、折旧费、租赁费、因工期延误而造成的损失等），并进行成本的分析和比较，从而决定是选择租赁机械还是使用本单位的机械，有时采用租赁方式成本更低。

6.4 施工进度计划

在单位工程中，施工进度计划是在已确定的施工方案的基础上，根据合同工期要求和各种资源供应条件，按照工程的施工顺序，用图表形式（横道图或网络图）表示各分部（分项）工程施工在时间上的顺序关系及工程开竣工时间的一种计划安排。

编制施工进度计划时，既要强调各施工过程之间紧密配合，又要适当留有余地，以应付各种难以预测的情况，避免施工陷于被动局面。计划留有余地，也便于在计划执行的过程中（即施工的过程中）进行不断修改和调整，使进度计划始终处于最佳状态。

6.4.1 施工进度计划的作用与分类

1. 施工进度计划的作用

在单位工程中，施工进度计划是单位工程施工组织设计的重要内容，它的主要作用如下。
1）实现对单位工程进度的控制，保证在规定工期内完成符合质量要求的工程任务。
2）确定分部（分项）工程的施工顺序、施工持续时间及相互间的衔接配合关系。
3）为编制各项资源需用量计划和施工准备工作计划提供依据。
4）为编制季度、月度生产作业计划提供依据。
5）具体指导现场的施工安排。

2. 施工进度计划的分类

（1）按施工过程划分的粗细程度分类
1）控制性施工进度计划。它是按分部工程划分施工过程，控制各分部工程的施工时间及其相互配合、搭接关系的一种进度计划。它主要适用于工程结构较复杂、规模较大、工期较长，须跨年度施工的工程，如大型公共建筑、大型工业厂房等；还适用于规模不大或结构不复杂，但各种资源（劳动力、材料、机械等）不落实的情况；也适用于工程建设规模、建筑结构可能发生变化的情况。编制控制性施工进度计划的单位工程，当各分部工程的施工条件基本落实之后，在施工之前还须编制各分部工程的指导性施工进度计划。

2）指导性施工进度计划。它是按分项工程划分施工过程，具体指导各分项工程的施工时间及其相互配合、搭接关系的一种进度计划。它适用于施工任务具体明确、施工条件落实、各项资源供应正常、施工工期不太长的工程。

（2）按编制时间阶段分类

1）中标前施工进度计划。它是建筑业企业在招投标过程中所编制的施工进度计划。

2）中标后施工进度计划。它是建筑业企业在中标后，进行技术准备时进一步编制的施工进度计划。

6.4.2 施工进度计划的编制依据与程序

1. 施工进度计划的编制依据

在单位工程中，编制施工进度计划主要依据下列资料。

1）经过审批的建筑总平面图及工程全套施工图、地形图，以及水文、地质、气象等资料。

2）施工组织总设计对本单位工程的有关规定。

3）建设单位或上级规定的开竣工日期。

4）单位工程的施工方案，如施工程序、施工段划分、施工方法、技术组织措施等。

5）工程预算文件可提供工程量数据，但要依据施工段、分层、施工方法等因素作解、合并、调整、补充。

6）劳动定额及机械台班定额。

7）企业的施工人员配备。

8）其他有关的要求和资料，如工程合同等。

2. 施工进度计划的编制程序

在单位工程中，施工进度计划的编制程序如图6-6所示。

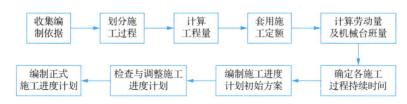

图6-6 施工进度计划的编制程序

6.4.3 施工进度计划的表示方法

施工进度计划的表示方法有多种，最常用的是横道图和网络图，这里介绍横道图形式。横道图由两大部分组成：左侧部分是以分部（分项）工程为主的表格，包括相应分部（分项）工程的内容及其工程量、定额（劳动效率）、劳动量、机械量等计算数据；右侧部分是以左侧部分计划数据设计出来的指示图表。横道图用线条形象地表现了各分部（分项）工程的施工进度，以及各个工程阶段的工期和总工期，并且综合反映了各分部（分项）工程相互之间的关系。施工进度计划表如表 6-1 所示。

表 6-1　施工进度计划表

序号	分部（分项）工程	工程量		定额（劳动效率）	劳动量		机械量		每天工作班次	每天工人数	工作天数	进度日程	
		单位	数量		工种	数量	名称	台班数				××月	××月

6.4.4　施工进度计划的编制步骤

1. 划分施工过程

编制施工进度计划时，首先应按照图样和施工顺序将拟建单位工程的各个施工过程列出，并结合施工方法、施工条件、劳动组织等因素加以适当调整，使之成为编制施工进度计划所需的施工过程。施工过程是施工进度计划的基本组成单元。

单位工程施工进度计划的施工过程仅仅包括现场直接在建筑物上施工的施工过程，如砌筑、安装等，而对于构件制作和运输等施工过程，则不包括在内。但现场就地预制钢筋混凝土构件的制作，不但单独占有工期，而且对其他施工过程的施工有影响，需要列入施工进度计划；构件的运输需要与其他施工过程的施工密切配合，如楼板的随运随吊，这些制作和运输过程也需要列入施工进度计划。

划分施工过程应注意以下几个问题。

1）施工过程划分的粗细程度应根据进度计划的需要决定。对控制性施工进度计划，施工过程应划分得粗一些，通常只列出分部工程。例如，混合结构房屋的控制性施工进度计划只列出基础工程、主体工程、屋面工程和装饰装修工程 4 个施工过程。对指导性施工进度计划，施工过程应划分得细一些，明确到分项工程或更具体，以满足指导施工作业的要求。例如，屋面工程应划分为找平层、隔汽层、保温层、防水层等分项工程。

2）施工过程的划分要结合所选择的施工方案。例如，针对结构安装工程，若采用分件吊装方法，则施工过程的名称、数量、内容及其吊装顺序应按构件来确定；若采用综合吊装方法，则施工过程应按施工单元（节间或区段）来确定。

3）适当简化施工进度计划的内容，以避免施工过程划分过细、重点不突出。可考虑将某些穿插性分项工程合并到主要分项工程中，如门窗框安装可合并到砌筑工程中；在同一时间内由同一施工班组施工的过程可以合并，如工业厂房中的钢窗油漆、钢门油漆、钢支撑油漆、钢梯油漆等可合并为钢构件油漆一个施工过程；对于次要的、零星的分项工程，可合并为"其他工程"。

4）水暖电卫和设备安装智能系统等专业工程不必细分具体内容，由各专业施工队自行编制计划并负责组织施工，而在单位工程施工进度计划中只需反映出这些工程与土建工程的配合关系即可。

5）所有施工过程应大致按施工顺序列成表格，编排序号，避免遗漏或重复，其名称可参考现行施工定额手册上的项目名称。

2. 计算工程量

计算工程量是一项十分烦琐的工作，应根据施工图、有关计算规则及相应的施工方法进行，而且往往是重复劳动。设计概算、施工图预算、施工预算等文件中均须计算工程量，故在单位工程施工进度计划中不必重复计算，只需直接套用施工预算的工程量，或根据施工预算中的工程量总数，按各施工层和施工段在施工图中所占的比例加以划分即可。因为施工进度计划中的工程量仅用来计算各项资源需用量，而不作为工资计算或工程结算的依据，所以不必精确计算。计算工程量应注意以下几个问题。

1) 各分部（分项）工程的工程量计算单位应与采用的施工定额中相应项目的单位一致，以便计算劳动量及材料需用量时可直接套用定额，不用再进行换算。

2) 工程量计算应结合选定的施工方法和安全技术要求，使计算所得工程量与施工实际情况相符合。例如，挖土时是否放坡，是否加工作面；坡度大小与工作面的尺寸是多少，是否使用支撑加固；开挖方式是单独开挖、条形开挖还是整片开挖；等等。这些都直接影响基础土方工程量的计算。

3) 结合施工组织要求，分区、分段、分层计算工程量，以便组织流水作业。若每层、每段上的工程量相等或相差不大，则可使用工程量的总数分别除以层数、段数，即可得到每层、每段上的工程量。

4) 如果已编制预算文件，则应合理利用预算文件中的工程量，以免重复计算。施工进度计划中的施工过程大多可直接采用预算文件中的工程量，可按施工过程的划分情况汇总预算文件中有关项目的工程量。例如，计算砌筑砖墙的工程量，可以首先分析它包含哪些内容，然后按其所包含的内容从预算的工程量中抄出并汇总求得。当施工进度计划中的一些施工项目与预算文件中的项目完全不同或局部有出入（如计量单位、计算规则、采用定额等不同）时，则应根据施工中的实际情况加以修改、调整或重新计算。

3. 套用施工定额

根据所划分的施工过程和施工方法，套用施工定额（当地实际采用的劳动定额及机械台班定额或当地生产工人的实际劳动生产率），以确定劳动量及机械台班数。

套用国家或地方的定额时，必须注意结合本单位工人的技术等级、实际施工操作水平、施工机械情况和施工现场条件等因素，确定完成定额的实际水平，使计算出来的劳动量及机械台班数符合实际需要，为准确编制施工进度计划打下基础。

有些采用新技术、新材料、新工艺或特殊施工方法的项目，施工定额中尚未编入，这时可参考类似项目的定额、经验资料，或根据实际情况确定。

4. 确定劳动量及机械台班数

劳动量与机械台班数应根据各分部（分项）工程的工程量、施工方法和现行的施工定额，结合当时当地的具体情况加以确定（施工单位可在现行定额的基础上，结合本单位的实际情况，编制扩大的施工定额，作为计算生产资源需用量的依据）。劳动量或机械台班数的计算公式为

$$P_i = \frac{Q_i}{S_i} = Q_i H_i \tag{6-1}$$

式中，P_i 为分项工程 i 的劳动量（工日）或机械台班数（台班）；Q_i 为分项工程 i 的工程量

（立方米、平方米、米、吨等）；S_i 为分项工程 i 的计划产量定额 [立方米/工日（台班）等]；H_i 为分项工程 i 的计划时间定额 [工日（台班）/立方米等]。

【例 6-1】 某基础工程土方开挖，施工方案确定为人工开挖，工程量为 600 立方米，采用的劳动定额为 4 立方米/工日，试计算完成该基础工程开挖所需的劳动量。

解析：

$$P = \frac{Q}{S} = \frac{600}{4} = 150 \text{（工日）}$$

【例 6-2】 某基坑工程土方开挖，施工方案确定采用 W-100 型反铲挖土机开挖，工程量为 2200 立方米，经计算采用的机械台班产量为 110 立方米/台班，试计算完成该基坑工程所需的机械台班数。

解析：

$$P = \frac{Q}{S} = \frac{2200}{110} = 20 \text{（台班）}$$

当某一施工过程由两个或两个以上不同分项工程合并组成时，其总劳动量或总机械台班数应按以下公式计算：

$$P_{总} = \sum_{i=1}^{n} P_i = P_1 + P_2 + P_3 + \cdots + P_n \tag{6-2}$$

【例 6-3】 某钢筋混凝土杯形基础施工，其支设模板、绑扎钢筋、浇筑混凝土 3 个施工过程的工程量分别为 600 平方米、5 吨、250 立方米，查劳动定额得其时间定额分别为 0.253 工日/平方米、5.28 工日/吨、0.833 工日/立方米，试计算完成该基础施工所需的劳动量。

解析：

$$P_{总} = \sum_{i=1}^{n} P_i = P_1 + P_2 + P_3 = 600 \times 0.253 + 5 \times 5.28 + 250 \times 0.833 \approx 386 \text{（工日）}$$

当某一施工过程由同一工种、不同做法、不同材料的若干分项工程合并组成时，应先按以下公式计算其综合定额，再求其劳动量。

$$\bar{S} = \frac{\sum_{i=1}^{n} Q_i}{\sum_{i=1}^{n} P_i} = \frac{Q_1 + Q_2 + \cdots + Q_n}{P_1 + P_2 + \cdots + P_n} = \frac{Q_1 + Q_2 + \cdots + Q_n}{\dfrac{Q_1}{S_1} + \dfrac{Q_2}{S_2} + \cdots + \dfrac{Q_n}{S_n}} \tag{6-3}$$

$$\bar{H} = \frac{1}{\bar{S}} \tag{6-4}$$

式中，$\bar{S}$ 为综合产量定额 [立方米/工日（台班）等]；$\bar{H}$ 为综合时间定额 [工日（台班）/立方米等]；$Q_1, Q_2, \cdots, Q_n$ 为同一工种不同类型分项工程的工程量；$S_1, S_2, \cdots, S_n$ 为同一工种不同类型分项工程的产量定额。

5. 确定各施工过程持续时间

施工过程持续时间的确定方法有 3 种，即经验估算法、定额计算法和工期倒排法。

（1）经验估算法

经验估算法又称三时估算法，即先估计出完成该施工过程的最乐观时间、最悲观时间和最可能时间 3 种施工时间，再根据以下公式计算出该施工过程的持续时间。这种方法适用于新结构、新技术、新工艺、新材料等无定额可循的施工过程。

$$D = \frac{A + 4C + B}{6} \qquad (6\text{-}5)$$

式中，D 为持续时间；A 为最乐观估计的持续时间；B 为最悲观估计的持续时间；C 为最可能估计的持续时间。

（2）定额计算法

定额计算法根据施工过程需要的劳动量或机械台班数，配备的劳动人数或机械台数，以及每天工作班次，确定施工过程持续时间，计算公式为

$$D = \frac{P}{RN} \qquad (6\text{-}6)$$

式中，P 为某分部（分项）工程的劳动量；R 为每班配备在某分部（分项）工程上的劳动人数或机械台数；N 为每天工作班次。

要确定施工班组人数或施工机械台班数，除了考虑必须能获得或能配备的施工班组人数（特别是技术工人人数）或施工机械台班数，在实际工作中，还必须结合施工现场的具体条件、机械必要的停歇维修与保养时间等因素考虑。只有这样才能计算出符合实际可能和要求的施工班组人数及施工机械台班数。

每天工作班制的确定：当工期允许、劳动力和施工机械周转使用不紧迫、施工工艺上无法连续施工时，通常采用每天一班制，在建筑业中往往采用 1.25 班制（即 10 小时）。当工期较紧、要提高施工机械的使用率、加快机械周转使用、工艺上要求连续施工时，某些施工过程可考虑每天二班甚至三班制施工。采用多班制施工必然增加有关设施及费用，因此，需要慎重研究确定。

（3）工期倒排法

工期倒排法根据总工期要求和施工经验，先确定各施工过程的持续时间及每天工作班次，再确定劳动人数或机械台数，计算公式为

$$R = \frac{P}{DN} \qquad (6\text{-}7)$$

在实际工作中，必须结合施工现场的具体条件、最小工作面与最小劳动组合人数的要求，机械施工的工作面大小、机械效率、机械必要的停歇维修与保养时间等因素，同时结合每天的合理工作班制，只有这样才能确定符合实际施工条件和要求的施工班组人数及施工机械台班数。

6. 编制施工进度计划初始方案

1）对主要施工阶段（分部工程）组织流水施工。先安排其中主导施工过程的施工进度，使其尽可能连续施工，其他穿插施工过程尽可能与主导施工过程配合、穿插、搭接。例如，砖混结构房屋中的主体结构工程，其主导施工过程为砖墙砌筑和现浇钢筋混凝土楼板；现浇钢筋混凝土框架结构房屋中的主体结构工程，其主导施工过程为钢筋混凝土框架的支模、扎筋和浇筑混凝土。

2）配合主要施工阶段，安排其他施工阶段（分部工程）的施工进度。

3）按照工艺的合理性和施工过程相互配合、穿插、搭接的原则，将各施工阶段（分部工程）的流水作业图表搭接起来，即可得到单位工程施工进度计划初始方案。

7. 检查与调整施工进度计划

检查与调整的目的在于使施工进度计划初始方案达到规定的目标。一般从以下几个方

面进行检查与调整。

1）各施工过程的施工工序是否正确，流水施工组织方法的应用是否正确，技术间歇时间是否合理。

2）在工期方面，初始方案的总工期是否满足合同工期。

3）在劳动力方面，主要工种工人是否连续施工，劳动力消耗是否均衡。劳动力消耗的均衡性是针对整个单位工程或各个工种而言的，应力求每天出勤的工人人数不发生过大变动。

4）在物资方面，主要机械、设备、材料等的利用是否均衡，施工机械是否充分利用。

经过检查，需要对施工进度计划初始方案中不符合要求的部分进行调整。调整方法一般有：增加或缩短某些施工过程的施工持续时间；在符合工艺关系的条件下，将某些施工过程的施工时间向前或向后移动。必要时，还可以改变施工方法。

应当指出，编制施工进度计划的步骤不是孤立的，而是互相依赖、互相联系的，有的可以同时进行。还应看到，建筑施工是一个复杂的生产过程，受周围客观条件影响的因素很多，在施工过程中，物资（劳动力、机械、材料等）供应及自然条件等因素的影响，经常使建筑施工不符合原计划的要求，因此，不但要有周密的计划，而且必须善于使自己的主观认识随着施工过程的发展而转变，并在实际施工中不断修改和调整，以适应新的情况变化。同时，在制订计划时要充分留有余地，以免在施工过程发生变化时陷入被动的处境。

6.5 资源需用量计划

在单位工程施工进度计划确定后，即可编制各项资源需用量计划。资源需用量计划主要用于确定施工现场的临时设施，并按计划供应及调配材料、构件、劳动力和施工机械，以确保施工顺利进行。

6.5.1 劳动力需用量计划

劳动力需用量计划主要作为安排劳动力、调配和衡量劳动力消耗指标、安排生活及福利设施等的依据，它反映单位工程施工中所需要的各种技工、普工人数。一般要求按月分旬编制计划，主要根据确定的施工进度计划编制，其方法是按进度表上每天需要的施工人数，分工种进行统计，得出每天所需工种及人数，按时间进度要求汇总编出。劳动力需用量计划表如表 6-2 所示。

表 6-2　劳动力需用量计划表

序号	工程名称	工种	总工日数	需要人数及时间						备注
				××月			××月			
				上旬	中旬	下旬	上旬	中旬	下旬	

6.5.2　主要材料需用量计划

主要材料需用量计划是备料、供料、确定仓库和堆场面积、组织运输的依据。它的编制方法是根据施工预算的工料分析表、施工进度计划表、材料的贮备和消耗定额，将施工中所需材料按品种、规格、数量、使用时间计算汇总，填入主要材料需用量计划表。主要材料需用量计划表如表 6-3 所示。

表 6-3　主要材料需用量计划表

序号	材料名称	规格	需用量		供应时间	备注
			单位	数量		

6.5.3　构件和半成品需用量计划

构件和半成品需用量计划主要用于落实加工订货单位，根据所需规格、数量、时间，组织加工及运输并确定仓库或堆场，按施工图和施工进度计划编制。构件和半成品需用量计划表如表 6-4 所示。

表 6-4　构件和半成品需用量计划表

序号	品名	规格	图号/型号	需用量		使用部位	加工单位	供应日期	备注
				单位	数量				

6.5.4　施工机械需用量计划

施工机械需用量计划主要用于确定施工机械的类型、数量、进场时间，以此落实施工机械来源和组织进场。它的编制方法是将单位工程施工进度计划表中的每个施工过程及每天所需机械的类型、数量、进场时间进行汇总，以便得到施工机械需用量计划表。施工机械需用量计划表如表 6-5 所示。

表 6-5　施工机械需用量计划表

序号	机械名称	型号	需用量		货源	使用起止时间	备注
			单位	数量			

6.6 施工平面图

在施工现场，除拟建建筑物外，还有各种项目施工所需要的临时设施，如塔吊、钢筋加工棚、各种材料和脚手架模板堆场、工地办公室及食堂等。为了使现场施工科学有序、安全文明，必须对施工现场进行合理的平面规划和布置，即对施工现场平面布置进行设计。在建筑总平面图上，按照相同的比例，将为施工服务的各种临时设施合理布置在其上，作为施工现场平面布置依据的图形，即施工平面图。单位工程施工平面图的绘制比例一般为（1∶500）～（1∶200）。

施工平面图是施工方案在现场空间上的体现，反映已建工程和拟建工程之间及各种临时建筑和临时设施之间的合理位置关系。它是施工组织设计的重要组成部分，是布置施工现场的依据，是施工准备工作的一项重要内容，对于有组织、有计划地进行安全和文明施工，节约施工用地，减少场内运输，避免相互干扰，降低工程费用具有重大的意义。

6.6.1 施工平面图的设计内容

在单位工程中，施工平面图的设计内容主要包含以下几个方面。

1）施工现场的范围，现场内已建和拟建的、地上和地下的一切建（构）筑物及其他设施的位置与尺寸。

2）垂直运输机械的位置，如塔式起重机、运行轨道、施工电梯或井字架（龙门架）的位置。

3）混凝土泵、泵车、混凝土搅拌站、砂浆搅拌站的位置和尺寸。

4）各种材料、加工半成品、构件和机具的堆场或仓库的位置和尺寸。

5）装配式结构构件制作和拼装地点。

6）临时水、电、消防管线的位置，水源、电源、变压器、高压线、消防栓等的位置。

7）行政、生产、生活用的临时设施（如办公室、各种加工棚、食堂、宿舍、门卫室、配电房、围墙等）的位置和尺寸。

8）场内施工道路及其与场外交通的联系。

9）测量轴线及定位线标识，永久性水准点位置和土方取弃场地。

10）必要的图例、比例、风向频率玫瑰图或指北针。

6.6.2 施工平面图的设计依据

1）各种设计资料，包括建筑总平面图、地形地貌图、区域规划图、单位工程范围内有关的一切已有和拟建的各种设施位置。

2）建设地区的自然条件和技术经济条件，以便确定施工排水沟渠、材料仓库、构件和半成品堆场、道路，以及可以利用的生产和生活临时设施的位置。

3）单位工程的工程概况、施工方案、施工进度计划，以便了解各施工阶段情况，合理

微课：单位工程施工
现场平面布置图的
设计依据、内容和原则

规划施工场地。

4）各种建筑材料构件、加工品、施工机械和运输工具需用量一览表，以便规划工地内部的储放场地和运输线路。

5）各构件加工厂规模、仓库及其他临时设施的数量和外廓尺寸。

6）由建设单位提供的原有房屋及生活设施情况。

6.6.3　施工平面图的设计原则

1）尽量减少施工用地，平面布置力求紧凑。

2）合理组织运输，确保运输通道便捷通畅，减少场内二次搬运。

3）施工区域的划分和场地的确定应符合施工流程要求，尽量减少专业工种之间的干扰。

4）充分利用各种永久性建（构）筑物和原有设施为施工服务，降低临时设施的费用。

5）各种办公、生产、生活用的设施应既联系方便又避免相互干扰。

6）满足安全防火、劳动保护的要求。

6.6.4　施工平面图的设计步骤和要点

在单位工程中，施工平面图的设计步骤如图 6-7 所示。

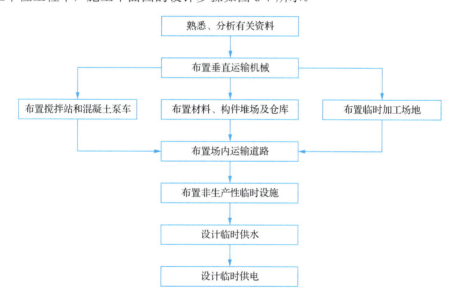

图 6-7　施工平面图的设计步骤

1.　垂直运输机械的布置

垂直运输机械的位置直接影响仓库、材料堆场、砂浆和混凝土浇筑点的位置，以及场内道路和水电管网的位置等。因此，应首先予以考虑。

（1）移动式起重机的布置

1）有轨（移动式）塔式起重机的布置。有轨（移动式）塔式起重机的轨道一般沿建筑物的长度方向布置，其位置和尺寸取决于建筑物的平面形状与尺寸、构件自重、起重机的性能及四周施工场地的条件。有轨塔式起重机通常有以下 4 种布置方案，如图 6-8 所示。

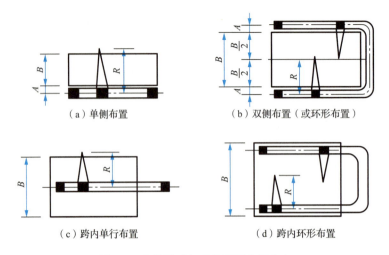

（a）单侧布置   （b）双侧布置（或环形布置）

（c）跨内单行布置   （d）跨内环形布置

图 6-8   有轨塔式起重机平面布置方案

方案一：单侧布置。当建筑物宽度较小时，可在场地较宽的一面沿建筑物的长度方向布置，其优点是轨道长度较短，并有较宽的场地堆放材料和构件，其起重机半径应满足下式的要求：

$$R \geqslant B + A \qquad (6-8)$$

式中，R 为塔式起重机的最大回转半径（米）；B 为建筑物平面的最大宽度（米）；A 为轨道中心线至外墙外边线的距离（米）。

一般来说，当无阳台时，A＝安全网宽度＋安全网外侧至轨道中心线距离；当有阳台时，A＝阳台宽度＋安全网宽度＋安全网外侧至轨道中心线距离。

方案二：双侧布置（或环形布置）。当建筑物较宽、构件较重时，可采用双侧布置，其起重机半径应满足下式的要求：

$$R \geqslant B/2 + A \qquad (6-9)$$

方案三：跨内单行布置。当建筑物周围场地狭窄，或建筑物较宽、构件较重时，采用跨内单行布置，其起重机半径应满足下式的要求：

$$R \geqslant B/2 \qquad (6-10)$$

方案四：跨内环形布置。当建筑物较宽，采用跨内单行布置不能满足构件吊装要求，并且不可能采用跨外布置时，应选择跨内环形布置。

2）无轨自行式起重机的布置。无轨自行式起重机分履带式、汽车式和轮胎式 3 种，它移动方便灵活，能为整个工地服务。无轨自行式起重机一般不用于水平运输和垂直运输，专用作构件的装卸和起吊，一般适用于装配式单层工业厂房主体结构的吊装，某些桩基工程（如人工挖孔桩工程）钢筋笼的吊装等也常采用。吊装时的开行路线及停机位置主要取决于建筑物的平面布置、构件质量、吊装高度和吊装方法等。

（2）固定式垂直运输机械的布置

固定式垂直运输机械主要有固定式塔式起重机（以下简称塔式起重机）、井字架（龙门架）和建筑施工电梯等。

1）塔式起重机的布置。塔式起重机安装前应制定安装和拆除施工方案，塔式起重机的放置位置应有较宽的空间，可以满足两台汽车安装或拆除塔机吊臂的工作需要。塔式起重机的布置一般应满足如下要求。

① 塔式起重机平面位置的要求。塔式起重机平面位置的确定主要取决于建筑物的平面形状尺寸及四周场地条件和吊装工艺，一般应在场地较宽的一面沿建筑物的长度方向布置，以使塔式起重机对材料、构件堆场的服务面积较大。塔基必须坚实可靠，塔身可与建筑结构可靠拉结。

② 塔式起重机工作参数的要求。确定塔式起重机平面位置后，应当复核其主要工作参数，使其满足施工需要，主要工作参数包括工作幅度（R）、起重高度（H）、起重量（Q）和起重力矩（M）。

a. 工作幅度：工作幅度为塔式起重机回转中心至吊钩中心的水平距离。最大工作幅度 R_{max} 为最远吊点至回转中心的距离。

b. 起重高度：起重高度应不小于建筑物总高度加上构件（或吊斗、料笼）、吊索（吊物顶面至吊钩）和安全操作高度（一般为 2～3 米）。当塔式起重机需要超越建筑物顶面的脚手架、井字架或其他障碍物时，其超越高度应至少为 1 米。

塔式起重机的起重高度应满足下式的要求：

$$H \geqslant H_0 + h_1 + h_2 + h_3 \tag{6-11}$$

式中，H_0 为建筑物的总高度；h_1 为吊运中的预制构件或起重材料与建筑物之间的安全高度；h_2 为预制构件或起重材料底边至吊索绑扎点（或吊环）之间的高度；h_3 为吊具、吊索的高度。

c. 起重量：起重量包括吊物（包括笼斗和其他容器）、吊具（铁扁担、吊架）和索具等作用于塔式起重机起重吊钩上的全部重量。起重力矩为起重量乘以工作幅度。因此，塔式起重机的技术参数中一般包含最小工作幅度时的最大起重量和最大工作幅度时的最大起重量。应当注意，塔式起重机起重力矩宜控制在其额定起重力矩的 75% 以下，以保证塔吊本身的安全及延长使用寿命。

d. 起重力矩：起重力矩要大于或等于吊装各种预制构件时所产生的最大力矩 M_{max}，计算公式为

$$M \geqslant M_{max} = \max[(Q_i + q) \times R_i] \tag{6-12}$$

式中，Q_i 为某一预制构件或起重材料的自重；q 为吊具、吊索的自重；R_i 为该预制构件或起重材料的安装位置至塔式起重机回转中心的距离。

③ 塔式起重机服务范围的要求。以塔基中心点为圆心，以最大工作幅度为半径，画出一个圆形，该圆形所覆盖的部分即为塔式起重机的服务范围。

塔式起重机布置的最佳状态为使建筑物平面尺寸均在塔式起重机服务范围之内，以保证各种材料与构件直接运到建筑物的设计部位上，尽可能不出现死角（建筑物处于塔式起重机服务范围以外的阴影部分）。如果难以避免，则要求死角越小越好，并且使最重、最大、最高的构件不出现在死角，有时配合井字架或龙门架解决死角问题。在确定吊装方案时，提出具体的技术和安全措施，以保证处于死角的构件顺利安装。此外，在塔式起重机服务范围内应有较宽的施工场地，以便安排构件堆放、搅拌设备出料后能直接起吊，主要施工道路应处于塔式起重机服务范围内。

当采用两台或多台塔式起重机，或采用一台塔式起重机和一台井字架（或龙门架、建筑施工电梯）时，必须明确规定各自的工作范围和两者之间的最小距离，并制定严格的切实可行的防止碰撞的措施。

在高空有高压线通过时，高压线必须高出塔式起重机，并保证符合规定的安全距离。如果不符合这些条件，则应将高压线搬迁。在搬迁高压线有困难时，则要采取安全措施，如搭设隔离防护竹和木排架。

2）井字架（龙门架）的布置。井字架（龙门架）是固定式垂直运输机械，它的稳定性好、运输量大，是施工中最常见、最为简便的垂直运输机械。井字架（龙门架）的布置，主要根据机械性能、工程的平面形状和尺寸、施工段划分、材料来向和已有运输道路情况而定。遵循的原则主要有：充分发挥起重机械的能力，并使地面和楼面的水平运输距离最短。

井字架（龙门架）的布置应符合下列几点要求。

① 当建筑物呈长条形且层数、高度相同时，布置位置应处于距房屋两端的水平运输距离大致相等的适中地点，以减小在房屋上面的单程水平运距；也可以布置在施工段分界处现场较宽的一面，以便在井字架（龙门架）附近堆放材料或构件，达到缩短运距的目的。

② 当房屋有高低层分隔时，如果只设置一副井字架（龙门架），则应布置在分界处附近的高层部分，以照顾高低层的需要，减少架子的拆装工作。

③ 井字架（龙门架）的地面进口，要求道路畅通，使运输不受干扰。井字架的出口应尽量布置在留有门窗洞口的开间，以减少墙体留槎补洞工作。同时应考虑井字架（龙门架）缆风绳对交通、吊装的影响。

④ 井字架（龙门架）与卷扬机的距离应大于或等于房屋的总高，以减小卷扬机操作人员的仰望角度。井字架（龙门架）与卷扬机的布置距离如图 6-9 所示。

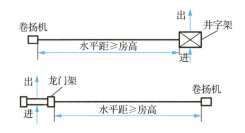

图 6-9　井字架（龙门架）与卷扬机的布置距离

⑤ 井字架（龙门架）与外墙边的距离以吊篮边靠近脚手架为宜，这样可以减少过道脚手架的搭设工作。

3）建筑施工电梯的布置。建筑施工电梯（也称施工升降机、外用电梯）是高层建筑施工中运输施工人员及建筑器材的主要垂直运输设施，它附着在建筑物外墙或其他结构部位上，随着建筑物升高，架设高度可超过 200 米。

在确定建筑施工电梯的位置时，应考虑：便于施工人员上下和物料集散；由电梯口至各施工部位的平均距离最短；便于安装附墙装置；接近电源，有良好的夜间照明。

2. 搅拌站、加工厂、各种材料和构件堆场及仓库的布置

采用塔式起重机进行垂直运输时，搅拌站、加工厂、各种材料和构件堆场及仓库的位置应尽量靠近使用地点或在塔式起重机的服务范围之内，并便于运输和装卸。

（1）搅拌站的布置

搅拌站的位置应尽量靠近使用地点或垂直运输设备，力争熟料由搅拌站到工作地点的运距最短。在浇筑大型混凝土基础时，有时为了减少混凝土运输，可将混凝土搅拌站直接设在基础边缘，待基础混凝土浇筑完后再转移。砂、石堆场及水泥仓库应紧靠搅拌站布置。同时，搅拌站的布置应考虑这些大宗材料运输和装卸的便利性。当前，利用大型搅拌站集中生产预拌混凝土和预拌砂浆，用罐车运至现场，可节约施工用地，提高机械利用率，在场地布置时应考虑预拌混凝土浇筑点及预拌砂浆存放点。

（2）加工厂的布置

加工厂种类很多，包括钢筋混凝土预制加工厂、木材加工厂、钢筋加工厂、金属结构构件加工厂和机械修理厂等，各种加工厂的结构形式应根据使用期限长短和建设地区的条件而定。在一般情况下，使用期限较短者，宜采用简易结构，如油毡、铁皮屋面的竹木结构；使用期限较长者，宜采用瓦屋面的砖木结构、砖石结构或装拆式活动房屋等。

木材、钢筋、水电等的加工厂宜设置在建筑物四周稍远处，并有相应的材料及成品堆场。石灰及淋灰池可根据情况布置在砂浆搅拌机附近，并设置在下风向；沥青堆放场及熬制锅的位置应选择较空的场地，远离易燃品仓库和堆场，也应设置在下风向。

（3）各种材料和构件堆场及仓库的布置

材料和构件的堆放应尽量靠近使用地点，并便于运输及装卸，底层以下用料可堆放在基坑四周，但不宜离基坑、槽边太近，以防塌方。当采用固定式垂直运输机械时，材料和构件堆场应尽量靠近垂直运输机械，以缩短地面水平运距；当采用轨道式塔式起重机时，材料和构件堆场及搅拌站出料口等均应布置在轨道式塔式起重机的有效起吊服务范围之内；当采用无轨自行式起重机时，材料和构件堆场的位置应沿着无轨自行式起重机的开行路线布置，并且应在起重臂的最大起重半径范围之内。

3. 现场运输道路的布置

现场运输道路的布置主要应满足材料和构件的运输及消防两个方面的要求。在运输方面，应使道路连通到各材料和构件堆场，并使它们离道路越近越好，以便装卸。在消防方面，对道路的要求，除了消防车能直接开到消火栓处，还应使道路靠近建筑物、木料场，以便消防车能直接进行灭火抢救。

布置现场运输道路时，还应注意以下几个方面的要求。

1）尽量将道路布置成直线，以提高运输车辆的行车速度，并应使道路形成循环，以提高车辆的通行能力。

2）应考虑下一期开工的建筑物位置和地下管线的布置。道路的布置要与后期施工结合起来考虑，以免因临时改道或道路被切断而影响运输。

3）布置道路应尽量把临时性道路与永久性道路相结合，即可先修永久性道路的路基，作为临时性道路使用，尤其是须修建场外临时性道路时，要着重考虑这一点，可节约大量投资。在有条件的地方，也可以把永久性道路路面事先修建好，这样更有利于运输。

4. 临时设施的布置

（1）临时设施的分类及内容

1）生产性临时设施：在现场加工制作的作业棚，如木工棚、钢筋加工棚、薄钢板加工棚；各种材料库（棚），如水泥库、油料库、卷材库、沥青库、石灰棚；各种机械操作棚，如搅拌机棚、卷扬机棚、电焊机棚；各种生产性用房，如锅炉房、烘炉房、机修房、水泵房、空气压缩机房等；其他设施，如变压器等。

2）非生产性临时设施：各种生产管理办公用房、会议室、文娱室、福利性用房、医务室、宿舍、食堂、浴室、开水房、警卫传达室、厕所等。

（2）临时设施的布置原则

1）循环使用方便，有利于施工，尽量合并搭建，符合安全、消防要求。

2）结合现场的地形和条件、施工道路的规划等因素布置，各种临时设施均不能布置在拟建工程（或后续开工工程）、拟建地下管沟、取土、弃土等地点。

3）各种临时设施尽可能采用活动式、装拆式结构。

4）施工现场应设置临时围墙、围网或围笆。

5）生活性与生产性临时设施要分开设置，并保持安全距离。

5. 供水、供电管网的布置

（1）供水管网的布置

供水管道一般从建设单位的干管或自行布置的干管接到用水地点，同时应保证管网总长度最短。管径的大小和出水龙头的数目及设置，应视工程规模的大小通过计算确定。管道可埋于地下，也可铺于路上，根据当地的气候条件和使用期限的长短而定。

临时水管最好埋设在地面以下，以防汽车或其他机械在上面行走时将其压坏。在严寒地区，应将水管埋设在冰冻线以下，明管部分应做保温处理。工地临时管线不要布置在第二期拟建建筑物或管线的位置上，以免开工时水源被切断，影响施工。

布置临时施工用水管网时，除要满足生产、生活用水的要求外，还要满足消防用水的要求，并设法使管道铺设得越短越好。

根据实践经验，一般面积在 5000～10 000 平方米的单位工程施工用水的总管用 ϕ100 毫米管，支管用 ϕ38 毫米或 ϕ25 毫米管，ϕ100 毫米管可用于消火栓的水量供给。

施工现场应设消防水池、水桶、灭火器等消防设施。在单位工程施工中，一般使用建设单位的永久性消防设备；若为新建企业，则根据全工地的施工总平面图考虑。

一般供水管网的形式分为以下几种。

1）环形管网：管网为环形封闭形状。优点是供水可靠性强，当管网某一处发生故障时，水仍能沿管网向其他支管供水；缺点是管线长、造价高、管材耗量大。

2）枝形管网：管网由干线及支线两部分组成。优点是管线长度短、造价低，缺点是供水可靠性差。

3）混合式管网：主要用水区采用环形管网，其他用水区采用枝形管网。这种供水管网兼备两种管网的优点，在大型施工现场中采用较多。

（2）供电管网的布置

施工现场用的变压器应布置在现场边缘高压线接入处，四周设置铁丝网等围栏。变压器不宜布置在交通要道口；配电室应靠近变压器，以便于管理。

现场架空线必须采用绝缘铜线或绝缘铝线。架空线必须设在专用电杆上，并布置在道路一侧，严禁架设在树干、脚手架上。现场正式的架空线（工期超过半年的现场，必须按正式线架设）与施工建筑物的水平距离不小于 10 米，与地面的垂直距离不小于 6 米，跨越建筑物或临时设施时，与其顶部的垂直距离不小于 2.5 米，距树木不小于 1 米。架空线与杆间距一般为 25～40 米，分支线及引入线均应从杆上横担处连接。

施工现场临时用电线路布置一般有以下两种形式。

1）枝状系统：按用电地点直接架设干线与支线。优点是省线材、造价低；缺点是线路内如果发生故障断电，则将影响其他用电设备的使用。因此，需要连续供电的机械设备（如水泵等）应避免使用枝状系统。

2）网状系统：用一个或两个变压器在闭合线路上供电。在大工地及起重机械（如塔式起重机）多的现场，最好使用网状系统，这样既可以保证供电，又可以减少机械用电时的电压。

拓展阅读：《建筑施工组织设计规范》（GB T 50502—2009）单位工程施工组织设计

以上是单位工程施工平面图设计的要点。在设计中，还应参考国家及各地区有关安全消防等方面的规定，如各类建筑物、材料堆放的安全防火间距等。此外，对较复杂的单位工程，应按不同的施工阶段分别设计施工平面图。

直 击 工 考

一、单项选择题

1. 下列不属于单位工程施工组织设计的编制内容的是（　　）。

A．竣工验收工作计划　　　　　　　B．施工平面图

C．资源需用量计划　　　　　　　　D．施工准备工作计划

2. 下列施工项目中，（　　）工程适合安排在冬期施工。

A．外装修　　　　B．屋面防水　　　　C．吊装　　　　D．土方

3. 当两个施工段共用一座井字架时，该井字架（　　）。

A．应根据实际情况布置在某一段的适当位置，并布置在现场场地较宽的一面

B．应根据实际情况布置在某一段的适当位置，并布置在现场场地较窄的一面

C．一般应布置在施工段的分界处，并布置在现场场地较宽的一面

D．可任意布置

4. 设计施工平面图时，应布置在塔吊起重半径之内的是（　　）。

A．水泥仓库　　　B．加工棚　　　　C．砂、石堆场　　　D．搅拌站

5. 单位工程施工组织设计的核心是（　　）。

A．施工方案　　　　　　　　　　　B．施工准备工作计划

C．施工平面图　　　　　　　　　　D．质量保证措施

6. 关于施工顺序，下列说法错误的是（　　）。

A．在基础工程施工时，应首先将相应的管道、沟墙做好，然后才可回填土

B．为了加速脚手架的周转，可采取先外装饰后内装饰的施工顺序

C．当室内为现浇水磨面楼地面时，为了避免楼地面施工时水的渗漏对外墙面的影响，外墙面施工之前应先完成水磨石的施工

D．屋面工程的施工顺序：保温层—隔气层—找平层—防水层—隔热层

7. 单位工程施工组织设计是以（　　）为主要对象编制的，用以指导单位工程施工的技术、经济和管理的综合性文件。

A．建设项目或群体工程　　　　　　B．单位工程

C．分部工程　　　　　　　　　　　D．分部（分项）工程

二、多项选择题

1. 施工平面图应包括（　　）。
   A. 场内道路布置　　　　　　　　B. 附近商业网点
   C. 各种主要材料的堆放场地　　　D. 施工机具布置
   E. 临时设施的布置

2. 单位工程施工组织设计的三大核心内容包括（　　）。
   A. 施工方案　　　　　　　　　　B. 技术经济
   C. 施工进度计划　　　　　　　　D. 施工平面图
   E. 施工准备工作计划

3. 室内抹灰工程从整体上可采用（　　）的施工流向进行。
   A. 自上而下　　　　　　　　　　B. 自下而上
   C. 自中而下再自上而中　　　　　D. 从左至右
   E. 从中间至两边

4. 以下属于施工平面图设计内容的有（　　）。
   A. 办公室、食堂、宿舍等临时设施
   B. 各种材料、构件、半成品堆场及仓库
   C. 测量放线位置
   D. 临时水、电管线的位置，消防栓的位置
   E. 塔吊、混凝土和砂浆搅拌站的位置

5. 关于在室内实施拆除工程的施工现场采取的措施，下列做法不正确的是（　　）。
   A. 拆除的建筑垃圾运到田间掩埋
   B. 场地内产生的泥浆直接排入下水道
   C. 为预防扬尘及时采取喷水覆盖措施
   D. 进出场的车辆做好封闭
   E. 施工中因封路而影响周围环境时，应切实按施工组织设计中的相关措施进行

三、简答题

1. 什么是单位工程施工组织设计？它的主要内容有哪些？
2. 单位工程施工组织设计的编制依据有哪些？
3. 施工机械的选择应考虑哪些问题？
4. 简述单位工程施工平面图的设计内容、设计依据与设计原则。

装配式建筑施工

【内容导读】

装配式建筑是结构系统、外围护系统、设备与管线系统、内装系统的主要部分采用预制部品部件集成的建筑。装配式建筑主要包括预制装配式混凝土结构建筑、装配式钢结构建筑、装配式木结构建筑等，其采用标准化设计、工厂化生产、装配化施工、一体化装修、信息化管理、智能化应用，是现代工业化生产方式的代表。

近年来，在环保压力不断加大、城镇化及房地产产业发展的推动下，装配式建筑进入高速发展及创新期，国务院及相关部委和地方多次出台指导性、普惠性及鼓励性政策，促进装配式建筑产业的发展。大力发展装配式建筑是我国建造方式的重大变革，具有全局性的战略意义。

装配式建筑施工组织与传统现浇建筑施工组织存在较为显著的差异，在施工方案、施工进度计划、施工资源配置、施工现场平面布置等方面均截然不同，并且更强调工业化、信息化、数字化。通过学习本工作领域，结合真实案例拓展，可以为装配式建筑施工组织管理夯实根基，参照实施。

【学习目标】

通过本工作领域的学习，要达成以下学习目标。

知识目标	能力目标	职业素养目标
1. 了解装配式建筑施工组织发展。 2. 掌握装配式建筑施工组织管理特点。 3. 掌握装配式建筑施工组织管理要点	1. 能阐述装配式建筑与传统现浇建筑的不同点。 2. 能对装配式建筑进行质量、进度、成本、安全、信息等方面的管理	1. 自觉践行绿色、低碳、高质量发展理念。 2. 坚持道路自信、理论自信、制度自信、文化自信，增强爱国情怀
对接 1+X 建筑工程施工工艺实施与管理职业技能等级（初级、中级、高级）证书的知识要求和技能要求		

装配式建筑施工组织

▌任务导读

本工作任务着重介绍装配式建筑施工组织发展，以及装配式建筑施工在进度、技术、质量、工程成本控制等方面的特点，阐述装配式建筑与传统现浇建筑的不同点。

▌任务目标

1. 掌握装配式建筑施工组织管理特点。
2. 能阐述装配式建筑与传统现浇建筑的不同点。

工程 案例

2023年，某地一座商业综合楼发生了墙体开裂导致坍塌的严重事故，造成多人死伤。经调查发现，该建筑采用装配式墙板进行快速施工。然而，在施工过程中未能加强对墙体连接处的固定和检测，导致装配式墙板与结构之间产生错动，引发了墙体开裂，最终导致坍塌。

这起事故的主要原因是施工时对关键节点没有进行足够的质量控制和监测。因此，在装配式建筑施工过程中，必须加强对关键节点的质量管理。在墙体装配过程中，应严格按照设计要求进行固定和连接，使用专业的设备进行监测和测试，并及时修复任何发现的问题。

讨论：

1）装配式建筑施工组织与传统现浇建筑施工组织有哪些不同？

2）如何确保装配式建筑的施工质量和使用安全？

近年来，工程建设领域正在发生革命性变化，随着建筑工程总承包模式逐渐推广及建筑信息模型（building information model，BIM）等信息化技术的日益普及，现代化的预制部件部品生产企业逐年增多，工程咨询、规划、设计、部品生产、施工、运营管理深度融合水到渠成。装配式建筑的组织管理模式不同于传统现浇建筑，正在逐步由单一的专业性组织管理模式向综合的全过程组织管理模式发展，装配式建筑强调工程系统集成与工程组织管理整体优化，显现了全过程组织管理的优势。与之相应，新的工程组织管理方法和施工模式也被广泛推广应用。

装配式建筑施工同传统现浇建筑施工在组织管理上有较大差异，装配式建筑施工要求多方参与工程图纸深化设计及预制构件或部品的拆分设计，建筑物的组成部分大多数为预制构件或部品，由专业生产企业提前加工并运到施工现场。这些都促使装配式建筑施工组织管理产生革命性的变革。

7.1 装配式建筑施工组织发展

20 世纪 50 年代到 80 年代，国家组织设计、科研、施工、预制构件生产等单位对适合我国的各种结构类型做了大量实验研究，出台了相应政策、技术标准及各种标准图集，建筑工程中预制构件生产工业化、结构设计和选用模数化、现场施工装配化的实践成为一种潮流。当时钢筋混凝土结构的主要形式有排架结构、装配式大板结构、"内浇外板"结构、全装配式预制框架结构等。预制构件厂家主要生产规格品种较少且重量不太大的部分构件，如混凝土大型屋面板、空心板、槽板及过梁等，这些预制构件由专用车辆运到现场；施工单位在施工现场生产规格品种较多且重量较大的预制构件，如混凝土桩、混凝土屋架、混凝土柱、混凝土吊车梁等。最后，由施工单位通过汽车式起重机、履带式起重机或塔式起重机等吊装安装机械组合装配成混凝土结构整体。

7.1.1　装配式建筑施工组织管理方法的创新

1. 形成建筑产业现代化模式

建筑产业现代化是一种以标准化设计、工厂化生产、装配化施工、一体化装修、信息化管理的建筑工业化生产方式为核心的新模式。它对推动建筑业产业转型升级，保证工程质量安全，实现节能减排、降耗、环保和可持续发展有重要意义，是建筑业转变发展方式、调整结构、科技创新的重要举措，是实现建筑业协同发展、绿色发展的重要举措，是在传统预制构件生产工业化、结构设计和选用模数化、现场施工装配化基础上进行的产业革命，建筑产业现代化促使传统建筑业向可持续发展、绿色施工、以人为本、全过程项目管理、精细化管理发展，建筑业承包方式也有了革命性变化。

2. 发展绿色建筑

建筑工程应朝着更低生命周期成本、资源节约、环保的方向发展。建筑业需要通过新的、环保的、清洁的绿色施工管理及技术，以及更高效的管理来取代或革新传统的施工方式。这具体体现在施工企业将可持续发展作为发展战略；在设计管理方面，开发商和设计单位将致力于设计与建造绿色建筑产品，充分考虑建筑物的全寿命周期成本，并在工程项目上推广应用装配式建筑。

3. 进行材料管理

在建筑物建造前就考虑大量使用工业或城市固态废物，尽量少用自然资源和不可再生能源，生产出无毒害、无污染、无放射性的绿色建筑材料并将其应用到建筑物上。对于装配式建筑工程来说，施工单位在组织施工时，运用科学管理和技术进步，在确保安全和质量的前提下，最大限度保护环境，进而实现节水、节地、节材、节能的目标。

4. 坚持以人为本

从产品角度而言，装配式建筑注重为建筑物使用者提供更舒适、更健康、更安全、更绿色的场所，这充分体现在建筑物全寿命周期中，尽力控制和减少对自然环境的破坏，最大限度地实现节水、节地、节材、节能的目标。从施工管理角度而言，人是工程管理中最基本的要素，应激发施工管理人员和操作人员的主动性、积极性、创造性，使每个员工都能对建筑物认真负责、精益求精。

5.　树立全新价值观

将安全、健康、公平和廉洁的理念运用到建筑工程项目管理实践中。工程管理人员对施工过程及施工现场的安全、健康、公平和廉洁进行管理，并将这些理念系统地整合到具体的工程管理流程中。在安全管理方面，通过建立施工现场安全管理体系和健康文明体系，确保施工全过程的安全、文明、健康和可持续发展。

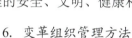

微课：施工现场安全措施

6.　变革组织管理方法

生产效率的提高始终是建筑工程项目管理关注的焦点。对于建筑企业而言，通过提高生产效率，可以提供更有价格优势的产品，生产的产品能够更好地满足市场需求。事实上，通过采用装配式建筑，新的组织管理方法和施工模式将会被推广应用，建筑工程项目的劳动生产率也会有所提高，社会效益和经济效益将会逐步显现。

（1）工程项目全过程组织管理

装配式建筑的工程项目组织管理模式不同于传统现浇建筑的组织管理模式，正在逐步由单一的专业性组织管理向综合各个阶段管理的全过程项目组织管理模式发展，充分体现了全过程项目管理概念，装配式建筑工程摒弃了原有工程项目中策划、设计、施工、运营由不同单位各自负责且拥有不同建设管理系统的做法，转而采用一种更具整合性的方法。以平行模式（而非序列模式）来实施建设工程项目的活动，整合所有相关专业部门积极参与项目策划、设计、施工、运营的整个过程，强调工程系统集成与工程整体优化，形象地显示了全过程项目管理的优势。

（2）精益建造理念

精益建造对施工企业产生了革命性的影响，现在精益建造也被应用于建筑业，特别是装配式建筑工程中。这具体体现在：部分预制构件和部品由相关专业生产企业制作，专业生产企业在场区内通过专业设备、专业模具、经过培训的专业操作工人加工预制构件和部品，并运输到施工现场；施工现场经过有组织的科学安装，可以最大限度地满足建设方或业主的需求；改进工程质量，减少浪费；保证项目完成预定的目标并实现所有劳动力工程的持续改进。精益建造对提高生产效益的作用是显而易见的，它能够避免大量库存造成的浪费，实现按需及时供料。它强调在施工中持续改进和追求零缺陷，不断提高施工效率，从而形成使建筑企业利润最大化的系统性生产管理模式。此外，精益建造更加注重对建筑产品的全生命周期进行动态的控制，以确保项目能够更好地完成预定的目标。

7.　改变工程承包模式

传统的建筑工程承包是设计招标施工，它是我国建筑工程最主要的承包方式。然而，现代化的施工企业将触角伸向建筑工程的前期，并向后期延伸，目的是体现自己的技术能力和管理水平。更重要的是，这样做不仅能提高建筑工程承包的利润，还能有效地提高效率。例如，工程总承包模式和施工总承包模式已成为大型建筑工程项目中广为采用的模式。对于工程项目的实践者来说，设计建造一体模式和设计采购施工三位一体模式已经不是什么新鲜事物，这两种模式在国外都经历了很长时间的发展历程，在大型工程中得到了较为成熟的应用。

值得注意的是，这些承包模式呈现两种发展趋势：一是这些通常应用于大型建筑工程项目的承包模式，特别适用于装配式建筑，并逐渐开始应用于一般的建筑工程项目中；二是承包模式根据项目管理的发展，不断繁衍出新的模式。这些发展趋势说明我国建筑工程项目管理正在逐渐走向成熟。

7.1.2 装配式建筑施工信息技术应用

装配式建筑发展离不开建筑业信息化，建筑业信息化是以现代通信、网络、数据库技术为基础，把拟建造工程的各要素汇总至数据库，供工作、学习、辅助决策等参考的一种信息技术。使用该信息技术，便于信息交流，减少建造成本，可以极大地提高施工组织管理的效率，为推动建筑业施工管理科学化发展提供巨大的技术支持。

1. BIM 在装配式建筑施工组织中的应用

BIM 的建立基于 3 个理念：数据库替代绘图、分布式模型、工具+流程=BIM 价值。对装配式建筑施工与管理而言，其应该基于同一个 BIM 平台，集成规划、设计、生产与运输、现场装配、装饰和管线施工、运营管理等多个环节，使规划、设计信息、预制构件或部品生产信息、运输情况、现场施工情况、实际工程进度、实际工程质量、现场安全状态、工程交付使用后的运营管理都可以通过查询得知。具体表现在 BIM 建立、虚拟施工、基于网络的项目管理 3 个方面。

（1）BIM 建立

BIM 在预制构件或部品生产管理中的应用包括根据施工单位安装预制构件顺序安排生产加工计划，根据深化设计图纸进行钢筋自动下料成型、钢模具订货加工、预制构件或部品生产和存放，根据设计模型进行出厂前检验、预制构件或部品运输和验收。

（2）虚拟施工

虚拟施工是信息化技术在施工阶段的运用，是指在虚拟状态中建模，用来模拟、分析设计和施工过程，使其数字化、可视化。虚拟施工采用虚拟现实和结构仿真技术，对施工活动中的人、财、物、信息进行数字化模拟，优化装配式建筑设计和装配式建筑施工安装；提前发现设计或施工安装中存在的问题，及时找到解决方法，如装配式混凝土结构中预制构件或部品堆放地点的选择、现场安装使用的起重机的选择、预制构件安装就位过程的模拟、装饰装修部分的模拟应用、结构及装饰装修质量的验收、各个专业管线是否有碰撞的检查等内容，以及对施工部分的进度的控制与调整。预先分析施工成本和利润状况为施工企业科学管理奠定基础。

例如，在装配式混凝土施工中，存在预制叠合板板间的现浇混凝土板带有一定数量的后浇混凝土的情况。应通过采用 BIM 技术进行合理设计，提前对楼板模板支撑的施工安装顺序等进行模拟，提高施工安装的效率，避免施工安装的盲目性。预制叠合板板间的预制混凝土板带 BIM 技术模拟如图 7-1 所示，现浇混凝土梁板 BIM 技术模拟如图 7-2 所示。

图 7-1　预制混凝土板带 BIM 技术模拟

图 7-2　现浇混凝土梁板 BIM 技术模拟

（3）基于网络的项目管理

基于网络的项目管理是指通过互联网和企业内部的网络应用，同一施工工程企业内部和诸多具体项目部互相沟通协作，使企业内部能进行项目部人员管理、作业人员系统管理、预制构件物资科学调配，减少管理成本，提高工作效率。同时，政府行业主管部门、业主、设计单位、监理单位等可以通过网络平台对同一工程许多具体问题进行密切沟通协作。对于涉及的具体项目，通过各方人员有效管理协调，能够减少相关各方的管理成本，实现无纸化办公，有效地提高工作效率。

2. 物联网在装配式建筑施工组织中的应用

物联网是将各种信息传感设备［如射频识别（radio frequency identification，RFID）装置、红外感应器、全球定位系统（global positioning system，GPS）、激光扫描器等］与互联网结合而形成的一个巨大网络。它的目的是让所有的物品都与网络连接，以便系统可以自动地、实时地对物体进行识别、定位追踪、监控并触发相应事件。

装配式建筑物联网系统是以单个部品（构件）为基本管理单元，以无线射频芯片及二维码为跟踪手段，以工厂预制构件或部品生产、现场装配为核心，以工厂的原材料检验、生产过程检验、出入库、部品运输、部品安装、工序监理验收为信息输入点，以单项工程为信息汇总单元的物联网系统。单个部品（构件）信息标识如图 7-3 所示。

绑定

图 7-3 单个部品（构件）信息标识

装配式建筑物联网的功能特点如下。

1）预制部品（构件）钢筋网绑定拥有唯一编号的无线射频芯片及二维码，实现了单品管理。

2）融行业门户、行业认证、工厂生产、运输、安装、竣工验收、大数据分析等多个环节为一体。

3. 物联网全过程的应用

物联网可以贯穿装配式建筑施工与管理的全过程，在深化设计环节就可将每个构件唯一的身份标识号（identity document，ID）编制出来，为预制构件生产、运输存放、装配施工、现浇构件施工等环节的实施提供关键技术基础，保证各类信息跨阶段无损传递、高效使用，实现精细化、可追溯管理。

（1）预制构件生产组织管理

预制构件 RFID 编码体系的设计在构件生产阶段需要对构件置入 RFID 标签，标签内包含构件单元的各种信息，以便在运输、存储、施工吊装的过程中对构件进行管理。由于装配式建筑结构所需构件数量巨大，要想准确识别每个构件，就必须给每个构件赋予唯一的编码。所建立的编码体系不但能唯一识别单一构件，而且能从编码中直接读取构件的位置信息。因此施工人员不仅能自动采集施工进度信息，还能根据 RFID 编码直接得出预制构件的位置信息，确保每个构件都被安装在正确的位置。

（2）预制构件运输组织管理

在构件生产阶段为每个预制构件加上 RFID 电子标签，将构件码放入库，根据施工顺序，将某一阶段所需的构件提出、装车，这时需要用读写器扫描，记录出库的构件及其装车信息。运输车辆上装有 GPS 系统，可以实时定位监控车辆所到达的位置。到达施工现场以后，扫码记录，根据施工顺序卸车、码放入库。

（3）预制构件装配施工组织管理

在装配式建筑的装配施工阶段，BIM 与 RFID 结合可以发挥较大作用的有两个方面，一是构件存储管理，二是施工进度控制。两者的结合可以对构件存储管理和施工进度控制实现实时监控。在此阶段，以 RFID 技术为主，追踪监控构件吊装的实际进程，并以无线网络即时传递信息，同时配合 BIM，可以有效地对构件进行追踪控制。RFID 与 BIM 结合的优点在于信息准确丰富，传递速度快，减少人工录入信息可能造成的错误。使用 RFID 标签最大的优点就在于其无接触式的信息读取方式，在构件进场检查时，甚至无需人工介入，只需设置固定的 RFID 阅读器，只要运输车辆速度满足条件，就可采集数据。

（4）工程进度控制组织管理

在进度控制方面，BIM 与 RFID 的结合应用可以有效地收集施工过程进度数据。首先，利用相关进度软件对数据进行整理和分析，并可以对施工过程应用 4D 技术进行可视化的模拟；其次，将实际进度数据分析结果和原进度计划相比较，得出进度偏差量；最后，进入进度调整系统，采取调整措施加快实际进度，确保总工期不受影响。在施工现场中，可利用手持或固定的 RFID 阅读器收集标签上的构件信息，管理人员可以及时地获取构件的存储和吊装情况的信息。通过无线感应网络，这些进度信息被及时传递，并与计划进度进行比对，从而帮助管理人员更好地掌握工程的实际进度状况。

（5）预制构件吊装施工组织管理

在装配式建筑的施工过程中，通过 RFID 和 BIM 将设计、构件生产、建造施工各阶段紧密地联系起来，不但解决了信息创建、管理、传递的问题，而且 BIM 模型、三维图纸、装配模拟、采购、制造、运输、存放、安装的全程跟踪等手段，为工业化建造方法的普及奠定了坚实的基础，对于实现建筑工业化有极大的推动作用。

（6）施工质量信息化管理

利用手持平板计算机及 RFID 芯片，开发施工管理系统，可指导施工人员通过吊装定位实现构件参数属性查询、施工质量指标提示等，将竣工信息上传到数据库，做到施工质量记录可追溯。

7.1.3　智慧工地技术应用

智慧工地聚焦工程施工现场，紧紧围绕人、机、料、法、环等关键要素，综合运用 BIM 技术、物联网、云计算、大数据、移动和智能设备等硬件信息化技术，与一线生产过程相融合，对施工生产、技术管理、合同管理和信息管理等过程加以改造，提高工地生产的生产效率、管理效率和决策能力等，实现工地的数字化、精细化、智慧化管理。

智慧工地的服务内容主要包括数字化应用、设计管理、进度管理、质量管理、材料管理、设备管理、安全管理、环境管理等。以 iBuilding3D 智能建造平台为例，该平台采用云数据、物联网、移动互联、BIM 三维可视等技术，基于 iBuilding3D 参数化图形引擎和管理结构化引擎，助力工程项目实现人、机、料、法、环全景数字化，提供智能建造、智慧管网、数字城市等数字化解决方案，用数字技术为行业创造价值。该平台以 CityBase 建筑产业互联网平台为基础，以工程项目流程管理为纽带，衔接各参建单位，记录过程行为数据，做到过程数据可查询、过程数据不可逆、过程问题可溯源，打通工程数据的"毛细血管"；以使用物联网技术为工程项目采集实时数据为手段，打破数据传递的时间与空间壁垒，并通过实时数据分类算法处理，分类实时质量数据、安全数据、材料数据等，打通数据传递的时间、空间间隔，并通过结构化数据引擎深度挖掘项目现场数据价值。

智慧工地的整体架构及业务功能清单如图 7-4 和图 7-5 所示。

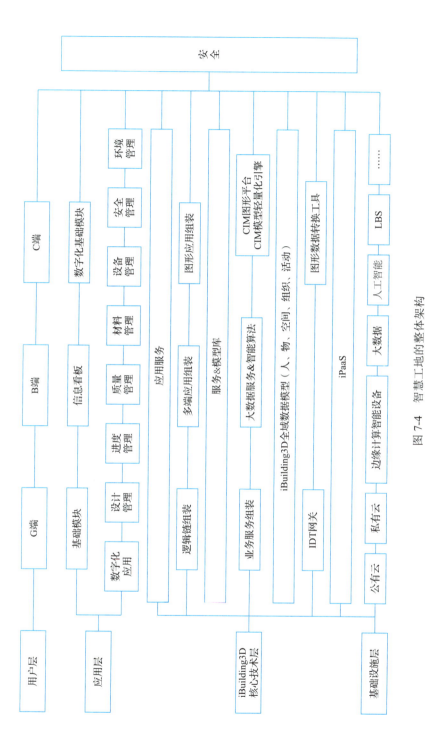

图 7-4　智慧工地的整体架构

注：在本图中，CIM 的全称是 city information modeling，即城市信息模型；IDT 的全称是 integrated device technology，即集成装置技术；IPaaS 的全称是 integration platform as a service，即集成平台即服务；LBS 的全称是 location based services，即基于位置的服务。

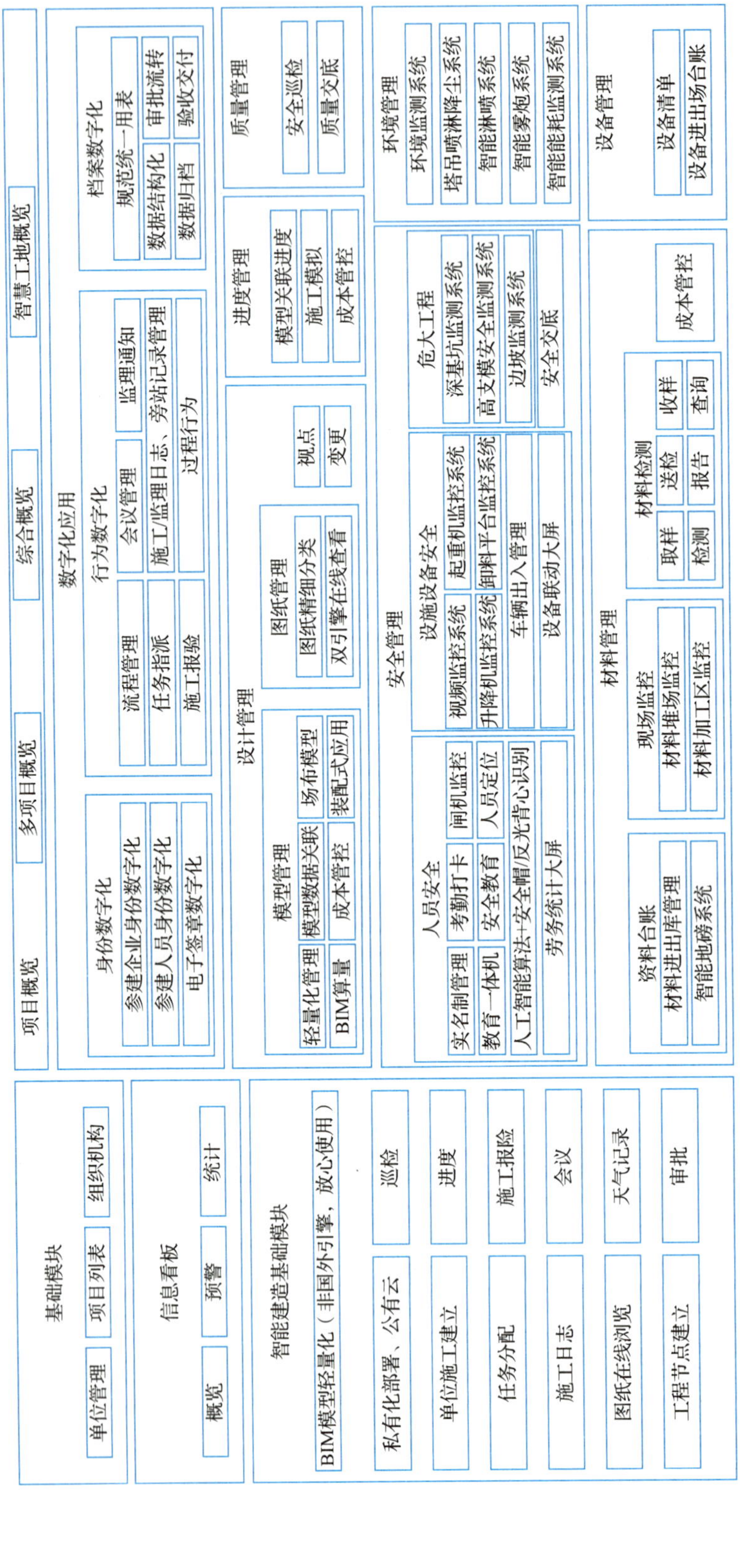

图 7-5 智慧工地的业务功能清单

智慧工地概览

项目概览　多项目概览　综合概览

数字化应用

身份数字化
- 参建企业身份数字化
- 参建人员身份数字化
- 电子签章数字化

档案数字化
- 规范结构化
- 数据结构化
- 数据归档
- 规范统一用表
- 审批流转
- 验收交付

行为数字化
- 流程管理
- 任务指派
- 施工报验
- 会议管理
- 监理通知
- 施工/监理日志、劳务记录管理
- 过程行为

设计管理

模型管理
- 轻量化管理
- BIM算量
- 模型数据关联
- 场布模型
- 成本管控
- 装配式应用

图纸管理
- 图纸精细分类
- 双引擎在线查看
- 视点
- 变更

进度管理
- 模型关联进度
- 施工模拟
- 成本管控

质量管理
- 安全巡检
- 质量交底

环境管理
- 环境监测系统
- 塔吊喷淋降尘系统
- 智能淋喷系统
- 智能雾炮系统
- 智能能耗监测系统

设备管理
- 设备清单
- 设备进出场台账

安全管理

人员安全
- 实名制管理
- 教育一体机
- 人工智能算法+安全帽/反光背心认识
- 考勤打卡
- 安全教育
- 劳务统计大屏
- 闸机监控
- 人员定位

设施设备安全
- 视频监控
- 升降机监控系统
- 车辆出入管理
- 设备联动大屏
- 起重机监控系统
- 卸料平台监控系统

危大工程
- 深基坑监测系统
- 高支模安全监测系统
- 边坡监测系统
- 安全交底

材料管理

现场监控
- 材料堆场监控
- 材料加工区监控

资料台账
- 材料进出库管理
- 智能地磅系统

材料检测
- 取样
- 检测
- 送检
- 报告
- 收样
- 查询

成本管控

基础模块

单位管理
- 项目列表
- 组织机构

信息看板
- 概览
- 预警
- 统计

智能建造基础模块
- BIM模型轻量化（非国外引擎，放心使用）

- 私有化部署、公有云
- 单位施工建立
- 任务分配
- 施工日志
- 图纸在线浏览
- 工程节点建立
- 巡检
- 进度
- 施工报险
- 会议
- 天气记录
- 审批

1. 智慧工地的数字化应用

（1）身份数字化

1）参建企业身份数字化。该平台可对建设"五方主体"进行信息录入和权限分配，将项目信息及项目各参建单位信息（单位全称、统一社会信用代码、营业执照等）提交至政府监管平台进行审核，审核通过后会将企业信息保存至监管数据库。

2）参建人员身份数字化。登录该平台后，项目参建单位管理人员可对相关参建人员进行账号建立。项目管理人员登录 APP 后，须进行实名认证（身份认证、证书认证等）并提交相关信息至建设行政主管部门平台进行审核，审核通过后会将人员信息保存至建设行政主管部门数据库。实名认证如图 7-6 所示。

3）电子签章数字化。当在建设行政主管部门平台完成认证审核后，即可申领企业签章和个人签章。

企业签章包含企业公章和项目章，已完成审核的单位可以上传企业签章图片并选择已完成审核的使用人，该使用人拥有调用企业电子签章的权限。个人签章包含电子名字章和个人执业印章，已完成审核的用户可以在 APP 上进行手写签名或者上传图片。

该平台采用电子签章加实名认证的方式对资料进行在线签审。签约后数据会同步存证至蚂蚁链上有效防篡改，确保签约内容真实可信；并无缝对接工程项目数字化管理平台，保障过程资料真实有效。同时，按照《建筑工程资料管理规程》（JGJ/T 185—2009）的

图 7-6　实名认证

管理要求，全面实现"工程项目资料数字化管理"。电子签章数字化如图 7-7 所示。

（a）流程审批

（b）人脸识别验证

（c）在线签章

图 7-7　电子签章数字化

（2）行为数字化

行为数字化主要以流程引擎为核心衔接工地现场中的人、时间、事件、行为等过程数据，真实有效地记录并反映工程实际问题，形成结构化数据为工程项目数字化管理提供数

据支撑服务。

1）流程管理。流程管理主要包含数十个模块，是记录各参建方过程行为的主要应用，包含通知指令、会议管理、任务指派、监理通知、监理月报、施工日志、监理日志、文件管理、旁站记录、质量检查、施工报验、安全巡检、工序验收、实测实量等。

流程管理模块数据除记录存储外，经过数据挖掘后还会以结构化数据的形式为工程项目数字化管理系统提供服务，满足相关要求。流程管理如图 7-8 所示。

2）任务指派。根据编制的计划对任务进行指派，执行人完成后进行回复，发起人对任务进行验收检查。任务能够绑定进度、人员，实现 BIM、进度、施工的数据关联。

3）施工报验。在每个工程完成后，施工单位会及时报告监理工程师到场检查和签字认可。该平台会将数据统一上传至后台，用户可看到每项工程的报验人、报验时间、报验状态等，确保每道工序都处于受控状态。

4）会议管理。对项目会议行为过程进行记录，管理过程中的各类会议（项目例会、技术专题会、讨论会等），支持会议流程发起、参会人员通知、签到打卡、会议纪要提交、会议内容确认和会议归档等功能。

5）监理通知。通过移动端完成工作联系单、监理通知单、暂停令、整改通知及其他类通知，以及整改问题的发起、指向、整改、复检等流程，结合电子签章，在线完成整改及回复；通知单可在线打印，过程问题可关联 BIM、图纸，并支持标注功能，确保问题直观呈现，降低沟通成本。监理指令数字化如图 7-9 所示。

图 7-8　流程管理

图 7-9　监理指令数字化

6）日志管理。该平台可记录项目整个施工阶段的施工日志、监理日志、旁站记录等有关施工活动和现场情况变化的真实的综合性记录，形成处理施工问题的备忘录和总结施工管理经验的素材，经完善成为工程交竣工验收资料的重要内容。

（3）档案数字化

1）规范统一用表。该平台内置统一、完整的施工用表，保证资料表格体系的完整性；并内置检验批数据评定标准，帮助企业进行质量评定及管控；支持转存结构化表格数据，为数据的综合查询利用提供服务。

检验批工程完工后，质检人员携带移动终端设备到现场验收实测数据，将其输入移动终端并拍照，上传数据到后台自动生成检验批验收资料。同时，验收数据将同步上传至后台数据库，这样极大解决了时效性问题，并保证了数据的真实、准确、可靠。

2）数据结构化。工程资料与过程协同相辅相成，工程日常行为的管理数据与资料档案进行互通，通过自动化、智能化的方式对结构性表格进行数据填充，形成真实可靠、具备关联性及可溯源的工程数据资料。结构化数据电子档案如图 7-10 所示。

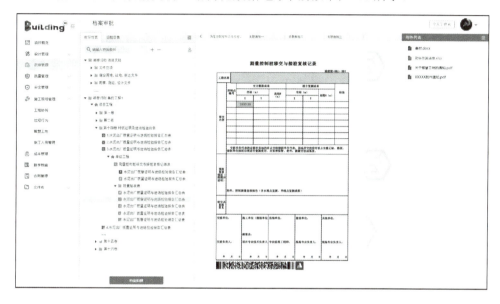

图 7-10　结构化数据电子档案

3）审批流转。项目现场业务繁多，流程复杂，容易产生行为、审批不规范等问题。通过流程管理模块，可以为参建单位、岗位和人员定义规范的审批流程。有效实施工作流程管理，将有助于提升项目现场的管理效率，规范管理行为。

4）数据归档。该平台会为项目提供建设行政主管部门统一要求用表，各单位通过手机完成过程行为数据的填写、上传、审批，审批通过后的工程数据会按照建筑工程资料管理规则自动归档。

5）验收交付。验收任务统一分配，现场平板终端在线验收。分部（分项）工程权重灵活配置，自动计算各项评分，生成最终结果。验收得分、照片、视频等数据存留可溯源。验收结果生成报告，融合电子签章，在线会签生效归档。

2. 智慧工地的设计管理

（1）模型管理

1）轻量化管理。平台模型可分专业浏览，也可将多个模型拼合成一个完整场景进行轻量化浏览，同时可对模型进行测量、漫游、剖切、拆分等操作。

该平台可进行模型标准化管理，自动匹配规范要求，提前预审模型的完整性与规范性，最大程度地完善构件的属性信息，填补模型因转换而丢失的或缺少数据，满足相关需求。

2）模型数据关联。

① 模型导入。提供 BIM 信息交换接口，实现 BIM 的导入、导出，支持 RVT、DWG

等 30 多种格式文件轻量化转换，支持多层级自定义专业结构组合展示。

② 模型展示。支持旋转、平移、缩放、全屏、框选、聚焦、剖切、分解、剥离、隔离、测量、标注、漫游、绑定/解绑等功能操作。

③ 模型变更管理。各专业模型独立管理模型版本，支持版本对比查看、模型变更内容查看。

④ 模型数据展示。各大模块的数据交互集成，基于 BIM 进行三维可视化展示，选择模型构件可直观查看该构件的关联人员、材料、验收单、过程检查记录等全生命周期数据。

模型数据关联如图 7-11 所示。

图 7-11　模型数据关联

3）场布模型。综合项目数据分析，通过图表查看项目的实时数据情况，通过 BIM 查看项目的施工进度及设备的运行情况。

项目现场有施工场地布置的信息化模型及智慧工地设备信息，并可进行三维展示。

4）BIM 算量。平台模型与算量数据无缝集成，清单智能匹配，工程量数据自动汇总，可进行智能分析。

5）成本管控。该平台利用 BIM 的丰富信息支持土建、钢筋、安装等多专业算量，通过分布式计算及存储让算量更快、更准、更安全；通过数据服务接口，关联物料和计划模块，以 BIM 为中心，实现对计划、物料及工程量的关系管控。

6）装配式应用。

① 生成构件二维码。根据 BIM 建模规则，建立标准的信息采集、过程跟踪 BIM。将预制装配模型上传至建筑信息服务与监管平台，每个构件自动生成专属二维码，实现对构件全过程的质量追溯。

② BIM 清单算量。每个建筑元素的位置和数值都准确，可直接导出构件加工图，图模联动，指导构件生产。

③ 过程跟踪。通过平台BIM管理模块，直观查看装配式构件的生产、运输及使用状态。

（2）图纸管理

1）图纸精细分类。支持二维图纸按建筑、结构、水电等专业类型进行分类，并可快速、准确地找到相应图纸，便于精细化管理，如图 7-12 所示。

图 7-12　图纸精细分类

2）双引擎在线查看。图模一致，支持双引擎在线同时查看模型和图纸，并通过移动互联进行图纸测量、问题点标注、视图分享等操作，实现协同作业，如图 7-13 所示。

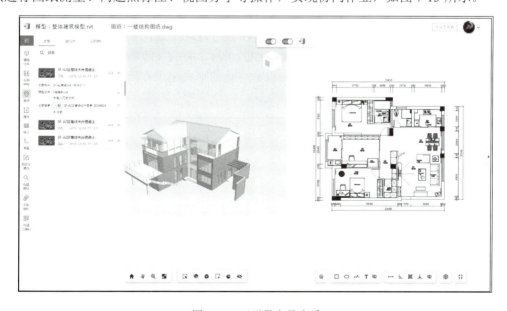

图 7-13　双引擎在线查看

（3）变更

该平台支持对图纸进行变更（添加、查看、管理等），同时支持附件的绑定，用于处理设计、施工阶段图纸和现场的一些变更问题，并可对工程全过程的变更进行分类存档，用于后期统计。

3. 智慧工地的质量管理

（1）安全巡检

通过移动互联完成关于质量、安全的巡检工作，生成整改通知单。根据巡检情况划分隐患等级，并向关联人员发起事件通知，形成闭环管理，巡检过程有计划、有内容、有结果、有审核、有依据，显著提高巡检的质量和效率。安全巡检如图 7-14 所示。

图 7-14　安全巡检

（2）质量交底

该平台可对设计图纸、施工技术等质量标准进行现场交底，使施工人员对工程特点、质量要求、施工方法与措施等方面有全面详细的了解，有效保障项目施工与落地。同时，该平台将交底的时间、地点、人员与内容以数字化的形式记录存档，形成工程质量档案。质量交底如图 7-15 所示。

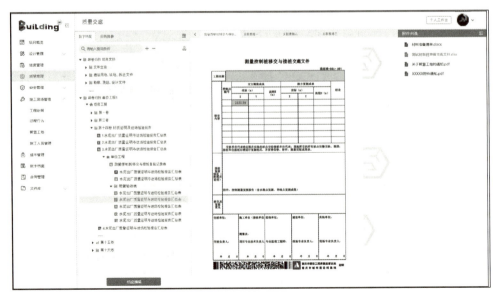

图 7-15　质量交底

4. 智慧工地的进度管理

（1）模型关联进度

在图模对照中，可手动将进度计划与模型进行关联，以辅助施工管理。

关联后，可通过单击进度计划打开与之有关联关系的模型，并高亮显示关联的构件；基于进度和模型的关联关系形成施工模拟；在模型着色模式中，模型可根据关联的进度状态显示不同颜色。进度计划与模型关联如图 7-16 所示。

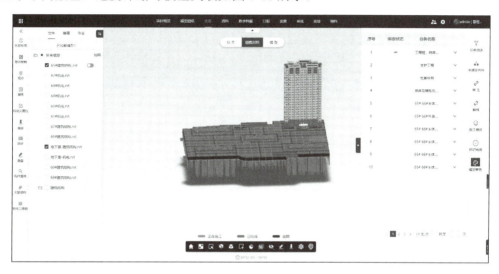

图 7-16　进度计划与模型关联

（2）施工模拟

在图模对照中完成进度计划绑定后，可以选择施工模拟进行演示播放，施工模拟可以调整模拟时间段、播放速度及计划/实际施工进度，播放过程中会显示当前的详细进度信息。

（3）成本管控

该平台以 BIM 为数据载体，贯穿工程算量、计划管理、物料管理等模块，用户能够根据进度情况灵活查询及比对预算量和实际消耗量，为工程核算及过程管控提供数据依据。

5. 智慧工地的安全管理

（1）人员安全

1）实名制管理。该平台可对现场人员进行实名信息采集，对接大数据中心，认证人员信息及关联相关资质。

2）考勤打卡。现场人员经过实名认证后，系统提供移动端定位打卡、闸机人脸识别考勤等方式，并进行考勤统计，生成报表。

3）安全教育。平台可对接人员教育系统，为现场人员提供安全教育培训及在线考试服务，培训合格人员数据自动关联至实名制模块，根据培训结果确认人员是否进场。安全培训记录如图 7-17 所示。

图 7-17　安全培训记录

4）安全帽识别。该平台基于视频流的智能图像识别系统，利用最新的深度学习与大数据技术，采用人工智能算法，可进行安全帽佩戴识别、工服穿戴检测，并能实时监控识别和语音自动提醒，有效规范现场作业人员安全穿戴。

（2）设施设备安全

1）视频监控系统。该平台采用先进的计算机网络通信技术和视频监控技术，实时监测施工现场安全防护管理及安全措施的落实情况，有效监控施工作业面的各安全要素，消除施工安全隐患，加强和改善建设工程的安全与质量管理。视频监控系统如图 7-18 所示。

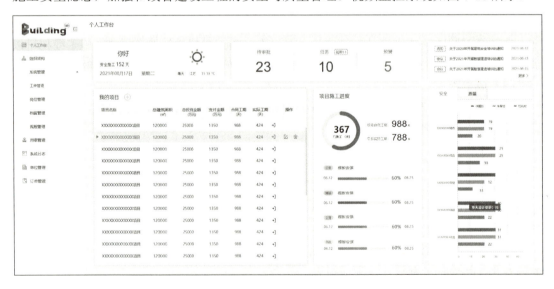

图 7-18　视频监控系统

2）起重机监控系统。该平台以在线监控系统平台为支撑，通过高度、角度、回转、吊重、风速等传感采集设备，结合移动通信与无线通信，实时将塔式起重机运行全过程数据留存并传输至塔吊黑匣子上，可有效预防塔式起重机超重超载、碰撞、倾覆等安全事故隐患。该平台还可利用人脸识别技术，实现特种设备操作人员的规范管理，杜绝人员不安全行为。塔式起重机安全监控如图 7-19 所示。

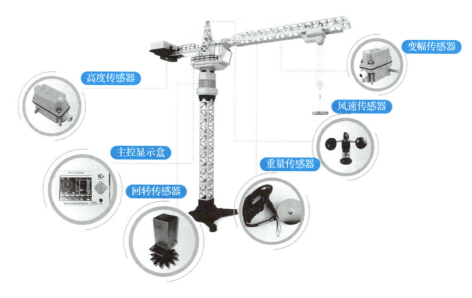

图 7-19　塔式起重机安全监控

3）升降机监控系统。该平台通过维保周期智能化提醒模块，实现维保常态化监管，有效防范施工升降机出现安全隐患；结合无线通信模块，可实时将施工升降机运行全过程数据传输并留存至升降机黑匣子及云平台上，实现数据事后留痕可溯可查。

4）卸料平台监控系统。该平台实时采集卸料平台斜拉绳的拉力，计算、分辨出当前状态。若遇异常情形，则进行声光提醒，并通过物联网上传数据到云平台，可有效预防事故发生，并便于事故溯源。

5）设备联动大屏。该平台监控现场设施设备实时反馈的转动、升降等数据，驱动大屏模型同步变换，真实反馈重大设备运作情况。

6. 智慧工地的材料管理

（1）材料进出库管理

该平台提供商品混凝土、钢筋加工半成品等材料信息录入功能，得到录入材料，从而形成进销存台账记录，实现材料可追溯，便于出入库管理。材料进出库管理如图 7-20 所示。

图 7-20　材料进出库管理

（2）现场监控

在材料堆场及加工区安装红外高清摄像机，全天候监控材料的取用与还回；同时，可监测材料堆放的规范性、是否有陌生人员侵入、加工与操作是否安全等，防范安全隐患。

（3）材料检测

通过与原材料出入库系统、第三方检测机构系统对接，实现自动抓取原材料二维码标签信息，自动与送样二维码信息保持一致，实时反馈检测结果，并将材料基本信息和检测报告归档留存。其他参建单位可在后台实时查询、追踪、监督及管理，真正实现材料检测的透明化管理和全程可溯源。

7. 智慧工地的设备管理

（1）设备清单

该平台建立大型机械、特种设备及关键设备的"一机一档"，以及中小型设备机具的设备管理清单，详细记录设备类型、设备序列号、别名、参数、图片附件等信息，在后台形成数字文档，方便统一管理。

（2）设备进出场台账

该平台按照分类管理原则，对项目现场大型设备的进出场信息（如设备名称、进场时间、出场时间、使用人等）进行在线登记管理，保障施工设备财产安全。设备管理台账如图 7-21 所示。

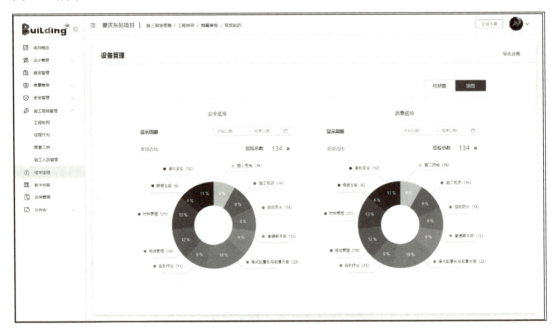

图 7-21　设备管理台账

8. 智慧工地的环境管理

（1）环境监测系统

该平台基于物联网技术实现对施工现场 PM2.5、温度、湿度、风速、扬尘等环境因素的实时监控，并将监测数据传输至智慧工地云平台，与环境治理系统联动。环境监测系统如图 7-22 所示。

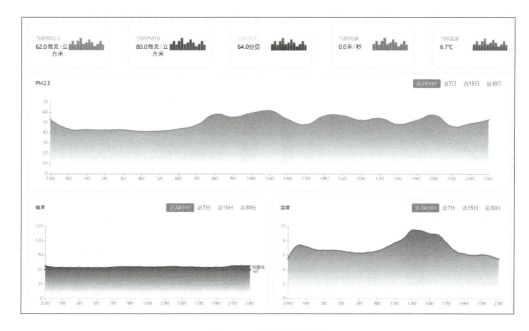

图 7-22　环境监测系统

（2）智能能耗监测系统

该平台通过智能水表、电表对施工现场各区域的能耗进行管控，并生成统计报表，指导施工过程中的能耗控制。

（3）塔吊喷淋降尘系统

该平台通过操作主机的控制器启动喷淋水泵形成喷雾，可有效吸附空气中的灰尘颗粒和杂质，控制工地扬尘不往外扩散；同时，联动环境监测系统，当施工现场监测值超出阈值后，会自动开启智能喷淋系统进行降尘处理，有效控制降尘。

7.2　装配式建筑施工组织管理特点

▍7.2.1　装配式建筑与传统现浇建筑的不同点

装配式建筑作为由工厂生产的预制构件和部品在现场装配而成的建筑，与传统现浇建筑有很多不同。

1．建筑预制构件生产方式不同

与传统现浇框架或剪力墙结构相比，装配式建筑的生产方式发生了根本性的变化，由过去的以现场手工、现场作业为主，向工业化、专业化、信息化生产方式转变。相当数量的建筑承重或非承重的预制构件和部品由施工现场现浇转为工厂化方式提前生产，形成专业工厂制造和施工现场建造相结合的新型建造方式，全面提升建筑工程的质量效率和经济效益。预制构件生产场区布置如图 7-23 所示，预制构件生产实景如图 7-24 所示。

图 7-23　预制构件生产场区布置　　　　图 7-24　预制构件生产实景

2. 建筑设计方式不同

装配式建筑深化建筑设计，区别于传统设计深度的要求。具体体现在：预制构件深化图纸设计水平和完整性很高，预制构件设计与制作工艺结合程度深度融合，预制构件设计与运输、吊装、施工装配深度融合。

3. 建设生产流程不同

建筑生产方式的改变带来建设生产流程的调整，由传统现浇混凝土环节转为预制构件工厂生产，增加了预制构件的运输与存放流程，最后在施工现场吊装就位，整体连接后浇筑形成整体结构。

7.2.2　装配式建筑招投标特点

装配式建筑招投标同传统现浇建筑招投标有较大差异。从当前市场状况分析：如果拟建工程项目预制率不高，仅仅是水平构件使用预制构件，则项目招投标时预制构件生产、运输及安装可以作为整体工程项目投标的一部分；如果拟建工程项目预制率很高，水平构件和竖向构件及其他构件均使用预制构件，则项目招投标时可以对预制构件生产、运输及安装单独进行招投标。无论是作为整体工程项目招投标的一部分还是单独进行招投标，基本要求都是相同的。

1. 投标前置条件

由于当前行业内的法律、法规对装配式建筑招投标诸多要求不够具体明确，在项目及构件采购前设置前置条件，采取间接的方式设立市场准入条件是必要的。地方建设主管部门应建立地方预制构件和部品生产使用推荐目录，以引导预制构件生产企业提高质量管理水平，使预制构件生产管理逐步标准化、模数化，保障构件行业健康发展。

2. 招投标环节关键节点

根据工程建设项目开发建设的规律，项目获批前及招投标环节是确立相应主体的关键节点，在关键节点上应设置质量管理要求，促使预制构件和部品构件生产使用推荐目录落实到具体工程。同时，要保证有相应预拌混凝土生产资质的企业中标生产，引导有实力的企业提供高质量产品。

3. 预制构件招标前置条件

预制构件生产企业的企业资质、生产条件、质量保证措施、财务状况、质量管理体系都会对构件的质量产生影响，因此建设单位或施工单位对投标的预制构件生产企业设置如下条件。

1）预制构件生产企业须具备《中华人民共和国政府采购法》规定的条件。

2）预制构件生产企业须注册于中华人民共和国境内，取得营业执照；住房和城乡建设部已经取消预制构件生产资质要求，因此预制构件生产企业应当具备预拌混凝土专业企业资质，并且企业质量保证体系应满足地方规定条件。

3）预制构件生产企业生产的预制构件应有质量合格证，产品应符合国家、地方或经备案的企业标准。

4. 投标文件的技术标特点

投标文件的技术标中应有施工组织设计，还要有生产预制构件专项方案、预制构件运输专项方案和施工安装专项方案。生产预制构件专项方案中应介绍生产机械、模具、钢筋及混凝土制备情况，预制构件的养护方式及堆放情况；预制构件运输专项方案中应介绍运输对象情况，预制构件的装车与卸车要求，道路、场外运输情况及施工现场运输方案，运输过程中的安全管理及成品保护；施工安装专项方案中应充分考虑预制构件安装的单个构件重量、形状及就位位置，选择的吊装施工机械的型号及数量，预制构件安装同后浇混凝土之间的穿插及协调工序，竖向构件或水平构件的支撑系统的选择及使用要求，预制构件或部品的生产周期、现场运输、安装周期的特点。

5. 投标文件的商务标特点

在工程造价方面，由于装配式建筑工程竣工项目偏少，装配式建筑造价各地尚有明显差异，现行《建设工程工程量清单计价规范》（GB 50500—2013）及计价定额没有专门对装配式建筑进行分部分项划分，未体现特征、工程量计算规则等具体内容，生产预制构件的人工费、材料费、机械费、运输费如何计取和摊销有待于更多的工程总结。当前市场上生产预制构件一般是以立方米作为计价单位，其中的材料费包括混凝土、钢筋、模板及支架、保温板、连接件、水电暖通、弱电系统的预留管、盒等的费用，计取安装机械费及安全措施费应充分考虑装配式建筑的特点。

▌7.2.3　装配式建筑设计特点

装配式建筑设计是工程项目的起点，对于项目投资和整体工期及质量起到决定性作用，它比传统现浇建筑设计增加了深化设计环节和预制构件的拆分设计环节，目前多由构件生产企业完成，或由设计单位完成深化设计图纸的工作。装配式建筑设计的特点是，在设计阶段需要高度融合建筑、结构、给排水、供暖、通风空调、强电、弱电等专业内容，同时考虑部分预制构件或装饰部品的提前生产、加工及运输需求。在生产预制构件时，应当提前考虑包含水电暖通、弱电等专业系统的需求，仔细考虑施工现场预制构件吊装安装、固定连接位置和构造要求，以及同后浇混凝土的结合面平顺过渡的问题。因此，施工组织管理应提前介入施工图设计、深化设计和构件拆分设计，使设计差错尽可能少，生产的预制构件规格尽可能少，预制构件重量同运输和吊装机械相匹配，施工安装效率高，模板和支撑系统便捷，建造工期适当缩短，建造成本可控并同现浇结构相当。

7.2.4 现场平面布置特点

由于预制构件型号繁多，预制构件堆场在施工现场占有较大的面积，项目部应留出足够的预制构件堆放场地，合理有序地对预制构件进行分类堆放。这对于减少使用施工现场面积、加强预制构件成品保护、缩短工程作业进度、保证预制构件装配作业工作效率、构建文明施工现场具有重要的意义。

1. 预制构件堆场布置原则

施工现场预制构件堆场平整度及场地地基承载力应满足强度和变形的要求。

2. 混凝土预制构件堆放方式

预制墙板宜通过专用插放架或靠放架采用竖放的方式。预制梁、预制柱、预制楼板、预制阳台板、预制楼梯均宜采用多层平放的方式。预制构件应标识清晰，按规格型号、出厂日期、使用部位、吊装顺序分类存放，方便吊运。预制墙板竖放实景如图 7-25 所示，预制钢筋桁架板堆放如图 7-26 所示。

图 7-25　预制墙板竖放实景

图 7-26　预制钢筋桁架板堆放

7.2.5 运输机械及吊装机械特点

由于预制构件往往较重较长，传统的运输机械及吊装机械无法使用，一般工程采用专用运输车辆运输预制构件。现场工程往往根据预制构件重量和所处位置确定起重吊装机械，如塔式起重机、履带式起重机、汽车式起重机，也可以根据具体工程情况特制专用机械。根据高效共用原则，部分传统现浇结构使用的钢筋、模板、主次楞、脚手架等材料也要使用同类吊装机械运输就位。只有综合考虑机械使用率，才能降低机械费用。

7.2.6 施工进度安排及部署特点

装配式建筑施工进度安排同传统现浇建筑不同，应充分考虑生产厂家的预制构件及其他材料的生产能力。针对所需预制构件及其他部品，应提前 60 天以上同生产厂家沟通并订立合同，分批加工采购，充分预测预制构件及其他部品运抵现场的时间，编制施工进度计划，科学控制施工进度，合理安排计划，合理使用材料、机械、劳动力等，动态控制施工成本费用。

装配式建筑的施工过程应考虑预制构件安装和现浇混凝土施工科学、合理、有序地穿插进行。当单位工程预制率较低时，可采用流水施工；当单位工程预制率较高时，以预制构件吊装安装工序为主安排施工计划，使相应专业操作班组之间实现最大限度的搭接施工。预制剪力墙结构样板示意如图 7-27 所示，剪力墙结构施工实景如图 7-28 所示。

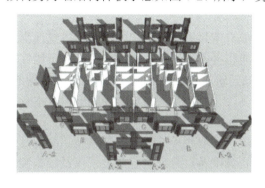

图 7-27　预制剪力墙结构样板示意　　　　图 7-28　剪力墙结构施工实景

7.2.7　技术管理及质量管理特点

1. 技术管理特点

在装配式建筑施工组织设计中，装配式施工专项方案的编制必不可少。编制的内容要突出装配式结构安装的特点，对施工组织及部署的科学性、施工工序的合理性、施工方法选用的技术性和经济性、实现的可能性进行科学的论证。最终目标是科学合理地指导现场，组织和调动人、机、料、具等资源，以满足装配式安装的总体要求，并针对一些技术难点提出解决方案。

装配式建筑结构施工图会审同传统现浇建筑结构施工图会审不同，前者的重点应在预制构件生产前，通过深化或拆分构件图纸环节，审查是否将结构、建筑、水、暖、通风、强电、弱电及施工需要的各种预留预埋等均在同一张施工图中展现。预制构件安装专项技术交底的重点是预制构件吊装安装要求，主要关注钢套筒灌浆、金属波纹管套筒灌浆、浆锚搭接、钢筋冷挤压接头、钢筋焊接接头等技术细节。

2. 质量管理特点

装配式建筑施工将原本在施工现场完成的作业转移到工厂进行，因而装配式建筑的质量管理与传统现浇建筑的质量管理有所不同，主要表现在预制构件的生产和运输过程中。

装配式建筑施工过程有其特有的质量管理对象。第一，预制构件进场检验：施工单位需要对进场的预制构件进行生产资料的检查，对预制构件的外观、尺寸及预留预埋部分进行检查，以确保预制构件的质量。第二，预制构件吊装：在预制构件大规模吊装前，应选择标准单元进行预制构件试安装，根据试安装结果调整施工工艺。第三，过程质量控制：包括墙体定位线检查、墙体安装质量检查及现浇结点检查等相关工作。装配式建筑工程在质量控制方面具有质量管理工作前置、设计更加精细化、工程质量更易于保证及信息化技术应用广泛等特点，这些特点使质量管理过程更加透明、细致、可追溯。

质量管理应根据现行质量统一验评标准中的主控项目和一般项目要求，结合产业化工程特点设置具体管理内容，应有施工单位、监理单位驻场建造预制构件或部品的过程。施工现场应充分考虑竖向构件安装时的构件位置、构件垂直度，水平构件的净高、位置，后浇构件中钢筋、模板、混凝土诸分项的质量及同相邻预制构件的结合程度，预制构件中水电暖通线管、盒、洞位置，以及同现浇混凝土部分中线管、盒、洞的关联关系。

7.2.8　工程成本控制特点

装配式建筑造价构成与传统现浇建筑造价构成有明显差异，装配式工艺与传统现浇工艺有本质的区别，建造过程不同，建筑性能和品质也会不一样，二者的成本没有可比性。从全局和整体思考，为了达到绿色环保目的和提高建筑品质，适当增加造价也是能接受的。随着建筑产业化技术不断进步，工程项目不断增多，预制构件规格进一步统一，成本会逐渐下降。

因此，施工管理人员可根据工程项目各个阶段，采取相应的成本控制措施。决策及设计阶段成本控制措施主要包括做好充足的技术及资源准备、合理确定建设规模及预制装配率、优选设计单位、强化设计管理等。构件生产阶段成本控制措施主要包括提升技术水平、提高生产效率、降低运输成本、提高运输效率等。施工阶段成本控制措施主要包括强化组织管理并建立造价组织机构，加强材料管理，加强施工机械管理，加强合同、变更、签证和索赔管理等。

 装配式建筑施工组织管理要点

7.3.1　质量管理要点

1.　构件吊装质量管理

（1）施工准备

1）装配式建筑施工前，施工单位应准确理解设计图纸的要求，掌握有关技术要求及细部构造，根据工程特点和有关规定进行结构施工复核及验算，编制装配式混凝土专项施工方案，并进行施工技术交底。

2）装配式建筑施工前，应由相关单位完成深化设计，并经原设计单位确认，施工单位应根据深化设计图纸对预制构件施工预留和预埋进行检查。施工现场应具有健全的质量管理体系、相应的施工技术标准、施工质量检验制度和综合施工质量控制考核制度。

3）应根据装配式建筑工程的管理和施工技术特点，对管理人员及作业人员进行专项培训，严禁未经培训或培训不合格的人员上岗。

4）应根据装配式建筑工程的施工要求，合理选择并配备吊装设备；应根据预制构件存放、安装和连接等的要求，确定安装使用的工器具方案。

5）设备管线、电线、厨房配件等装修材料的水平和垂直起重，应按经修改编制并批准的施工组织设计文件（专项施工方案）的具体要求执行。

（2）构件试安装

在预制构件大规模吊装前，应选择标准单元进行预制构件试安装，根据试安装结果调整施工工艺。例如，构件之间的连接方式应根据实际情况从后浇混凝土连接、钢筋套筒灌浆连接、钢筋浆锚搭接连接及金属波纹管浆搭接连接中进行选择。

（3）预制柱安装质量控制

1）预制柱安装前，应将安装位置表面清理干净，不得有垃圾。

2）预制柱落位应缓慢进行，确保钢筋准确地插入预留孔中。钢筋位置不对时，应进行调整，严禁切断。

3）预制柱安装时，应根据安装方向、预留预埋位置正确安装，确保安装后灌浆孔、斜支撑及预留预埋线盒线管等的位置准确。

4）预制柱安装前，应校核轴线、标高，以及连接钢筋的数量、规格、位置。吊装时，控制好预制柱标高、水平位置。安装完成后，对柱体垂直度进行检查调整。

5）预制柱的临时支撑应在套筒连接器内的灌浆料强度达到设计要求后拆除；当设计无具体要求时，混凝土或灌浆料达到设计强度的 75% 以上方可拆除。

（4）预制墙板安装质量控制

1）确定预制构件安装顺序及连接方式时，应保证施工过程中结构构件具有足够的承载力和刚度，并应保证结构整体的稳定性。

2）预制墙板安装过程用到的临时支撑和拉结件，应具有足够的承载力和刚度；其拆除应在结构达到后续施工承载力要求后进行。

3）预制墙板安装前，应将结合面清理干净。

4）预制墙板落位应缓慢进行，确保钢筋准确地插入预留孔中。钢筋位置有偏差时，应进行调整，严禁切断。

5）预制墙板安装时，应根据安装方向、预留预埋位置正确安装，确保安装后灌浆孔、斜支撑及预留预埋线盒线管等的位置准确。

6）吊装时，控制好预制墙板标高、水平位置。安装完成后，对墙体垂直度进行检查调整。

7）安装完成的预制墙板应有成品防护措施，防止后续施工造成破坏或者污染。

（5）预制梁安装质量控制

1）楼层上下层钢支柱应在同一中心线上，独立钢支柱水平横纵向连接头应与梁底脚手架承重支撑的水平横纵杆连接。

2）调节钢支柱的高度应该留出浇筑荷载所形成的变形量，跨度大于 4 米时梁中部适当位置按规定进行起拱。

3）支架立杆应竖直设置，高度为 2 米的垂直度允许偏差为 15 毫米。

4）当梁支架立杆采用单根立杆时，立杆应设置在梁模板中心线处，其偏心距不应大于 15 毫米。

（6）预制叠合楼板安装质量控制

1）预制叠合楼板安装应考虑安装方向、预留预埋位置等，确保安装后水电等预埋管（孔）位置准确。

2）应调整预制叠合楼板锚固钢筋与梁钢筋位置，不得随意弯折或切断钢筋。

3）钢筋绑扎时，穿入预制叠合楼板上的桁架，钢筋上的弯钩朝向要严格控制，不得平躺。

4）预制叠合楼板毛面在浇筑混凝土前应保持清洁湿润，不得有油污等。

5）房间进深方向预制叠合楼板间距以平面位置线为基准，在已固定好的墙柱类构件上画出预制叠合楼板房间进深方向的位置线，利用位置线控制预制叠合楼板的位置与间距。

6）房间开间、进深方向预制叠合楼板入墙位置控制：在安装好的墙柱上弹出入墙位置线，通过入墙位置线控制叠合楼板入墙位置。

7）预制叠合楼板标高控制：通过可调节独立支撑体系及支撑横梁，利用建筑 1 米控制线调整、控制预制叠合楼板标高。

8）在预制叠合楼板叠合层混凝土强度达到设计要求时，方可拆除底模及支撑。拆除模板时，不应对楼层形成冲击荷载。拆除的模板和支架宜分散堆放并及时清运。多个楼层间连续支模的底层支架拆除时间，应根据连续支模的楼层间荷载分配和混凝土强度的增长情况确定。

（7）预制楼梯安装质量控制

1）预制楼梯安装位置的梁板施工面应保持清洁，坐浆厚度要大于垫片高度。

2）预制楼梯吊装钢丝绳与吊装梁应垂直。

3）采用水平吊装时，应使踏步平面呈水平状态，便于就位。

4）预制楼梯就位后，用撬棍微调楼梯直到位置正确，搁置平实，标高确认无误，校正后再脱钩。

5）在预制楼梯预埋孔封闭前，对楼梯段板进行验收。

（8）其他质量控制措施

1）预制构件安装就位时，外观质量不应有影响结构性能和使用功能的严重缺陷，连接钢筋和套筒的主要传力部位等不应出现影响结构性能和构件安装施工的严重尺寸偏差。

2）对已出现严重缺陷和尺寸偏差的构件，应拆除并吊回地面，由施工单位提出技术处理方案，并经监理（建设）单位和设计单位认可后进行处理。只有处理合格后才能吊装施工。

3）预制构件临时固定措施应符合设计、专项施工方案要求，以及国家现行有关标准的规定。

4）装配式结构采用后浇混凝土连接时，预制构件连接处后浇混凝土的强度应符合设计要求。

5）装配式结构的钢筋接头应符合设计要求。另外，采用不同的连接方式具有不同的要求，具体内容如下。

① 当采用机械连接时，接头质量应符合现行行业标准《钢筋机械连接技术规程》（JGJ 107—2016）的要求。

② 当采用灌浆套筒连接时，灌浆应密实饱满，所有出口均应出浆，接头质量应符合现行行业标准《钢筋机械连接技术规程》（JGJ 107—2016）的要求。

③ 当采用浆锚搭接连接时，连接钢筋的直径和锚固长度、螺旋筋的直径和间距应满足设计要求，灌浆应密实饱满，所有出口均应出浆。

④ 当采用焊接连接时，宜采用双面焊，搭接长度应不小于 $5d$（d 为固定表达，指钢筋直径，其单位为毫米）；当不能进行双面焊时，方可采用单面焊，搭接长度应不小于 $10d$。

⑤ 当采用绑扎连接时，搭接长度不应小于 300 毫米，钢筋绑扎搭接接头间距及接头面积百分率应符合现行国家标准《混凝土结构工程施工质量验收规范》（GB 50204—2015）的要求。

6）后浇混凝土部分的钢筋品种、级别、规格、数量和间距应符合设计要求。

7）外墙板拼缝处的防腐和防水施工质量应满足设计要求。采取观察现场、检查施工记录和淋水试验的方法进行检验。

8）装配式混凝土结构安装完毕后，预制构件安装尺寸允许偏差应符合相关标准的要求。

2.　钢筋灌浆套筒连接质量管理

除常规原材料检验和施工检验外，在装配式混凝土结构中还应重点对灌浆料、连接接头等进行检查验收。

（1）原材料质量检验

1）灌浆料。灌浆料性能应符合《钢筋连接用套筒灌浆料》（JG/T 408—2019）的有关规定，抗压强度应符合表 7-1 所示标准，并且不应低于接头设计要求的灌浆料抗压强度。灌浆料竖向膨胀率应符合表 7-1 所示标准。灌浆料最好采用与构件内预埋套筒相匹配的灌浆料，否则需要完成所有验证检验。

表 7-1　灌浆料质量标准

检测项目	检测时间	性能指标
流动性/毫米	初始	≥300
	30 分钟	≥260
抗压强度/兆帕	1 天	≥35
	3 天	≥60
	28 天	≥85
竖向膨胀率/%	3 小时	≥0.02
	28 小时与 3 小时差	0.02～0.5

2）灌浆套筒。灌浆套筒埋入预制构件时，工艺检验应在预制构件生产前进行，检验结果应符合现行行业标准《钢筋套筒灌浆连接应用技术规程（2023 年版）》（JGJ 355—2015）的要求。

① 灌浆套筒外观应无污物、锈蚀、机械损伤和裂纹。

② 采用灌浆套筒时，连接接头提供单位应提交所有规格接头的有效检验报告。

③ 灌浆套筒进厂时，应抽取灌浆套筒检验外观质量、标识和尺寸偏差。

④ 预制构件生产前，应对灌浆套筒进行工艺检验。

⑤ 灌浆套筒及连接钢筋应采用专用卡具进行定位固定。

⑥ 钢筋连接灌浆套筒有直螺纹套筒、锥螺纹套筒及挤压套筒等。

⑦ 预制构件生产企业使用的灌浆套筒应具备有效的灌浆套筒接头形式检验报告，并且应告知施工单位所使用的灌浆套筒品牌和型号，便于施工单位选择与之匹配的灌浆料。

3）灌浆料试块。在施工现场灌浆施工中，应同时在灌浆地点制作灌浆料试块，每工作班取样不得少于 1 次，每楼层取样不得少于 3 次。每次抽取 1 组试件，每组 3 个试块，试块规格为 40 毫米×40 毫米×160 毫米。针对灌浆料强度试件，标准养护 28 天后做抗压强度试验。抗压强度应不小于 85 牛/平方毫米，并应符合设计要求。

4）坐浆料试块。当预制墙板与下层现浇构件接缝采取坐浆料处理时，应按照设计单位提供的配合比制作坐浆料试块，每工作班取样不得少于 1 次，每次制作的试件不少于 1 组，每组 3 个试块，试块规格为 70.7 毫米×70.7 毫米×70.7 毫米，标准养护 28 天后做抗压强度试验。28 天标准养护试块抗压强度应满足设计要求，高于预制剪力墙混凝土的抗压强度，并且不低于 30 兆帕。当接缝灌浆与套筒灌浆同时施工时，可不再单独留置抗压试块。

（2）连接接头检测

1）连接接头检测方式。

① 钢筋套筒灌浆连接接头宜采用灌浆饱满度振动传感器和超声层析成像（简称超声CT）法进行饱满度检测。

② 钢筋套筒灌浆连接接头现场灌浆施工完成后，可采用超声断层层析成像法进行灌浆密实性检测，宜采取剔除、灌压力水等方法进行验证。

2）连接接头工艺检验。

① 灌浆套筒进场时，应抽取灌浆套筒并采用与之匹配的灌浆料制作对中连接接头试件，进行抗拉强度检测；同一炉（批）号、同一类型、同一规格的灌浆套筒，不超过1000个为一批，每批随机抽取3个制作对中连接接头试件，检测结果均应符合《钢筋套筒灌浆连接应用技术规程（2023年版）》（JGJ 355—2015）的相关规定。

② 在施工过程中，同一原材料、同一炉（批）号、同一类型、同一规格的1000个灌浆套筒为一个检验批，每批随机抽取3个灌浆套筒制作连接接头。接头试件应在标准养护条件下养护28天后进行抗拉强度检验，检验结果应满足：抗拉强度不小于连接钢筋抗拉强度标准值，并且破坏时应断于接头外钢筋。

③ 当现场灌浆施工单位与工艺检验时的灌浆单位不同时，灌浆前应再次进行工艺检验，钢筋套筒灌浆连接接头性能应满足《钢筋套筒灌浆连接应用技术规程（2023年版）》（JGJ 355—2015）的要求。

④ 在施工过程中，当更换钢筋生产企业、同生产企业生产的钢筋外形尺寸与已完成工艺检验的钢筋有较大差异、灌浆的施工单位变更时，应再次进行工艺检验。

3）连接接头检测要求。

① 接头试件制作要求如下。

a. 每种规格钢筋应制作3个对中套筒灌浆连接接头，并检查灌浆质量。

b. 采用灌浆料拌合物制作40毫米×40毫米×160毫米规格的试件不少于1组。

c. 接头试件与灌浆料试件应在标准养护条件下养护28天。

② 检验结果应符合下列要求。

a. 每个接头试件的抗拉强度不应小于连接钢筋抗拉强度标准值，并且破坏时应断于接头外钢筋，屈服强度不应小于连接钢筋屈服强度标准值。

b. 3个接头试件残余变形的平均值，应不大于0.10（钢筋直径不大于32毫米）或0.14（钢筋直径大于32毫米），灌浆料抗压强度应不小于85牛/平方毫米。

③ 当灌浆料标准养护28天的试件试验结果不合格时，可采用同条件养护试件的抗压强度检测结果对灌浆料强度进行综合判断。当同条件养护试件较少不具有代表性时，可采取其他非破损方法。例如，检测同条件养护试件，并与现场实体灌浆料的参数对比，从而对现场灌浆料的抗压强度进行综合判定。

④ 当存在以下情况时，现场宜再抽取1～3个钢筋套筒灌浆连接接头进行抗拉强度检测。

a. 已检测到灌浆不密实的套筒连接接头。

b. 施工条件不利时进行施工的灌浆套筒连接接头。

c. 对施工质量有怀疑的钢筋套筒灌浆连接接头。

⑤ 钢筋套筒灌浆连接接头现场灌浆施工采用埋置灌浆饱满度传感器进行检测时，应抽取有代表性的部位对套筒灌浆的饱满程度进行控制和检测，每层灌浆饱满度埋置数量不应少于套筒总数的5%，并且不应少于10个。

⑥ 钢筋套筒灌浆连接接头现场灌浆施工采用埋置灌浆饱满度传感器进行检测时，应在灌浆料终凝后进行灌浆饱满度检测。

3. 接缝防水质量管理

（1）预制外墙板接缝防水处理措施

1）预制外墙板施工前，应做好产品的质量检验，预制外墙板的加工精度和混凝土养护质量直接影响其安装精度和防水情况。安装前，复核外墙板的几何尺寸和平整度情况，检查外墙板表面及预埋窗框周围的混凝土是否密实，是否存在贯通裂缝，混凝土质量不合格的外墙板严禁使用。

2）检查外墙板周边的预埋橡胶条的安装质量，检查橡胶条是否预嵌牢固，转角部位是否有破损的情况，是否有混凝土浆液漏进橡胶条内部造成橡胶条变硬且失去弹性的情况。必须严格检查橡胶条，确保无瑕疵。如发现质量问题，必须更换后方可进行吊装。

3）基底层和预留空腔内必须使用高压空气清理干净，打胶前要认真检查背衬深度，打胶厚度必须符合设计要求，打胶部位的外墙板要用底涂处理，增强胶料与混凝土外墙板之间的黏结力，打胶中断时要留好施工缝，施工缝内高外低，互相搭接不能少于 5 厘米。

4）外墙板内侧的连接铁件和十字接缝部位使用聚氨酯密封胶处理，由于铁件部位没有橡胶止水条，使用聚氨酯密封胶前要认真做好铁件的除锈和防锈工作，施工完毕后进行淋水试验，确保无渗漏。

（2）预制外墙板接缝防水质量检验

1）外墙板防水施工完毕后，应及时进行淋水试验。淋水的重点是外墙板十字接缝处、预制外墙板与现浇结构连接处及窗框部位。淋水时，应使用消防水龙带对试验部位进行喷淋。

2）检查打胶部位是否有脱胶现象，排水管是否排水顺畅，仔细观察内侧是否有水印、水迹。

3）若发现有渗漏部位，则必须认真做好记录，查找原因并及时处理。必要时可在墙板内侧加设一道聚氨酯防水密封胶，提高防渗漏安全系数。

（3）预制外墙板接缝防水质量检验要求

1）用于防水的各种材料的质量、技术性能，必须符合设计要求和施工规范，必须有使用说明书、质量认证文件和相关产品认证文件，使用前做复试。

2）外墙板防水构造必须完整，型号、尺寸和形状必须符合设计要求和有关规定，出厂构件应有出厂合格证。

3）外墙板、阳台、雨罩、女儿墙板等安装就位后，其标高、板缝宽度、坐浆厚度应符合设计要求和施工规范。

4）嵌缝胶嵌缝必须严密，黏结牢固，无开裂，板缝两侧覆盖宽度超出各不小于 20 毫米。

5）防水涂料必须平整、均匀，无脱落、起壳、裂缝、鼓泡等缺陷。

6）外墙板、阳台板、雨罩板、女儿墙板等的接缝防水施工完成后，要进行立缝、平缝、十字缝的淋水试验检查。

7）对淋水试验发现的问题，要查明渗漏原因，及时修理，修后继续做淋水试验，直到不再产生渗漏水时，方可进行外饰面施工。

8）对渗漏点的部位及修理情况应认真做记录，标明具体位置，作为技术资料列入技术档案备查。

9）嵌缝胶表面应平整密实，底涂结合层要均匀，嵌缝的保护层应黏结牢固、覆盖严密。

7.3.2 进度管理要点

1. 一般措施

1）组织措施：增加预制构件安装施工工作面、工程施工时间、劳动力数量、工程施工机械和专用工具等。

2）技术措施：改进工程施工工艺和施工方法，缩短工程施工工艺技术间歇时间，在熟练掌握预制构件吊装安装工序后，改进预制构件安装工艺，改进钢套筒或金属波纹管套筒灌浆工艺等。

3）经济措施：对工程施工人员采用"小包干"制和奖惩手段，对于加快的进度所造成的经济损失给予补偿。

4）其他措施：加强作业班组或劳务队的思想工作，改善施工人员的生活条件、劳动条件等，提高操作工人的工作积极性。

2. 构件生产及运输

构件生产及运输主要影响供货计划，供货不及时将影响现场安装进度。构件生产及运输须满足以下要求。

1）构件生产厂家根据构件数量、构件生产难度、构件堆放场地、构件养护条件、生产单位的产能等提前确认生产计划，组织生产备货，准时供应成品构件。

2）构件生产厂家确保构件生产质量且在发生质量缺陷时能及时更换相同构件。

3）在运输过程中，采用运输防护架、木方、柔性垫片等成品保护措施。

4）应就近选择构件生产厂家，合理规划到施工现场的运输路线，评估道路情况，合理安排运输时间。

3. 施工现场道路和场地准备

施工现场道路和场地须满足构件运输车辆行驶要求及构件堆场要求，确保运输车辆不在场地内拥堵，影响车辆作业时间，具体须满足以下要求。

1）建议设计成环形道路，保证运输畅通，道路转弯半径应大于 10 米。

2）道路宽度不小于 6 米，净高不小于 6.5 米。

3）当道路和堆场位于地下室顶板上时，应采取顶撑加固措施。

4）道路和场地的规划应考虑塔吊的覆盖半径。

4. 现场备料及堆场设计

现场备料及堆场设计须保证安装作业不会出现停滞，具体须满足以下要求。

1）构件数量较多、工期较紧时，可在现场备料 1～2 层，确保现场施工的连续性；构件数量较少时，无须安排堆场，直接从运输车辆上起吊安装，减少现场周转运输时间。

2）构件堆场应防止构件损坏及安装混乱对工期产生的不利影响。

3）务必按照安装顺序合理堆放构件，确保安装效率最大化。

4）构件堆放间距为 1 米左右，确保安装时不会产生相互影响，并且方便工人操作，以提高安装效率。某项目构件堆放示意如图 7-29 所示。

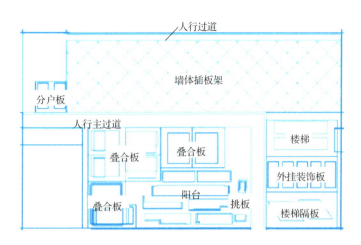

图 7-29　某项目构件堆放示意

5）在卸车堆场时，按先吊放外侧、后吊放内侧的顺序依次摆放至定型堆架上，不得混淆。

6）需要及时跟进进货计划，联系构件厂人员确认供货的楼层、批次、时间及地点，进货堆场做到与现场施工有序错开、精细化管理。

5. 吊装机械选择

为保证吊装作业进度正常，要对吊装机械的型号、数量、平面布置进行提前策划，须满足以下要求。

1）根据构件质量、数量及力矩等数据合理选择吊装机械，确保构件安装作业及构件堆场作业正常进行。

2）根据现场场地布置、施工流水、施工工期等规划吊装机械型号、数量、进场时间，确保构件安装流水作业，不产生堆积、窝工现象。

6. 穿插流水施工

不同施工段的流水安排及不同工序之间的合理穿插可加快单层预制混凝土构件（precast concrete，PC）吊装进度。在进行施工流程策划时，须满足以下要求。

1）不同工序穿插时，应使流水节拍相等或呈倍数关系；工序穿插时，应有足够工作面，便于施工。

2）关键工序的进度控制是所有工序进度控制的重点。

7. 施工过程控制

1）确保收光面平整度和楼层标高，减少吊装偏差修整时间。

2）合理安排班组，做到流水施工。

3）钢筋绑扎与吊装作业穿插进行，不占用工期。

4）合理选择支撑体系，若有叠合板构件，则推荐采用独立支撑体系，其余情况可采用满堂架支撑体系。

动画：装配式钢结构
建筑施工流程展示

5）前期策划须安排好构件吊装顺序，吊装应按照顺序依次进行，为后续工序提供操作面。

7.3.3 成本管理要点

现行清单的综合单价编制须考虑人工费、材料费、施工机械费、管理费、利润及一定范围内的风险。构件组装对安装预制构件的技术工人要求较高，现场管理人员需要更强的专业能力和协调能力；为起吊构件，施工过程中采用特种机械，塔式起重机台班及进出场费用均较一般施工用塔式起重机要高；由于产业链条不成熟，部分产品需要依靠国外进口（如密封胶及防水胶条），单价较高。人工单价、施工机械费及材料费用的增加均提高了装配式混凝土建筑的成本。为保证体系的安全性，现浇部分在配筋、混凝土用量上都与传统墙体有较大差异。在措施费用中，钢模板的摊销及人工、蒸养、材料运输等会引起费用的增加。

1. 强化组织管理，建立造价组织机构

建立造价管理责任制度和奖惩制度，一定要严格控制施工各个过程的造价。在项目准备阶段，对项目结构进行分解，编制造价计划并付诸实施。在施工过程中，根据造价计划，采取相应管理方法和措施控制施工造价。在分项工程或阶段性进度目标完成后，认真核算该工程或阶段的施工造价，深入分析产生费用偏差的原因，并及时制定出有效的纠偏措施。

2. 加强材料管理

建立市场询价机制，时刻掌握市场上材料价格涨跌情况并做出价格变动趋势预测。采购材料时，应货比三家，综合衡量采购方式、厂家选择、材料价格、材料质量、材料数量等方面。材料存储前，要仔细验收和记录，统一地摆放在仓库中待用。要实施限额领料制度，从源头上降低浪费发生的可能。编制材料浪费控制方案，观察各班组无效使用材料的情况，发现现场人员、机械及管理方面存在的漏洞并及时修复。编制原材料消耗控制方案和辅助材料使用控制方案，重点控制消耗量。

3. 加强施工机械管理

尽量减少施工机械的大修理费和日常修理费。要专人专机，避免机械与人员随意搭配，防止因机械经常损坏而没有责任人承担责任的情况。对于机械操作人员，应定期培训，按要求使用，防止机械发生意外损坏。同时做好日常检查及机械保养。更重要的是做好施工方案，避免大型机械窝工，充分提高机械利用率，以便创造更大的效益。

4. 加强合同、变更、签证和索赔管理

现在通用的施工承包合同就是固定总价合同，因为总价已经固定，承包商需要承担大量的风险，所以使用固定总价合同的工程工期一般较短，基本在 12 个月以内。但是工程需要的建筑材料、施工机械品种多、数量大，还有技术与工艺的变更，甚至存在不可抗力等因素，即使有经验的承包商，也不可能完全预料到这些风险。因此，合同管理从合同谈判、签约时，就要严格地规范化。合同条款须完备，双方的权利和义务须对等，语言表达严谨、准确。

在现场管理中，工程人员必须熟悉合同条款，确保合同的全面履行，减少不必要的签证、变更。应尽量将变更控制在设计阶段，减少损失。设计人员应认真分析研究，确定最终方案，避免在施工阶段发生变更；认真审核设计图纸，减少错漏，降低变更风险，从而控制造价。

7.3.4　安全管理要点

装配式建筑施工需要使用套筒灌浆技术、预留孔浆锚技术、剪力墙结构装配式施工工艺等关键施工技术及工艺，对施工技术水平的要求很高，稍有不慎就会出现构件无法正常吊装就位、吊点损坏、节点连接松动等问题，对项目的质量安全造成不可逆转的影响，容易发生安全事故。

1. 一般规定

1）装配式建筑施工应符合《装配式混凝土建筑技术标准》（GB/T 51231—2016）、《建筑施工高处作业安全技术规范》（JGJ 80—2016）、《建筑机械使用安全技术规程》（JGJ 33—2012）、《施工现场临时用电安全技术规范（附条文说明）》（JGJ 46—2005）、《建设工程施工现场消防安全技术规范》（GB 50720—2011）、《建筑施工脚手架安全技术统一标准》（GB 51210—2016）等现行标准的相关规定。

2）施工单位应建立健全各项安全管理制度，明确各职能部门的安全职责。应对施工现场定期组织安全检查，并责令相关单位对检查发现的安全隐患进行整改，对易发生安全事故的部位、环节实施动态监控，包括旁站监督等；施工现场应具有健全的装配式施工安全管理体系、安全交底制度、施工安全检验制度和综合安全控制考核制度。

3）施工单位应根据装配式建筑工程的管理和施工技术特点，对从事预制构件吊装作业的相关人员进行安全培训与交底，明确预制构件进场、卸车、存放、吊装、就位各环节的作业风险，并制定防控措施。

4）工程设计单位应对与运输、安装有关的预埋件进行复核和确认。吊环应采用 HPB300 钢筋制作，严禁采用冷加工钢筋。对于 HPB300 钢筋，吊环应力不应大于 65 牛/平方毫米，吊环锚入混凝土的深度不应小于 $30d$（d 为吊环钢筋直径），并且应焊接或绑扎在钢筋骨架上。构件吊装采用的其他形式吊件应符合现行国家标准要求。焊接采用的焊条型号应与主体金属力学性能相适应。

5）机械管理人员应对机械设备的进场、安装、使用、退场等进行统一管理。吊装机械的选择应综合考虑最大构件重量、吊次、吊运方法、路径、建筑物高度、作业半径、工期及现场条件等。塔吊及其他吊装设备选型及布置应满足最不利构件吊装要求，并严禁超载吊装。

6）塔吊、施工升降机等附着装置宜设置在现浇部位，当无现浇部位时，应在构件深化设计阶段考虑附着预留。

7）安全技术管理应涵盖以下内容。

① 装配式建筑构件加工前，应由相关单位完成深化设计，深化设计应明确构件吊点、临时支撑支点、塔吊和施工机械附墙预埋件、脚手架拉结点等节点形式与布置，深化设计文件应经设计单位认可。

② 施工单位应根据深化设计图纸对预制构件施工预留孔洞和预埋件进行检查。

③ 装配式建筑施工前，应编制装配式建筑施工安全专项方案、安全生产应急预案、消防应急预案等专项方案。

④ 装配式建筑施工前，应对预制构件、吊装设备、支撑体系等进行必要的施工验算。施工验算应包括以下内容：预制构件按运输、堆放和吊装等不同工况进行构件承载力验算；

吊装设备的吊装能力验算；预制构件安装过程中施工临时载荷作用下，预制构件支撑系统和临时固定装置的承载力验算；卸料平台施工过程中的承载力验算。

⑤ 采用"四新技术"装配式建筑专用施工操作平台、高处临边作业防护设施时，应编制专项安全方案，专项安全方案应按规定通过专家论证。

⑥ 施工单位应针对装配式建筑的施工特点对危险源进行识别，制定相应危险源识别内容和等级并予以公示，制定相对应的安全生产应急救援预案，并定期开展对重大危险源的检查工作。

2. 安全施工要求

（1）平面交通布置

1）场内行车道路应满足锚车、运输车辆转弯半径等要求。

2）当采用地下室顶板等部位设置行车道时，应有经过原结构设计单位确认的顶板支撑方案，支撑方案应报施工单位技术部门审批和监理单位批准。

（2）构件装卸

1）构件装卸应按照规定的顺序进行，确保车辆平衡，避免因装卸顺序不合理而导致车辆倾覆。

2）构件卸车后，应将构件按编号或使用顺序，合理有序堆放于构件存放场地，并应设置临时固定措施或采用专用支撑架存放，避免构件因失稳而倾覆。

（3）构件运输

1）构件运输前，应根据构件的尺寸、重量、数量，道路、场地情况等合理选用运输车辆和运输路线。对于超高、超宽、形状特殊的大型构件的运输，应制定安全保障措施，防止构件滑移或倾倒。

2）应根据构件特点采用不同的运输方式，托架、靠放架、插放架应通过专项设计，并进行强度、刚度和稳定性的验算。

3）外墙板应采用直立运输，外饰面层应朝外，梁、板、楼梯、阳台应采用水平运输。

图 7-30　平板拖车构件运输

4）当构件采用靠放架立式运输时，构件与地面倾斜角度应大于 80°，构件应对称靠放，每侧不大于 2 层，构件层间上部采用木垫块隔离。

5）当构件采用插放架直立运输时，应采取防止构件倾倒措施，构件之间应设置隔离垫块；车辆四周应设置构件外防护钢架，严禁构件无外防护措施运输。平板拖车构件运输如图 7-30 所示。

6）构件水平运输时，梁、柱构件叠放不应超过 3 层，板类构件叠放不应超过 6 层。应在支点处绑扎牢固，在底板的边角部或与绳索接触的混凝土处，应采用衬垫加以保护。

7）阳台板等异型构件运输时，应采取防止构件损坏的措施，车上应设有专用架，构件采用木方支撑，构件间接触部位用柔性垫片支撑牢固，不得有松动。

8）在运输车辆行驶过程中，应根据运输构件情况、道路情况合理控制车速，通过弯道时严格控制车速，防止构件偏移引发车辆失控。

9）施工场地内运输车辆应按指定路线行驶，严禁随意行驶、停放。

3. 构件堆放要求

（1）堆场布置

1）按照总平面布置要求，分类设置构件专用堆场，避免交叉作业形成安全隐患。

2）堆场应硬化平整，并有排水措施。地基承载力须根据构件重量进行承载力验算，满足要求后，方能堆放。在地下室顶板等部位设置的堆场，应有经过施工单位技术部门批准的支撑方案。

3）现场构件堆场应按规格、品种、所用部位、吊装顺序分别设置，堆垛之间应设置通道。

4）构件堆放区应设置隔离围栏，不得与其他建筑材料、设备混合堆放，防止搬运时因相互影响而造成伤害。

（2）堆放管理

1）施工单位应制定构件的堆放方案，其内容包括运输次序、堆放场地、运输路线、固定要求、堆放支垫及成品保护措施等；超高、超宽、形状特殊的大型构件的运输和堆放应有专门的安全保证措施。构件堆放如图 7-31 所示。

2）构件叠放层数应符合设计要求，无设计要求时应经过技术部门计算并经设计单位确认，防止构件堆放超限造成安全隐患。

3）插架应有足够的刚度和稳定性，相邻插架应连成整体并定期进行检查。

图 7-31　构件堆放

4）带有保温材料的外墙构件存放处 2 米范围内不应进行动火作业。

5）构件堆场周围应设置围栏，并悬挂安全警示牌。

4. 构件吊装要求

（1）构件吊运

1）构件吊运应根据构件的特征、重量、形状等选择合适的吊运方式和配套吊具。竖向构件起吊点应不少于 2 个，预制楼板起吊点应不少于 4 个。构件在吊运过程中应保持平衡、稳定，吊具受力应均衡。

2）吊索与构件水平夹角不宜小于 60°，不应小于 45°；吊运过程应平稳，不应有大幅度摆动，并且不应长时间悬停。

3）吊运前，应对钢丝绳等吊具进行检查，发现问题立即更换，严禁使用自编的钢丝绳接头及违规的吊具。

4）起吊大型空间构件或薄壁构件前，应采取避免构件变形或损伤的临时加固措施。

5）构件起吊后，应先将构件提升 300 毫米左右，停稳构件，检查钢丝绳、吊具和构件状态，确认吊具安全且构件平稳后，方可缓慢提升构件。

6）构件吊运应依次逐级增减速度，不应越档操作。

7）构件起吊、就位时，可使用缆风绳控制构件转动。就位时，应通过缆风绳改变构件方向，严禁直接用手扶构件。

8）楼梯构件吊运时，下端应设置控制绳，用于安装过程中的角度调整或障碍物躲避。

9）构件落位前，应待构件降落至距作业面 1 米以内时，方准作业人员靠近。

10）吊运就位的构件未得到可靠的支撑前不得脱钩。

（2）竖向构件安装

1）竖向构件采用临时支撑时，每个构件的临时支撑不宜少于 2 道。对柱、墙板构件的上部支撑，其支撑点与底部的距离不宜小于高度的 2/3，不应小于高度的 1/2；对柱、墙板构件的下部支撑，其支撑点与底部的距离宜为高度的 1/5。竖向构件斜支撑安装示意如图 7-32 所示（图中 H_i 是指第 i 层的建筑高度）。

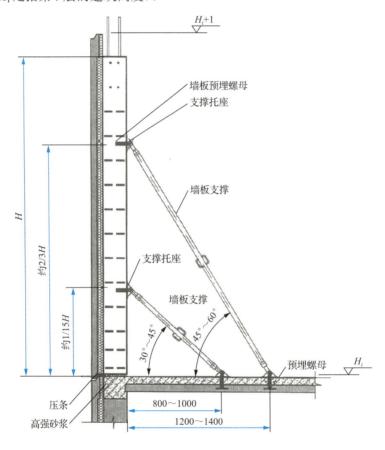

图 7-32　竖向构件斜支撑安装示意

2）采用螺栓连接的墙板，应在墙板螺栓连接可靠后卸去吊具。

3）夹心保温外墙后浇混凝土连接节点区域的钢筋安装连接施工时，不得采用焊接连接，避免引起火灾。

4）临时支撑体系的拆除应严格依照安全专项施工方案实施。对于剪力墙、柱的斜撑，在同层结构施工完毕、现浇段混凝土强度达到规定要求后，方可拆除。

（3）水平构件安装

1）工具式钢管立柱、盘扣式支撑架等水平构件临时支撑措施应符合安全专项方案要求。

2）施工集中荷载应避开拼接位置。

3）梁、楼板临时支撑体系的安装和拆除，应根据同层及上层结构施工过程中的受力要求确定时间，在相应结构层施工完毕、现浇段混凝土强度达到规定要求后，方可拆除。

4）悬挑阳台板安装前，应设置防倾覆支撑架，支撑架在结构楼层混凝土达到设计强度要求并满足施工工况的承载力验算后，方可拆除。

5）空调板安装时，板底应采用临时支撑措施。

（4）其他要求

1）构件固定之后不准随便撬动，如果需要再校正，则必须再次吊装，重新就位。

2）接头和拼缝处现浇混凝土强度未达到设计要求或规范规定时，不得吊装上一层结构构件。

3）高空作业用安装工具均应有防坠落安全绳，以免坠落伤人。

4）遇到雨、雪、雾天气，或者风力大于 5 级时，不得进行吊装作业。

5）设备管道不得作为吊装或支撑的受力点。

7.3.5　信息管理要点

1. 基本要求

1）项目经理部应建立项目信息管理系统，对项目实施的全方位、全过程进行信息化管理。

2）在项目经理部中，可以在各部门中设信息管理人员或兼职信息管理人员，也可以单设信息管理人员或信息管理部门。信息管理人员只有经有资质的单位培训后，才能承担项目信息管理工作。

3）项目经理部应负责收集、整理、管理本项目范围内的信息。实行总分包的项目，项目分包人应负责分包范围的信息收集、整理，承包人负责汇总、整理发包人的全部信息。

4）项目经理部应及时收集信息，并将信息准确、完整、及时地传递给使用单位和人员。

5）项目信息收集应随工程的进展进行，保证真实、准确、具有时效性，经有关负责人审核签字，及时存入计算机中，纳入项目管理信息系统内。

6）装配式建筑工程技术资料的形成和积累应纳入建设管理的各个环节和有关人员的职责范围。资料的形成、收集和整理应采用计算机管理，每项建设工程应编制一套装配式建筑电子档案，随纸质档案一并移交城建档案管理机构。

2. BIM 技术应用管理

1）装配式建筑工程应在设计、生产、施工、运营管理等阶段全过程应用信息技术，形成 BIM，在设计、生产、运输、施工等阶段实现专业协调和信息共享，建立装配式建筑项目数据库，形成装配式建筑工程电子（文件）文档资料。

2）采用物联网（RFID、二维码等）结合应用的装配式建筑工程，项目监理机构应审核与此相关的信息管理方案。

3）设计单位应建立包括建筑、结构、内装、给排水、暖通空调、电气设备、消防等多专业信息的 BIM，并为后续的深化设计、部件生产、施工装配等阶段和质量常见问题防控提供必要的设计信息。施工图深化设计单位应在设计 BIM 的基础上，考虑部件生产、吊装、运输、施工装配等要求，形成深化设计 BIM，并为后续的部件生产、施工装配等阶段提供必要的信息。

4）预制混凝土部件生产单位应在深化设计 BIM 的基础上，完成部件生产详图制作，对部件的外轮廓、节点、吊点等关键部位质量和质量常见问题进行管控，并将质量管控等关键信息附加或关联到深化设计 BIM 上，形成预制生产 BIM，并为后续的施工装配阶段提供必要的信息。

5）工程总承包单位或建设单位负责项目 BIM 技术应用的组织、策划和具体实施，确定设计、施工装配、部件生产等阶段 BIM 应用目标和内容，统筹协调项目各阶段的 BIM

创建、应用、管理，以及各参与方的数据交换与交付，推进建设各环节实施信息共享、有效传递和协同工作。

6）施工单位应当在预制生产 BIM 的基础上，通过附加或关联施工信息形成施工 BIM，建立基于 BIM 的施工管理模式和协同工作机制，并加强在设计变更、施工组织设计、施工技术交底、施工项目管理、质量常见问题防控等关键环节的应用，逐步实现基于 BIM 的竣工验收与工程技术资料交付。

7）项目监理机构应按照工程监理合同约定，编制 BIM 技术应用监理实施细则，明确 BIM 监理工作的专业工程特点、监理工作流程、监理工作要点、监理工作方法及措施，实现 BIM 监理控制、监理管理的目标。项目监理机构在 BIM 技术应用中，应在装配式建筑施工过程模型基础上附加或关联质量控制、进度控制、造价控制、工程变更控制、安全管理、合同管理、信息管理、竣工验收等监理信息。

拓展阅读：《××装配式建筑项目施工组织设计》中主要 PC 构件吊装及安装部分

直 击 工 考

一、单项选择题

1．建筑业要用新的、环保的、清洁的绿色施工管理及技术，以及更（　　）的管理来取代或革新传统的施工方式。

  A．科学   B．方便   C．高效   D．智能

2．从施工管理角度而言，（　　）是工程管理中最基本的要素。

  A．材料   B．机械   C．人员   D．环境

3．预制构件堆场布置的基本原则是（　　）。

  A．场地平整度及场地地基承载力应满足强度和变形的要求

  B．预制墙板宜通过专用插放架或靠放架采用竖放的方式

  C．预制梁、预制柱、预制楼板、预制楼梯均宜采用多层平放的方式

  D．预制构件应标识清晰，按规格型号、出厂日期、使用部位、吊装顺序分类存放

4．装配式建筑的质量管理内涵与传统现浇建筑有所不同，主要表现在预制构件的（　　）。

  A．生产和安装   B．生产和运输

  C．运输和安装   D．施工全过程

5．装配式建筑施工阶段成本控制措施不包括（　　）。

  A．强化组织管理   B．加强材料管理

  C．加强合同管理   D．强化计划管理

二、多项选择题

1．建筑产业现代化促使传统建筑业向（　　）等方面发展。

  A．可持续发展   B．绿色施工

  C．以人为本   D．全过程管理

　　E．专业化管理

　　2．与传统现浇框架或剪力墙结构相比，装配式建筑的生产方式发生了根本性的变化，由过去的以现场手工现场作业为主，向（　　　）生产方式转变。

　　A．自动化　　　　　　　　　　　B．工业化

　　C．专业化　　　　　　　　　　　D．信息化

　　E．整体化

　　3．建筑产业现代化是一种以（　　　）的建筑工业化生产方式为核心的新模式。

　　A．标准化设计　　　　　　　　　B．工厂化生产

　　C．装配化施工　　　　　　　　　D．一体化装修

　　E．信息化管理

　　4．装配式建筑施工以人为本充分体现在建筑物全寿命周期中，尽力控制和减少对自然环境的破坏，最大限度地实现（　　　）。

　　A．节水　　　　　　　　　　　　B．节地

　　C．节材　　　　　　　　　　　　D．节能

　　E．节气

　　5．BIM 的建立基于 3 个理念，即（　　　）。

　　A．数据库替代绘图　　　　　　　B．分布式模型

　　C．直观　　　　　　　　　　　　D．机器替代人类

　　E．工具+流程=BIM 价值

三、填空题

　　1．装配式建筑正在逐步地由单一的_____组织管理，向综合的_____组织管理模式发展。

　　2．BIM 在装配式建筑组织管理中的应用具体表现在_____、_____、_____ 3 个方面。

　　3．在装配式建筑的装配施工阶段，_____与_____结合可以对构件的存储管理和施工进度控制实现实时监控。

　　4．装配式建筑设计阶段比传统现浇建筑设计增加了_____环节和_____环节。

四、判断题

　　1．在装配式建筑设计过程中，施工单位不用提前介入工程设计阶段。　　　　（　　　）

　　2．装配式建筑结构工程能充分体现设计和施工两阶段高度融合的特点。　　（　　　）

　　3．在装配式建筑施工过程中，通过 RFID 和 BIM 将设计、构件生产、建造施工各阶段紧密地联系起来。　　　　　　　　　　　　　　　　　　　　　　　　　　（　　　）

　　4．大投入需要大产量降低投资分摊，同时降低设计费单价，使构件成本下降。（　　　）

　　5．装配式建筑结构的设计可以采用特别不规则的结构。　　　　　　　　（　　　）

五、简答题

　　1．装配式建筑施工组织管理方法有哪些创新？

　　2．装配式建筑施工组织管理与传统现浇建筑施工组织管理有哪些不同？

　　3．装配式建筑施工项目设计管理的必要性主要体现在哪些方面？

参 考 文 献

毛超，刘贵文，2021．智慧建造概论[M]．重庆：重庆大学出版社．

祁顺彬，2022．建筑施工组织设计[M]．2版．北京：北京理工大学出版社．

宋亦工，2017．装配整体式混凝土结构工程施工组织管理[M]．北京：中国建筑工业出版社．

危道军，2022．建筑施工组织[M]．5版．北京：中国建筑工业出版社．

徐猛勇，何立志，蒋琳，2017．建筑施工组织与管理[M]．2版．南京：南京大学出版社．

徐运明，邓宗国，2019．建筑施工组织设计[M]．北京：北京大学出版社．

于金海，2017．建筑工程施工组织与管理[M]．北京：机械工业出版社．

中国建设监理协会，2021．建设工程进度控制：土木建筑工程[M]．北京：中国建筑工业出版社．

中国建设监理协会，2021．建设工程质量控制：土木建筑工程[M]．北京：中国建筑工业出版社．

中华人民共和国住房和城乡建设部，2009．建筑施工组织设计规范：GB/T 50502—2009[S]．北京：中国建筑工业出版社．

中华人民共和国住房和城乡建设部，2014．建设工程监理规范：GB/T 50319—2013[S]．北京：中国建筑工业出版社．

中华人民共和国住房和城乡建设部，2014．装配式混凝土结构技术规程：JGJ 1—2014[S]．北京：中国建筑工业出版社．

中华人民共和国住房和城乡建设部，2015．工程网络计划技术规程：JGJ/T 121—2015[S]．北京：中国建筑工业出版社．

中华人民共和国住房和城乡建设部，2017．建设工程项目管理规范：GB/T 50326—2017[S]．北京：中国建筑工业出版社．

《住房和城乡建设行业专业人员知识丛书》编委会，2021．装配式建筑施工员[M]．北京：中国环境出版集团．